高等职业教育水利类新形态一体化教材
"十四五"时期水利类专业重点建设教材

水工混凝土结构

主　编　段凯敏　张国锋　丁　琼　胡海燕
副主编　杜庆燕　唐岳灏　王国利　谢济安
主　审　王　颖

中国水利水电出版社
www.waterpub.com.cn
·北京·

内 容 提 要

本书对标智慧水利新需求和人才培养新方向，涵盖结构知识精讲、前沿技术赏析、红色水利故事三部分，形成以知识精讲为主体、前沿技术为拓展、教育育人为目标的内容体系。通过对水工结构设计、施工等岗位典型工作任务分析，设置"基础认知—独立构件—综合结构"递进式课程内容。本书详细介绍了水工混凝土结构的设计原理、构造特点及设计思路，深入探讨了水工结构领域的专业知识和技能。结合教学内容，围绕厚植家国情怀、增强技术技能、献身水利事业等主题，设置了"水蕴匠心、文化传承""工善其事、匠人匠心""结家国情、立报国志""构中国梦、绘好未来"等思政板块。同时，设置结构与材料专题；生活小常识、力学大道理；结构与美；结构抗震专题；结构抗洪专题、结构倒塌案例；绿色建筑专题七个知识拓展板块。全书分为上、中、下三篇，共计七个项目，一项目、一思政、一拓展，各项目均配有例题、习题库、PPT、教学视频音频等资源。

本书可作为水利类高职院校的专业教材，亦可供水利水电工程技术人员参考。

图书在版编目（CIP）数据

水工混凝土结构 / 段凯敏等主编. -- 北京 : 中国水利水电出版社, 2024.9(2025.1重印).
高等职业教育水利类新形态一体化教材 "十四五"时期水利类专业重点建设教材
ISBN 978-7-5226-1468-7

Ⅰ. ①水… Ⅱ. ①段… Ⅲ. ①水工结构－钢筋混凝土结构－高等职业教育－教材 Ⅳ. ①TV332

中国国家版本馆CIP数据核字(2023)第054035号

书　名	高等职业教育水利类新形态一体化教材 "十四五"时期水利类专业重点建设教材 **水工混凝土结构** SHUIGONG HUNNINGTU JIEGOU
作　者	主　编　段凯敏　张国锋　丁　琼　胡海燕 副主编　杜庆燕　唐岳灏　王国利　谢济安 主　审　王　颖
出版发行	中国水利水电出版社 （北京市海淀区玉渊潭南路1号D座　100038） 网址：www.waterpub.com.cn E-mail：sales@mwr.gov.cn 电话：（010）68545888（营销中心）
经　售	北京科水图书销售有限公司 电话：（010）68545874、63202643 全国各地新华书店和相关出版物销售网点
排　版	中国水利水电出版社微机排版中心
印　刷	天津嘉恒印务有限公司
规　格	184mm×260mm　16开本　17.25印张　420千字
版　次	2024年9月第1版　2025年1月第2次印刷
印　数	1501—4500册
定　价	**59.00元**

凡购买我社图书，如有缺页、倒页、脱页的，本社营销中心负责调换

版权所有·侵权必究

前言

"水工混凝土结构"是水利工程类高职院校中各专业的一门专业基础课程，是一门涉及面广、理论与实践紧密结合的应用型课程。

为响应党的二十大报告中强调的水资源、水环境、水生态的统筹治理和保护的重要性以及节水、防洪减灾等方面的发展要求，落实教育部关于"三教"改革、1＋X证书制度等政策要求，使教材和职业教育、行业发展保持紧密的结合度，本书依据我国现行的《水工混凝土结构设计规范》（SL 191—2008）、《水工混凝土结构设计规范》（NB/T 11011—2022）和《新编水工混凝土结构设计手册》对水利工程中常见构件和结构的规定和要求，从高职教育的实际出发，在内容上按照最新高职高专教材编写要求，以项目为导向，以任务为驱动，线上与线下资源相结合，由浅入深、循序渐进。加强知识的针对性和实用性，注重实践能力的培养。精简理论推导，以应用为主，够用为度，不过分苛求学科的系统性和完整性，努力避免贪多和高度浓缩等现象。同时，邀请一线工程人员参与到教材编写和视频录制，最大限度保证了理论与实践相结合，充分体现了高职教育的特色。

通过本课程的学习，学生应具备水利工程中小型构件和结构的看图、设计、绘图能力，并能顺利指导施工。

本书具有以下特点：

（1）教材融入党的二十大精神及"忠诚、干净、担当，科学、求实、创新"的新时代水利精神和使命担当，构建"水"蕴匠心、"工"善其事、"砼"心聚力、"结"家国情、"构"中国梦为主线的思政体系，搭建知识线、技能线、价值线的三线课堂。

（2）落实绿色工程、生态保护和修复工程精神，依据最新规范要求，删除"二级钢筋"相关知识点。

（3）坚持"学-思-践-悟"一体，教材中设置"想一想"、"随堂测"，帮助学生及时掌握及检测学习情况，同时，增加"知识拓展"、包含结构与材料；生活小常识、力学大道理；结构与美；结构抗震、结构抗洪、结构倒塌案例、绿色建筑7个板块，拓展学生知识面。

（4）设置思维导图，直观呈现知识逻辑关系及重点内容，使学生更为系统地理解、掌握知识结构和教学重点。

（5）探索"岗课赛证融通"，教材融入建筑信息模型（BIM）职业技能等级证书考核要求及世界职业院校技能大赛水利工程BIM建模与应用赛项的技能需求，助力学生可持续发展。

本书项目一（任务一、任务二、任务三）、项目二、拓展板块由长江工程职业技术学院段凯敏编写，项目四、项目七由中国南水北调集团江汉水网建设开发有限公司张国锋编写，项目六由湖南水利水电职业技术学院丁琼编写，项目三由湖北水利水电职业技术学院胡海燕、杜庆燕编写，项目五由长江工程职业技术学院唐岳灏编写，项目一（任务四）由广西大藤峡水利枢纽开发有限责任公司谢济安编写、附录由宁夏建设职业技术学院王国利编写。全书由长江工程职业技术学院段凯敏统稿，浙江同济科技职业学院王颖教授审阅。

本书在编写过程中，参考了国内同行的著作、教材及有关资料，在此，谨对所有文献的作者深表谢意。由于编者水平有限，不足之处在所难免，恳请读者批评指正。

编者

2024年3月

数字资源索引

序号	资源名	类型	页码
1	想一想1	文本	4
2	钢筋混凝土结构的基本概念	视频	4
3	随堂测	文本	5
4	水利工程常用结构及其应用发展	视频	5
5	常见的钢筋混凝土结构	文件夹	5
6	常见的钢结构	文件夹	6
7	随堂测	文本	7
8	常见的钢纤维	文件夹	7
9	浮石、工业废料、人造轻集料	文件夹	7
10	常见的轻质混凝土	文件夹	7
11	智能混凝土的军事应用	文件夹	7
12	基本概念和术语	文本	7
13	带有环氧树脂涂层的钢筋、带有环氧树脂涂层的钢绞线	文件夹	7
14	纤维增强聚合物	文件夹	7
15	型钢混凝土结构的应用	视频	8
16	随堂测	文本	8
17	随堂测	文本	8
18	想一想2	文本	8
19	混凝土的相关性质	视频	9
20	随堂测	文本	9
21	混凝土立方体抗压试验	视频	9
22	干缩裂缝	图片	13
23	随堂测	文本	13
24	光圆钢筋	图片	13
25	螺纹钢筋	图片	13
26	人字纹钢筋	图片	14
27	月牙纹钢筋	图片	14

续表

序号	资源名	类型	页码
28	钢丝	图片	14
29	钢绞线1	图片	15
30	钢筋冷拉机	图片	17
31	冷拉钢筋	图片	17
32	钢筋的冷拔	视频	17
33	随堂测	文本	17
34	黏结力的组成与影响因素及钢筋的锚固	视频	18
35	钢筋附加锚固形式	图片	19
36	板厚小于120mm时的板内布筋	图片	20
37	钢筋的接长方式	视频	20
38	绑扎搭接	文件夹	20
39	绑扎搭接接头相关要求	视频	21
40	钢筋焊接方式	文件夹	22
41	套筒连接	图片	22
42	套筒与钢筋	图片	22
43	随堂测	文本	22
44	想一想3	文本	22
45	结构的功能要求和设计的极限状态	视频	24
46	构件破坏	文件夹	24
47	构件变形、裂缝	文件夹	24
48	钢筋锈蚀、碳化	文件夹	24
49	承载能力极限状态的四大情形	图片	25
50	三峡五级船闸	图片	25
51	随堂测	文本	25
52	作用效应与结构抗力	视频	25
53	荷载随时间的分类	视频	26
54	随堂测	文本	27
55	结构的可靠度	视频	27
56	随堂测	文本	29
57	结构的极限状态设计表达式	视频	29

续表

序号	资源名	类型	页码
58	现行水工结构设计规范及设计软件简介	文本	30
59	随堂测	文本	30
60	水工混凝土结构基础理论知识小结	文本	30
61	水工混凝土结构基础理论知识小测	文本	30
62	长江故事汇——水蕴匠心、文化传承	文件夹	31
63	知识拓展——结构与材料专题	文本	31
64	想一想4	文本	38
65	受弯构件的基本概念和截面形式与尺寸	视频	38
66	钢筋混凝土梁板结构图、水闸、桥面梁	文件夹	38
67	受弯构件的破坏形式及配筋要求	视频	39
68	梁和板的截面形式	文件夹	39
69	混凝土保护层	视频	40
70	截面有效高度	视频	40
71	梁的计算保护层厚度	视频	40
72	板的计算保护层厚度	视频	40
73	钢筋骨架的构造规定	视频	41
74	梁内受力钢筋的净距	视频	41
75	梁内钢筋布置	图片	41
76	架立钢筋	视频	43
77	腰筋与拉筋	文件夹	43
78	双肢箍筋、四肢箍筋	文件夹	43
79	梁内箍筋的布置	文件夹	44
80	弯起钢筋	文件夹	44
81	吊筋	图片	45
82	板内配筋	文件夹	45
83	随堂测	文本	46
84	受弯构件正截面受力破坏特征	视频	46
85	适筋破坏	视频	47
86	超筋破坏	视频	47
87	少筋破坏	视频	47

续表

序号	资源名	类型	页码
88	正截面受弯承载力的计算假定和破坏界限条件	视频	48
89	随堂测	文本	49
90	单筋矩形截面受弯承载力计算	视频	49
91	随堂测	文本	55
92	双筋矩形截面受弯承载力计算	视频	55
93	随堂测	文本	60
94	T形截面受弯承载力计算	视频	60
95	T形截面梁	文件夹	60
96	T形截面的来源	视频	60
97	T梁的构造	视频	60
98	随堂测	文本	68
99	想一想5	文本	68
100	斜截面受剪性能试验分析	视频	68
101	梁内配筋图	图片	69
102	斜拉破坏试验	视频	70
103	剪压破坏试验	视频	70
104	斜压破坏试验	视频	70
105	随堂测	文本	70
106	斜截面受剪承载力计算	视频	70
107	随堂测	文本	78
108	斜截面受弯承载力计算	视频	79
109	随堂测	文本	82
110	想一想6	文本	82
111	钢筋混凝土梁施工图的识读	视频	83
112	随堂测	文本	89
113	钢筋混凝土梁、板设计小结	文本	89
114	钢筋混凝土梁、板设计小测	文本	89
115	知识拓展——生活小常识、力学大道理	文本	89
116	想一想7	文本	97
117	受压构件的概念和分类	视频	97

续表

序号	资源名	类型	页码
118	常见受压构件	文件夹	97
119	轴心受压和偏心受压构件的区分	视频	97
120	普通箍筋柱、螺旋箍筋柱	文件夹	97
121	受压构件的构造要求	视频	97
122	受压构件截面形式	文件夹	98
123	柱中纵筋的布置要求	视频	98
124	封闭式箍筋	图片	99
125	基本箍筋与复合箍筋	文件夹	100
126	随堂测	文本	100
127	长柱和短柱的破坏形态	视频	100
128	轴心受压柱的截面设计	视频	102
129	随堂测	文本	103
130	大小偏心受压柱的破坏类型	视频	103
131	大偏心受压构件受力破坏实验	视频	103
132	小偏心受压构件受力破坏实验	视频	104
133	大偏心受压柱的截面设计	视频	106
134	小偏心受压柱的截面设计	视频	107
135	随堂测	文本	112
136	对称配筋柱的截面设计	视频	112
137	随堂测	文本	115
138	偏心受压构件斜截面受剪承载力计算	视频	115
139	随堂测	文本	115
140	想一想8	文本	115
141	受拉构件的概念和分类	视频	116
142	轴心受拉构件的设计	视频	116
143	随堂测	文本	117
144	偏心受拉构件的设计	视频	117
145	随堂测	文本	123
146	偏心受拉构件斜截面承载力计算	视频	123
147	随堂测	文本	123

续表

序号	资 源 名	类型	页码
148	钢筋混凝土柱的设计小结	文本	123
149	钢筋混凝土柱的设计小测	文本	123
150	知识拓展——结构与美	文本	124
151	想一想9	文本	129
152	预应力混凝土结构基本概念	视频	129
153	预应力混凝土的基本原理	视频	129
154	随堂测	文本	132
155	预应力混凝土结构施工方法	视频	132
156	先张法预应力	视频	132
157	随堂测	文本	133
158	预应力混凝土的材料和施加工具的选择	视频	134
159	预应力用螺纹钢筋	图片	134
160	预应力用钢棒	图片	134
161	预应力用钢丝	图片	135
162	钢绞线2	图片	135
163	锚具与夹具	图片	135
164	螺杆张拉	图片	136
165	螺杆镦粗夹具	图片	136
166	锥型锚具	图片	137
167	锚环与夹片	图片	137
168	QM型锚具	图片	137
169	随堂测	文本	138
170	想一想10	文本	138
171	预应力混凝土结构构件构造规定	视频	138
172	随堂测	文本	139
173	随堂测	文本	140
174	随堂测	文本	141
175	想一想11	文本	142
176	预应力钢筋张拉控制应力及预应力损失	视频	142
177	随堂测	文本	143

续表

序号	资 源 名	类型	页码
178	随堂测	文本	145
179	预应力混凝土结构设计小结	文本	146
180	预应力混凝土结构设计小测	文本	146
181	长江故事汇——工善其事、匠人匠心	文件夹	146
182	知识拓展——结构抗震专题	文本	146
183	想一想 12	文本	153
184	抗裂验算之轴心受拉构件	视频	153
185	随堂测	文本	154
186	抗裂验算之受弯构件	视频	154
187	随堂测	文本	157
188	想一想 13	文本	157
189	裂缝成因	视频	157
190	外力引起的裂缝	图片	157
191	温度变化引起的裂缝	图片	158
192	混凝土收缩引起的裂缝	图片	158
193	基础不均匀沉降引起的裂缝	图片	158
194	钢筋锈蚀引起的裂缝	图片	159
195	碱-骨料化学反应引起的裂缝	图片	159
196	随堂测	文本	159
197	裂缝宽度理论	视频	159
198	随堂测	文本	162
199	最大裂缝宽度	视频	162
200	随堂测	文本	166
201	想一想 14	文本	166
202	受弯构件变形验算	视频	166
203	受弯构件挠度试验	视频	166
204	随堂测	文本	167
205	随堂测	文本	168
206	随堂测	文本	168
207	随堂测	文本	169

续表

序号	资源名	类型	页码
208	想一想15	文本	169
209	混凝土结构的耐久性	视频	169
210	常见结构耐久性失效	文件夹	170
211	随堂测	文本	170
212	随堂测	文本	172
213	钢筋混凝土正常使用极限状态的验算小结	文本	172
214	钢筋混凝土正常使用极限状态的验算小测	文本	172
215	长江故事汇——结家国情、立报国志	文件夹	172
216	知识拓展——结构抗洪专题	文本	172
217	常见的钢筋混凝土梁板结构	文件夹	176
218	钢筋混凝土屋盖的类型	文件夹	176
219	想一想16	文本	176
220	现浇整体式楼盖的结构型式	视频	176
221	整体式楼盖的类型	文件夹	176
222	随堂测	文本	177
223	单向板与双向板的划分方法	视频	178
224	单向板与双向板的划分	视频	178
225	随堂测	文本	178
226	想一想17	文本	178
227	结构平面布置原则	视频	179
228	单向板肋形结构计算简图	视频	180
229	随堂测	文本	181
230	弹性理论计算内力	视频	181
231	荷载的最不利组合	视频	181
232	弯矩包络图	视频	182
233	塑性理论计算内力	视频	183
234	随堂测	文本	185
235	板的构造要求	视频	185
236	分离式钢筋、弯起式钢筋	文件夹	186
237	板中与梁肋垂直的构造钢筋	图片	187

续表

序号	资源名	类型	页码
238	次梁的构造要求	视频	187
239	次梁的配筋	文件夹	187
240	主梁的构造要求	视频	188
241	附加箍筋、附加吊筋	文件夹	189
242	随堂测	文本	189
243	想一想 18	文本	190
244	双向板肋梁结构的含义及受力特点	视频	190
245	双向板结构图、双向板钢筋图	文件夹	190
246	随堂测	文本	190
247	双向板的内力计算	视频	190
248	随堂测	文本	192
249	双向板的配筋计算及构造	视频	192
250	随堂测	文本	193
251	想一想 19	文本	193
252	钢筋混凝土梁板结构识图	视频	201
253	钢筋混凝土梁板结构设计小结	文本	204
254	钢筋混凝土梁板结构设计小测	文本	204
255	知识拓展——结构倒塌案例	文本	204
256	想一想 20	文本	207
257	水电站厂房布置	视频	207
258	水电站厂房结构图	图片	207
259	随堂测	文本	209
260	想一想 21	文本	209
261	水电站厂房楼板的计算与构造	视频	209
262	水电站厂房荷载效应分类	视频	209
263	随堂测	文本	211
264	水电站厂房楼板开洞处理	视频	213
265	随堂测	文本	213
266	想一想 22	文本	213
267	刚架结构的设计要点与构造要求	视频	213

续表

序号	资源名	类型	页码
268	刚架结构	文件夹	214
269	随堂测	文本	215
270	刚架节点贴角的构造要求	视频	215
271	刚架顶层端节点的构造要求	视频	215
272	随堂测	文本	217
273	想一想 23	文本	217
274	牛腿的计算及构造	视频	218
275	牛腿的破坏试验及配筋	视频	218
276	随堂测	文本	219
277	随堂测	文本	220
278	想一想 24	文本	220
279	柱下独立基础的构造	视频	220
280	柱下独立基础	文件夹	221
281	柱下独立基础的由来	视频	221
282	基础垫层	图片	221
283	柱下独立基础底板钢筋	视频	221
284	随堂测	文本	221
285	水电站厂房及刚架结构小结	文本	221
286	水电站厂房及刚架结构小测	文本	221
287	长江故事汇——构中国梦、绘好未来	文件夹	221
288	知识拓展——绿色建筑专题	文本	222
289	《水工混凝土结构设计规范》(SL 191—2008)	文本	249
290	《水工混凝土结构设计规范》(NB/T 11011—2022)	文本	249
291	《水工建筑物荷载设计规范》(SL 744—2016)	文本	249
292	《水利水电工程等级划分及洪水标准》(SL 252—2017)	文本	249
293	《新编水工混凝土结构设计手册》	文本	249
294	课件资料	PPT	250
295	教案资料	文本	251
296	习题资料	文本	252
297	模拟试卷 A	文本	253

续表

序号	资　源　名	类型	页码
298	模拟试卷 A 答案	文本	253
399	模拟试卷 B	文本	253
300	模拟试卷 B 答案	文本	253

目录

前言
数字资源索引

上篇 结构的性能需求和设计原则

项目一 水工混凝土结构初识 ……………………………………………………… 3
  任务一 结构初识 ……………………………………………………………… 4
    技能点一 混凝土结构的基本概念 ………………………………………… 4
    技能点二 水利工程常用结构的特点 ……………………………………… 5
    技能点三 钢筋混凝土结构的应用发展情况 ……………………………… 7
    技能点四 本课程对高职学生的学习方法和能力要求 …………………… 8
  任务二 材料初识 ……………………………………………………………… 8
    技能点一 混凝土结构对材料的要求 ……………………………………… 9
    技能点二 混凝土的相关性质 ……………………………………………… 9
    技能点三 钢筋的相关性质 ………………………………………………… 13
    技能点四 钢筋和混凝土黏结性能的保证 ………………………………… 18
  任务三 设计原理初探 ………………………………………………………… 22
    技能点一 结构的功能要求和设计的极限状态 …………………………… 24
    技能点二 作用效应与结构抗力及其取值 ………………………………… 25
    技能点三 结构的可靠度 …………………………………………………… 27
    技能点四 水工混凝土结构极限状态设计表达式 ………………………… 29
  习题 ……………………………………………………………………………… 31

中篇（上） 基本构件在承载能力极限状态下的相关计算

项目二 钢筋混凝土梁、板设计 ………………………………………………… 37
  任务一 受弯构件正截面承载力计算 ………………………………………… 38
    技能点一 受弯构件的基本概念和一般构造要求 ………………………… 38
    技能点二 受弯构件正截面受力破坏特征及破坏界限条件 ……………… 46
    技能点三 单筋矩形截面受弯承载力计算 ………………………………… 49
    技能点四 双筋矩形截面受弯承载力计算 ………………………………… 55
    技能点五 T形截面受弯承载力计算 ……………………………………… 60
  任务二 受弯构件斜截面承载力计算 ………………………………………… 68
    技能点一 斜截面受剪性能试验分析 ……………………………………… 68

技能点二	斜截面受剪承载力计算	70
技能点三	斜截面受弯承载力计算	79
任务三	钢筋混凝土梁施工图的识读及设计实例	82
习题		89

项目三 钢筋混凝土柱的设计 96
任务一 受压构件的构造要求与相关计算 97
  技能点一 受压构件的构造要求 98
  技能点二 轴心受压构件正截面承载力计算 100
  技能点三 偏心受压构件正截面承载力计算 103
  技能点四 对称配筋的矩形截面偏心受压构件计算 112
  技能点五 偏心受压构件斜截面受剪承载力计算 115
任务二 受拉构件的构造要求与相关计算 115
  技能点一 轴心受拉构件正截面承载力计算 116
  技能点二 偏心受拉构件正截面受拉承载力计算 117
  技能点三 偏心受拉构件斜截面承载力计算 123
习题 123

项目四 预应力混凝土结构设计 128
任务一 预应力混凝土结构初识 129
  技能点一 预应力混凝土结构的基本概念 129
  技能点二 预应力混凝土结构的施工方法 132
  技能点三 预应力混凝土的材料和施加工具的选择 134
任务二 预应力混凝土构件设计规定分析 138
  技能点一 预应力混凝土构件的一般构造规定 138
  技能点二 先张法构件的构造要求 139
  技能点三 后张法构件的构造要求 140
任务三 预应力钢筋张拉控制应力及预应力损失计算 142
  技能点一 预应力钢筋的张拉要求 142
  技能点二 预应力损失分析 143
习题 146

中篇（下） 基本构件在正常使用极限状态下的相关验算

项目五 钢筋混凝土结构正常使用极限状态的验算 151
任务一 抗裂验算 153
  技能点一 轴心受拉构件抗裂验算 153
  技能点二 受弯构件抗裂验算 154
任务二 裂缝开展宽度验算 157
  技能点一 裂缝成因分析 157

  技能点二 裂缝宽度理论初识 …………………………………………………… 159
  技能点三 最大裂缝宽度计算 …………………………………………………… 162
 任务三 受弯构件变形验算 ………………………………………………………… 166
  技能点一 钢筋混凝土受弯构件的挠度试验 …………………………………… 166
  技能点二 受弯构件的短期抗弯刚度 …………………………………………… 167
  技能点三 受弯构件的长期抗弯刚度 …………………………………………… 168
  技能点四 受弯构件的挠度验算 ………………………………………………… 168
 任务四 混凝土结构耐久性的设计规定分析 ……………………………………… 169
  技能点一 混凝土结构耐久性的概念 …………………………………………… 169
  技能点二 混凝土结构的耐久性要求 …………………………………………… 170
 习题 ………………………………………………………………………………………… 172

<h2 style="text-align:center">下篇 结构的相关计算</h2>

项目六 钢筋混凝土梁板结构设计 ………………………………………………………… 175
 任务一 现浇整体式楼盖的受力体系分析 ………………………………………… 176
  技能点一 现浇整体式楼盖的结构型式 ………………………………………… 176
  技能点二 单向板与双向板的划分方法 ………………………………………… 178
  技能点三 楼盖上的荷载类型 …………………………………………………… 178
 任务二 单向板肋梁楼盖的设计计算 ……………………………………………… 178
  技能点一 单向板肋梁楼盖结构平面布置 ……………………………………… 179
  技能点二 单向板肋梁楼盖结构内力计算 ……………………………………… 181
  技能点三 单向板肋梁楼盖结构的构造要求 …………………………………… 185
 任务三 双向板肋梁楼盖的设计计算 ……………………………………………… 190
  技能点一 双向板肋梁结构的含义及受力特点 ………………………………… 190
  技能点二 双向板的内力计算 ……………………………………………………… 190
  技能点三 双向板的配筋计算及构造 …………………………………………… 192
 任务四 梁板结构设计及结构图识读案例 ………………………………………… 193
  技能点一 钢筋混凝土梁板结构设计实例 ……………………………………… 193
  技能点二 钢筋混凝土梁板结构识图 …………………………………………… 201
 习题 ………………………………………………………………………………………… 204

项目七 水电站厂房及刚架结构设计 …………………………………………………… 206
 任务一 水电站厂房结构布置分析 …………………………………………………… 207
  技能点一 水电站厂房的结构组成 ……………………………………………… 207
  技能点二 厂房结构设计的一般规定 …………………………………………… 208
 任务二 水电站厂房楼盖的构造要求与计算 ………………………………………… 209
  技能点一 水电站厂房楼板的内力计算 ………………………………………… 209
  技能点二 楼板配筋构造要求 …………………………………………………… 211
 任务三 刚架结构的构造要求与计算 ………………………………………………… 213

  技能点一 刚架结构的设计要点 ··· 214
  技能点二 刚架节点的构造要求 ··· 215
 任务四 牛腿的构造要求与计算 ··· 217
  技能点一 牛腿试验分析及尺寸的确定 ·· 218
  技能点二 牛腿的钢筋配置 ·· 219
 任务五 柱下独立基础的构造分析 ··· 220
 习题 ·· 221

参考文献 ·· 223

附录一 常用材料强度取值及弹性模量取值 ··· 224

附录二 钢筋的计算截面面积及理论质量 ··· 227

附录三 一般构造规定 ·· 230

附录四 正常使用验算的有关限值 ·· 231

附录五 等跨等截面连续梁在常用荷载作用下的内力系数表 ··················· 233

附录六 双向板的内力和挠度系数表 ·· 243

附录七 水工结构设计常用规范 ·· 249

附录八 教材配套课件 ·· 250

附录九 教材配套教案 ·· 251

附录十 教材配套习题 ·· 252

附录十一 模拟试卷 ··· 253

附录十二 《注册土木工程师》水工结构专业考试 ···································· 254

附录十三 水利工程 BIM 建模与应用技能大赛 ··· 255

附录十四 建筑信息模型（BIM）职业技能等级考试 ································ 256

上篇

结构的性能需求和设计原则

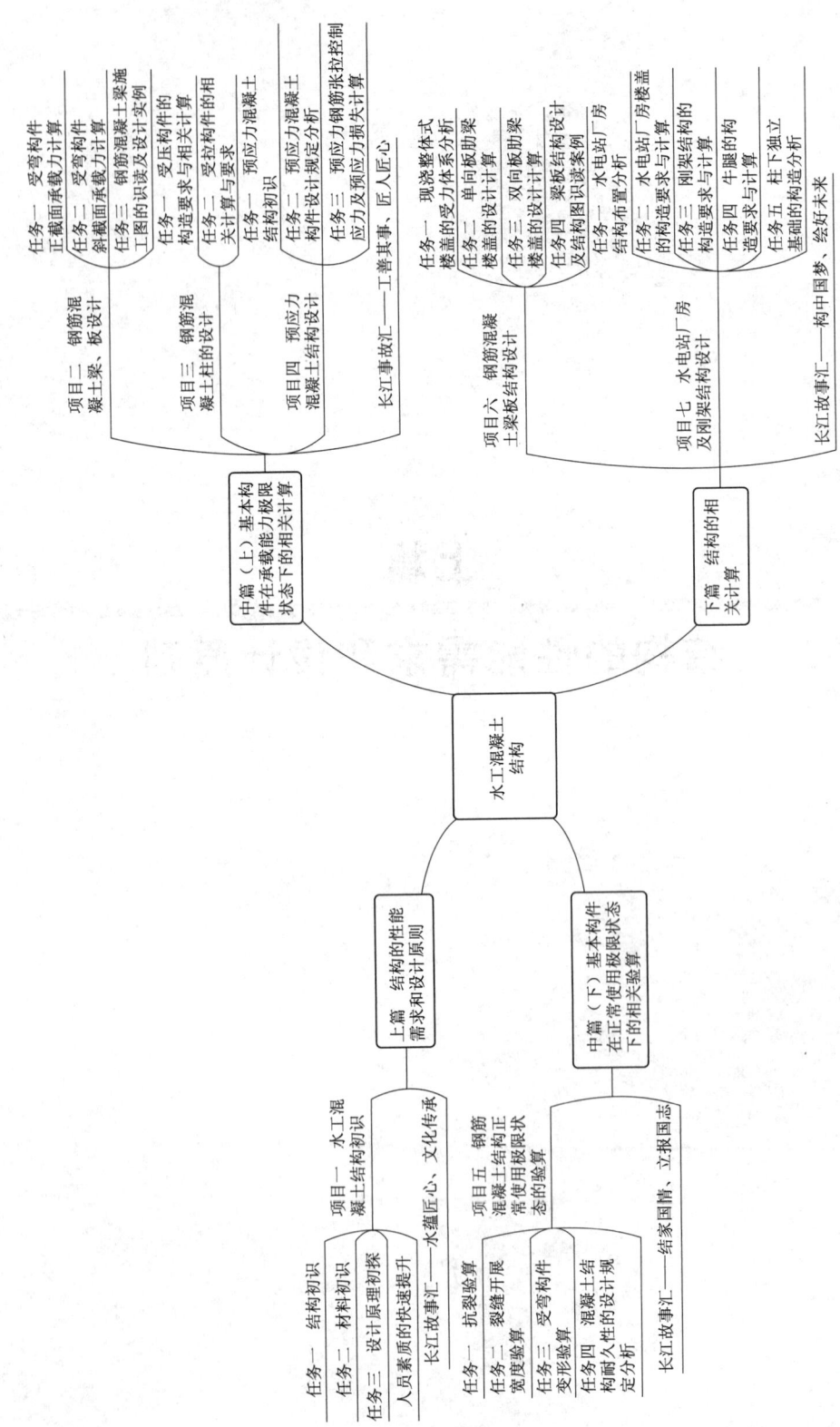

项目一　水工混凝土结构初识

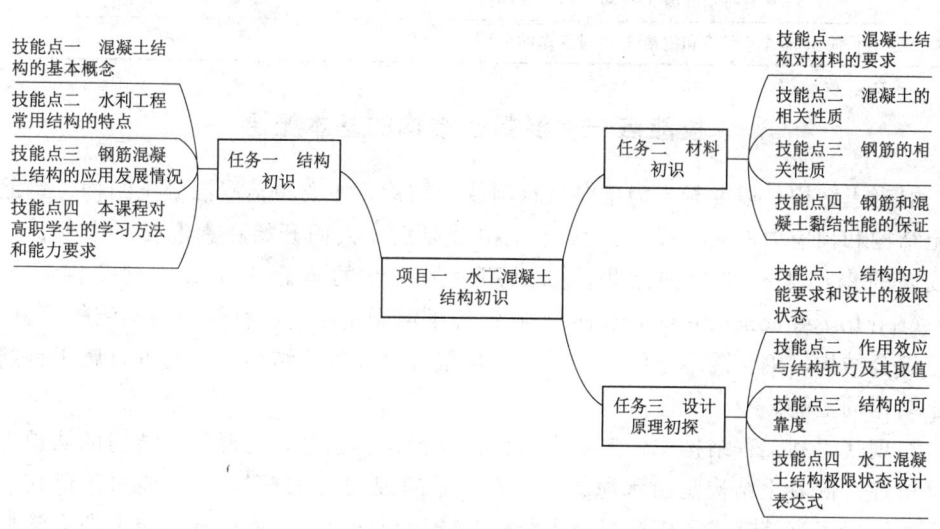

项目任务书			
项目名称	水工混凝土结构初识		
项目任务	任务一　结构初识 任务二　材料初识 任务三　设计原理初探		
教学内容	（1）混凝土结构基本概念及优缺点概述。 （2）常用材料（钢筋、混凝土）的物理、力学性质介绍。 （3）结构应具备的功能要求概述、设计极限状态的划分及表达式		
教学目标	素质目标	（1）树立工程伦理观念，强化社会责任感。 （2）激发创新精神，培养实践能力。 （3）增强环保意识，推动绿色发展。 （4）培养团队协作精神，提升沟通协调能力	
^	知识目标	（1）掌握钢筋、混凝土的物理化学性质及主要力学性能。 （2）掌握水工混凝土结构极限状态设计表达式。 （3）理解作用、抗力、荷载、可靠度等概念的基本含义	
^	技能目标	（1）能根据钢筋外形正确识别钢筋的品种。 （2）能合理选用钢筋级别和混凝土强度等级。 （3）能正确进行水工混凝土结构中荷载的取值。 （4）能正确计算构件控制截面的荷载效应组合值	
教学实施	案例导入→原理分析→方案设计→模拟实验→成果展示		
项目成果	钢筋混凝土质量验收记录单		
技术规范	《水工混凝土结构设计规范》（SL 191—2008）		
参考资料	《水工混凝土结构设计规范》（NB/T 11011—2022）		

任务一　结　构　初　识

素质目标	(1) 树立工程伦理观念，强化社会责任感。 (2) 强化团队合作意识，培养集体荣誉感，促进团队合作
知识目标	(1) 了解混凝土结构的概念。 (2) 理解钢筋和混凝土共同工作的原因
技能目标	能正确描述钢筋和混凝土共同工作的原因

技能点一　混凝土结构的基本概念

混凝土结构是以混凝土为主要材料制成的结构，主要包括素混凝土结构、钢筋混凝土结构和预应力混凝土结构。19世纪中叶以后，人们开始在素混凝土中配置抗拉强度高的钢筋来获得加强效果。如果用"加强"的概念来定义"钢筋混凝土结构"（reinforced concrete structure），则钢纤维混凝土结构、钢管混凝土结构、钢-混凝土组合结构、钢骨混凝土结构、纤维增强聚合物混凝土结构等，均可以属于钢筋混凝土结构的范畴。

在现代水利工程结构中，混凝土结构比比皆是。但是，对混凝土结构的认识不能仅停留在"混凝土结构是由水泥、砂、石和水组成的人工石"，也不能只停留在"混凝土中埋置了钢筋就成了钢筋混凝土结构"的简单概念上，而应从本质上即力学概念上去认识、了解混凝土结构的基本工作原理。

钢筋混凝土结构是由钢筋和混凝土两种物理力学性能不相同的材料所组成的。混凝土的抗压强度高、抗拉强度低，其抗拉强度仅为抗压强度的 1/20～1/8，混凝土是一种非均质、非弹性、非线性的建筑材料。同时，混凝土破坏时具有明显的脆性性质，破坏前没有征兆。因此，素混凝土结构通常用于以受压为主的基础、柱墩和一些非承重结构。与混凝土材料相比，钢筋的抗拉强度和抗压强度均较高，破坏时具有较好的延性。为了提高构件的承载力和使用范围，将钢筋和混凝土按照合理的方式结合在一起协同工作，使钢筋主要承受拉力，混凝土承受压力，充分发挥两种材料各自的特长，则可以大大提高结构的承载能力，改善结构的受力特性。

现以一简支梁为例，图1-1 (a) 表示素混凝土梁在外加荷载及自重作用下的受力情况。梁受弯后，截面中和轴以上部分受压，中和轴以下部分受拉[图1-1 (b)]，由于混凝土的抗拉性能较差，在较小荷载作用下，梁的下部混凝土即行开裂，梁立即断裂，破坏前

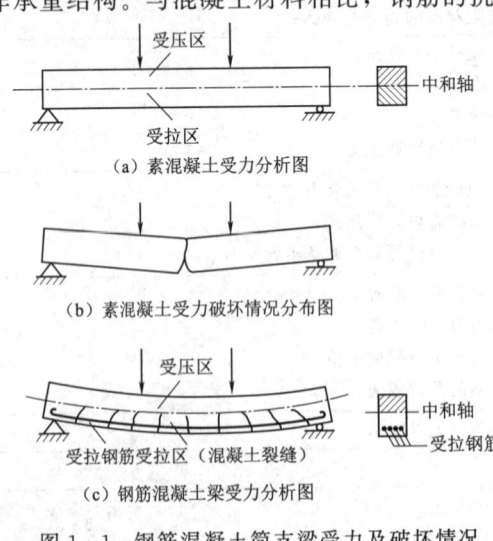

图1-1　钢筋混凝土简支梁受力及破坏情况

变形很小,无预兆,属于脆性破坏。若在梁的受拉区配置适量的钢筋,则构成钢筋混凝土梁[图1-1(c)]。梁受弯后,混凝土开裂,中和轴以下部分的拉力可由钢筋承受,中和轴以上部分的压力由混凝土承受。随着荷载的增加,钢筋达到强度极限,上部受压区的混凝土被压碎,梁才破坏。破坏前变形较大,有明显预兆,属于延性破坏。这样,混凝土的抗压能力和钢筋的抗拉能力均得到了充分的利用,与素混凝土梁相比,钢筋混凝土梁的承载能力和变形能力都有很大程度的提高。

随堂测

梁中埋置了钢筋,就一定能提高其承载力吗?其实不然。试想,如果把钢筋埋在梁上方受压区,则梁的承载力几乎不能提高,仍发生如同素混凝土梁那样的"一裂即穿"的脆性破坏,钢筋则白白浪费了。

除了钢筋的布置位置要正确外,承载力得以提高的另一重要条件是钢筋和混凝土必须保证共同工作。由于钢筋和混凝土之间的良好黏结,使两者有机地结合为整体,而且这种整体还不致由于温度变化而破坏(钢筋和混凝土的线膨胀系数相近,钢材为 $1.2\times10^{-5}℃^{-1}$,混凝土为 $1.0\times10^{-5}\sim1.5\times10^{-5}℃^{-1}$),同时钢筋周围有足够的混凝土包裹,使钢筋不易生锈,从而保证黏结力的耐久性,所以两者的共同工作是可以得到保证的。

由上述可知,正确理解钢筋混凝土结构的工作原理,主要有以下几点:

(1)钢筋和混凝土之间存在黏结力,混凝土硬化后可与钢筋牢固地粘结成整体,在荷载作用下,相互传递应力。

(2)钢筋和混凝土的温度线膨胀系数接近,当温度变化时,两者不会产生较大的相对滑移而使二者黏结作用遭到破坏。

(3)钢筋表面的混凝土保护层可防止钢筋生锈,保证结构的耐久性。

理解上述工作原理,也就不难理解钢筋混凝土的英文名称"reinforced concrete"(缩写为RC)的科学性,前面提及的各种混凝土乃至20世纪50年代我国曾使用过的竹筋混凝土结构均可以归属于"钢筋混凝土结构"的范畴。

技能点二 水利工程常用结构的特点

一、钢筋混凝土结构

钢筋混凝土结构是水利工程中应用最多的结构,例如:水电站厂房的梁、板、柱等。

(一)钢筋混凝土结构的优点

钢筋混凝土结构除了合理地利用了钢筋和混凝土两种材料的特性外,和其他材料的结构相比,还具有下列优点:

水利工程常用结构及其应用发展

(1)强度高、耐久性好。混凝土耐受自然侵蚀的能力较强,其强度也随着时间的增长有所提高,钢筋因混凝土的保护而不易锈蚀,不需要经常维护和保养。

(2)耐火性好。由传热性差的混凝土作为钢筋的保护层,其可在普通火灾情况下使钢筋不致达到软化温度而导致结构的整体破坏。

(3)整体性好。现浇的整体式钢筋混凝土结构具有较好的整体刚度,有利于抗震和防爆。

常见的钢筋混凝土结构

(4) 可模性好。可根据使用需要浇筑制成各种形状和尺寸的结构，尤其适合建造水利工程中外形复杂的大体积结构及蜗壳等空间薄壁结构。

(5) 取材方便。钢筋混凝土结构中所用的砂、石材料，一般都可就地取材，减少运输费用，降低工程造价。

（二）钢筋混凝土结构的缺点

(1) 自重大。钢筋混凝土结构的截面尺寸较大，重度也大，因而自重远远超过相应的钢结构的重量，不利于建造大跨度结构和超高层结构。

(2) 抗裂性差。混凝土抗拉强度低，容易出现裂缝，影响结构的使用性能和耐久性，这一特点对水工混凝土结构尤为不利。裂缝的存在不仅降低了混凝土抗渗、抗冻的能力，而且会使钢筋生锈，加速构件的破坏。

(3) 施工复杂。易受气候和季节的影响，建造期一般较长。

(4) 承载力有限。与钢材相比较，普通混凝土抗压强度较低，因此，普通钢筋混凝土结构的承载力有限，用作承重结构和高层建筑底部结构时，不可避免地会导致构件尺寸过大，减小有效使用空间。因此，对于一些超高层的结构，因混凝土结构有其局限性，而更多地选择钢结构。

二、钢结构

水利工程中的很多部位受到很大的拉力或扭矩，并且有不允许开裂的要求，而普通的钢筋混凝土抗裂性差，承载力有限，难以满足此项要求。因此，在这些特殊部位（如起挡水作用的闸门）通常设置钢结构。钢结构是由钢制材料组成的结构，是主要的建筑结构类型之一。结构主要由型钢和钢板等制成的钢梁、钢柱、钢桁架等构件组成。

常见的钢结构

（一）钢结构的优点

钢结构是用钢材制作而成的结构，与其他结构相比，它有以下优点：

(1) 重量轻而承载能力高。钢结构与钢筋混凝土结构、木结构相比，由于钢材的强度高，构件的截面一般较小，重量较轻。钢材的抗拉强度、抗压强度均较高，所以，钢结构的受拉、受压承载力都很高。

(2) 理论值与实际值接近。钢材质地均匀，其受力的实际情况与力学计算结果接近。

(3) 抗震性能好。钢材的塑性和韧性好，能较好地承受动力荷载，因而钢结构的抗震性能好。

(4) 方便快捷。钢结构由各种型材组成，制作简便，施工速度快，工期短，具有良好的装配性。可在工厂预制、现场拼装，施工方便、速度快，且便于拆卸、加固或改建。

（二）钢结构的缺点

钢结构也存在以下缺点：

(1) 造价高。钢结构需要大量钢材，钢材的价格较其他材料高，结构的造价也就相应提高。

(2) 易于锈蚀。钢材在湿度大和有侵蚀性介质的环境中容易锈蚀，影响使用寿命，因而需要经常维护，费用较大。

（3）耐热性好，但耐火性差。钢材耐热但不耐高温，当温度在250℃以下时，材质变化较小；当温度达到300℃时，强度逐渐下降；当温度达到450～600℃时，结构完全丧失承载能力。

因而，对有特殊防火要求的建筑，必须用耐火材料加以保护。

技能点三　钢筋混凝土结构的应用发展情况

一、材料的应用与发展

（一）混凝土

混凝土材料的应用和发展主要表现在混凝土强度的不断提高、混凝土性能的不断改善、轻质混凝土和智能混凝土的应用等方面。

早期的混凝土强度比较低，随着高效减水剂的应用，混凝土的抗压强度大幅度提高。目前，我国在结构工程中采用抗压强度为60MPa以上的高强混凝土已相当普遍。

为了改善混凝土抗拉性能差、延性差等缺点，提高混凝土抗裂、抗冲击、抗疲劳等性能，对在混凝土中掺入纤维来改善混凝土性能的研究发展较为迅速。纤维的种类有钢纤维、合成纤维、玻璃纤维和碳纤维等。其中钢纤维混凝土的技术最为成熟。

近年来，水泥基复合材料（engineered cementitions composite，ECC）的成功研制极大地改善了混凝土材料的抗裂性能，水泥基复合材料的极限拉应变可以达到3%以上，已初步应用于桥面板、大坝和渡槽等工程。数十年来，由天然集料（浮石、凝灰石等）、工业废料（炉渣、粉煤灰等）、人造轻集料（黏土陶粒、膨胀珍珠岩等）制作成的轻质混凝土得到了广泛的应用和发展。轻质混凝土的容重小，具有优良的保温和抗冻性能。同时，天然集料和工业废料制作的轻质混凝土具有节约能源、减少堆积废料占用地以及保护环境等优点。在力学性能方面，轻质混凝土弹性模量低于同等级强度的普通混凝土，吸收能量快，能有效减小地震作用力。轻质混凝土已在许多实际工程中得到应用。

混凝土智能材料也越来越受到各国学者的高度重视，在混凝土中添加智能修复材料和智能传感材料，可以使混凝土具有损伤修复、损伤愈合和损伤预警功能。具有损伤预警功能的智能混凝土已在实际工程中试用。再生骨料混凝土是解决城市改造拆除的建筑废料、减少环境污染、变废为宝的途径之一。将拆除建筑物的废料（主要是混凝土）加工成新混凝土的粗骨料或者细骨料，可以全部替代或者部分替代天然的砂石骨料。

另外，因工程的需要，一些特殊性能的混凝土（如膨胀混凝土、自密实混凝土、聚合物混凝土、耐腐蚀混凝土和水下不分散混凝土等）也不断应用于实际工程。

随着低碳经济发展战略的实施，对混凝土材料提出了更大的挑战。作为混凝土主要组成材料的水泥，在生产过程消耗了大量的能源和资源，这就迫切需要发展耐久性好、高节能、高环保的高性能混凝土。目前，高性能混凝土被认为是适应低碳经济发展战略的新材料和新技术。

（二）钢筋

随着冶金技术的发展，钢筋的强度不断提高。我国目前用于普通混凝土结构的钢

随堂测

常见的钢纤维

浮石、工业废料、人造轻集料

常见的轻质混凝土

智能混凝土的军事应用

基本概念和术语

带有环氧树脂涂层的钢筋、带有环氧树脂涂层的钢绞线

纤维增强聚合物

项目一　水工混凝土结构初识

筋强度已达到500MPa，预应力构件中采用的钢绞线强度达到1960MPa。为了提高钢筋的防锈能力，带有环氧树脂涂层的钢筋和钢绞线已经用于沿海以及近海地区的一些混凝土结构工程中。

近年来，纤维增强聚合物（fibre-reinforced polymer，FRP）筋成为代替传统钢筋的一种新思路。FRP筋由纤维和聚合物复合而成，具有强度高、质量轻、耐腐蚀、抗疲劳性能高等优点；其缺点是不像钢筋那样具有屈服点，而且无延性。常用的FRP筋有碳纤维增强聚合物筋、玻璃纤维增强聚合物筋和芳纶纤维增强聚合物筋。目前关于这方面的工程应用还比较少。

二、结构形式的发展

型钢混凝土结构的应用

早期混凝土结构中的基本受力构件主要以钢筋混凝土结构构件（梁、板、柱和墙等）为主。随着预应力技术的发展，预应力混凝土结构逐步在桥梁、空间结构中得到广泛应用，并在大跨度、高抗裂性能等方面显示出优越性。为了适应重载、延性等需要，钢-混凝土组合结构得到迅速的发展和应用。如钢板-混凝土组合结构用于地下结构、压型钢板-混凝土板用于楼板结构、型钢-混凝土组合梁用于桥梁结构、型钢-混凝土重载柱用于超高层建筑等。在钢管内填充混凝土形成的钢管混凝土结构，由于钢管能有效地约束核心受压混凝土的侧向变形，核心混凝土处于三向受压状态，从而提高混凝土的抗压强度、极限应变、承载力和延性等；同时钢管可以兼作模板，加快施工速度，节约建设成本。这些新型组合结构具有充分利用材料、延性好、施工简便等特点，极大地拓宽了钢筋混凝土结构的应用范围。

随堂测

FRP混凝土结构是近年来出现的一种新型组合结构，主要包括FRP管混凝土柱、FRP-混凝土组合桥面板等。由于耐腐蚀、强度高等优点，FRP结构在沿海及近海工程、桥梁结构中具有广阔的应用前景。

技能点四　本课程对高职学生的学习方法和能力要求

随堂测

《水工混凝土结构》作为继《工程力学》《建筑材料》等课程后的重要专业基础课程，强调理论与实践的紧密结合，鼓励学生通过自主学习、团队合作以及案例分析等方法，深入掌握水工混凝土结构与构件的设计基本理论和计算方法。同时，课程注重培养学生的专业技能和综合素质，要求学生具备识图、绘图以及中小型水工结构设计的能力，旨在为学生后续的专业课程学习和从事水工结构设计工作打下坚实的基础，培养其成为具备扎实专业技能、良好职业道德和创新思维的高素质人才。

任务二　材　料　初　识

素质目标	（1）增强环保意识，推动绿色发展。 （2）激发创新精神，培养实践能力
知识目标	（1）掌握钢筋的主要力学性能。 （2）掌握混凝土的强度及变形
技能目标	（1）能根据钢筋外形正确识别钢筋的品种。 （2）能合理选用钢筋级别和混凝土强度等级

想一想2

技能点一　混凝土结构对材料的要求

一、对混凝土性能的要求

水利工程中，混凝土在结构中主要承受压力，因此要求混凝土具备足够的抗压强度和刚度。而水利工程规模之大，施工之难，损坏后后果之严重，又要求混凝土结构具备较好的耐久性。

二、对钢筋性能的要求

(1) 材料强度高。钢筋的屈服强度是混凝土结构设计的主要依据之一。采用较高强度的钢筋可以节省钢筋用量，降低工程造价。

(2) 塑性变形能力大。塑性变形能力大的钢筋可以使构件在破坏前产生明显的破坏预兆。对于所有的钢筋均应满足现行规范规定的伸长率和冷弯性能的要求。

(3) 良好的焊接性能。保证钢筋焊接后不产生裂纹及过大的变形。

(4) 与混凝土的黏结性能强。黏结性能直接影响钢筋的受力与锚固，从而影响钢筋与混凝土的共同工作，因此钢筋与混凝土之间应具有良好的黏结性能。

技能点二　混凝土的相关性质

一、强度

混凝土的强度指标主要有立方体抗压强度、轴心抗压强度和轴心抗拉强度。

（一）立方体抗压强度标准值和强度等级

混凝土的立方体抗压强度是衡量混凝土强度大小的基本指标，是评价混凝土强度等级的标准。《水工混凝土结构设计规范》(SL 191—2008) 规定了混凝土立方体抗压强度的确定方法：用边长为 150mm 的立方体试件，在标准养护条件下［温度 (20±3)℃，相对湿度不小于 90%］养护 28d 后，按照标准试验方法（试件的承压面不涂润滑剂，加荷速度每秒 0.15~0.3N/mm²）测得的具有 95% 保证率的抗压强度，称为混凝土的立方抗压强度标准值，用符号 $f_{cu,k}$ 表示。

《水工混凝土结构设计规范》(SL 191—2008) 规定的混凝土强度等级是按立方体强度标准值（即有 95% 超值保证率）确定的，用"C"表示。字母 C 后面的数字表示以 N/mm² 为单位的立方体抗压强度标准值。水利工程中采用的混凝土强度等级分为 9 级，即：C20、C25、C30、C35、C40、C45、C50、C55、C60。

混凝土立方体抗压强度是在一定的试验条件下得出的，试验方法对试验结果有一定影响。试件在试验机上受压时，试件的上下表面和试验机垫板之间有摩擦力，摩擦力就如同在试件上下端各加了一个套箍，阻碍了试件的横向变形，延缓了裂缝的开展，从而提高了试件的抗压极限强度。如果在试件的上下表面加润滑剂，试件在受压时没有"套箍"作用的影响，横向变形几乎不受约束，测得的混凝土抗压强度低，而且试件破坏情况与前述情况也不相同。试验还表明，混凝土的立方体抗压强度还与试块的尺寸有关，试块尺寸越小，测得的混凝土抗压强度越高。

（二）轴心抗压强度标准值

在实际工程中，钢筋混凝土受压构件大多数是棱柱体而不是立方体，工作条件与立方体试块的工作条件有很大差别，采用棱柱体试件比立方体试件更能反映混凝土的实际抗压能力。

我国采用 150mm×150mm×300mm 的棱柱体试件作为标准试件，测得的混凝土棱柱体抗压强度即为混凝土的轴心抗压强度标准值，用符号 f_{ck} 表示。试验表明：随着试件高宽比 $\frac{h}{b}$ 增大，端部摩擦力对中间截面约束减弱，混凝土抗压强度降低。

根据试验结果对比得出，轴心抗压强度标准值与立方体抗压强度标准值之间大致呈线形关系，平均比值为 0.76。考虑到实际结构构件与试件在尺寸、制作、养护条件等方面的差异、加荷速度等因素的影响，偏安全地取用

$$f_{ck}=0.67\alpha_c f_{cuk} \tag{1-1}$$

α_c 的取值：对于 C45 以下 α_c 取 1.0；对于 C45 α_c 取 0.98；对于 C60 α_c 取 0.96；中间按线性规律内插。

（三）轴心抗拉强度标准值

混凝土的轴心抗拉强度是确定混凝土抗裂度的重要指标。常用轴心抗拉试验或劈裂试验来测得混凝土的轴心抗拉强度，其值远小于混凝土的抗压强度。一般为其抗压强度的 1/18～1/9，且不与抗压强度成正比。

根据试验结果对比得出，混凝土试件的轴心抗拉强度标准值与立方体抗压强度标准值之间存在如下关系：

$$f_{tk}=0.26 f_{cuk}^{2/3} \tag{1-2}$$

考虑实际构件与试件各种情况的差异，对试件强度进行修正，偏安全地取用

$$f_{tk}=0.23 f_{cuk}^{2/3} \tag{1-3}$$

混凝土强度标准值、设计值见附表 1-1、附表 1-2。

二、变形

影响混凝土变形的因素有很多，主要有两类：一类是由于荷载作用而产生的变形，包括一次短期加荷时的变形和荷载长期作用下的变形；另一类是非荷载作用（包括混凝土的化学收缩、温度、湿度等）引起的体积变形。

（一）受力变形

1. 混凝土在一次短期荷载作用下的变形

混凝土在短期荷载作用下的应力-应变曲线（图 1-2）通常用棱柱体试件进行测定，它是研究钢筋混凝土构件强度、裂缝、变形、延性所必需的依据。

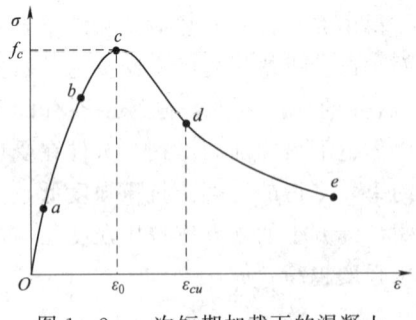

图 1-2 一次短期加载下的混凝土应力-应变曲线

从图 1-2 不难得知：混凝土的极限压应变 ε_{cu} 越大，表示混凝土的塑性变形能力越大，即延性越好。

混凝土受拉时的应力-应变曲线与受压时相似，但其峰值时的应力、应变都比受压时小得多。计算时，一般混凝土的最大拉应变可取 $(1\sim1.5)\times10^{-4}$。

2. 混凝土在重复受压荷载作用下的变形

混凝土棱柱体在重复受压荷载作用下，其应力-应变曲线与一次短期加载下的曲线有明显不同。当荷载加至某一较小应力值后再卸载，混凝土的部分应变（弹性应变 ε_e）可以立即得以恢复或经过一段时间后得以恢复；而另一部分应变（残余应变 ε_p）则不能恢复，如图 1-3 所示。因此在一次加卸载循环的过程中，混凝土的应力-应变曲线形成闭合环。随着加卸载重复次数的增加，混凝土的残余变形将逐渐减小，其应力-应变曲线的上升段与下降段也逐渐靠近；经过一定次数（5~10 次）的加卸载，混凝土应力-应变曲线退化为直线且与一次短期加载时混凝土应力-应变曲线上过原点的切线基本平行，表明混凝土此时基本处于弹性工作状态，如图 1-4 所示。

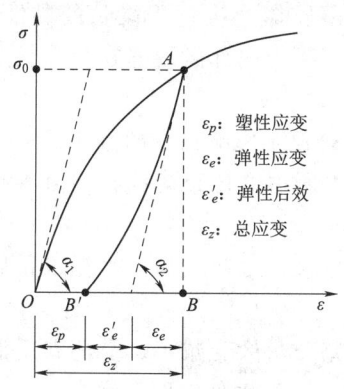

图 1-3 混凝土在一次短期加卸载下的应力-应变曲线

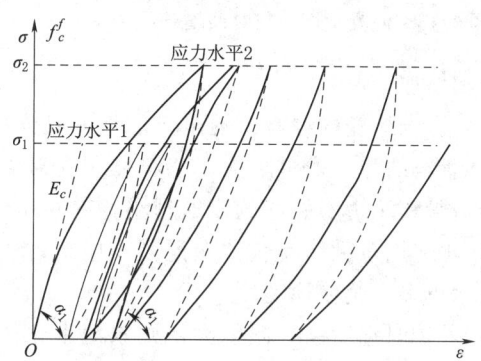

图 1-4 混凝土在重复荷载下的应力-应变曲线

当在较高的应力水平下对混凝土施加重复荷载时，经多次的重复加卸载后，应力-应变曲线仍会退化为一条直线。但若继续重复加载，应力-应变曲线则逐渐由向上凸的曲线变成向下凸的曲线，同时加卸载循环的应力-应变曲线不再形成闭合环。这种现象标志着混凝土内部裂缝显著地开展。随着重复加载的次数增多，应力-应变曲线的倾角越来越小，最终混凝土试件因裂缝过宽或变形过大而破坏。这种因荷载重复作用而产生的破坏称为混凝土的疲劳破坏。

混凝土的疲劳破坏强度同其应力最小值与最大值的比值 ρ' 和荷载的重复次数有直接关系，ρ' 值越小、荷载重复次数越多，混凝土的疲劳强度越低。

混凝土疲劳强度为承受 200 万次重复荷载而发生破坏的压应力值。如当应力比值为 0.15 时，荷载的重复次数为 200 万次，混凝土的受压疲劳强度为 $0.55 f_c \sim 0.60 f_c$。

3. 混凝土在长期荷载作用下的变形——徐变

（1）徐变产生的原因。混凝土在荷载长期持续作用和其应力水平不变的条件下，其变形会随时间的延长而增大，这种现象称为混凝土的徐变。混凝土徐变曲线如图 1-5 所示。从图中可以看出，在加载（$\sigma < 0.5 f_c$）瞬间，混凝土试件产生瞬时弹性应变，若荷载保持不变，则混凝土的应变会随时间延长而继续增大，初期增大较快，后期则逐渐减缓，经过相当长的时间才趋于稳定。最终的徐变为瞬时受力应变的 2~4 倍。

当徐变产生后，再将混凝土试件上的荷载卸去，则混凝土的应变将减小。荷载卸

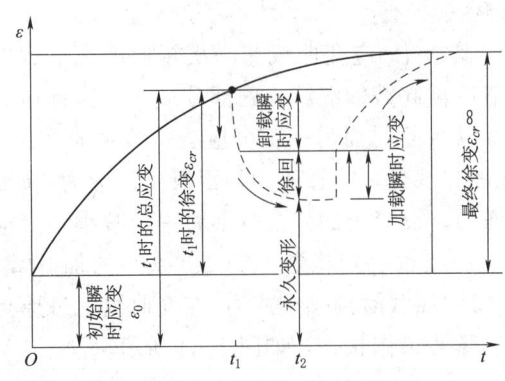

图 1-5 混凝土徐变与时间增长的关系

除后立刻减小的部分应变为混凝土的弹性应变;另一部分应变在卸载后的一段时间内可以逐渐减小,这部分应变称为弹性徐回。大部分的徐变应变是不可恢复的,称为残余变形。如果再开始加载,则瞬时应变和徐变即刻产生,又重复前面的变化。

混凝土产生徐变的原因主要有两方面:一是在荷载的作用下,混凝土内的水泥凝胶体产生过程漫长的黏性流动;二是混凝土内部微裂缝在荷载长期作用下扩展和增加。

(2) 影响徐变的因素。混凝土的组成成分和配合比是影响徐变的直接因素。

1) 骨料的弹性模量越大,骨料体积在混凝土中所占的比重越高,则由凝胶体流变后转给骨料压力所引起的变形越小,徐变亦越小。

2) 水泥用量大,凝胶体在混凝土中所占比重也大,水灰比高,水泥水化后残存的游离水也多,会使徐变增大。

3) 养护时温度高、湿度大,则水泥水化作用充分,徐变减小。受荷载后混凝土在湿度小、温度高的条件下所产生的徐变要比湿度大、温度低时明显增大。

4) 构件体表比(构件体积与构件表面积的比值)越小,徐变越大。受荷载时混凝土龄期越长,水泥石中结晶所占的比例越大,凝胶体黏性流动相对减少,徐变也越小。

(3) 徐变的影响。徐变对钢筋混凝土结构的影响有时是明显的,例如钢筋混凝土轴心受压构件在不变荷载的长期作用下,混凝土将产生徐变。由于钢筋与混凝土的黏结作用,两者共同变形,混凝土的徐变将迫使钢筋的应变增大,钢筋应力也相应增大,但外荷载保持不变,由平衡条件可知,混凝土的应力必将减少,这样就产生了应力重分布,使得构件中钢筋和混凝土的实际应力和设计计算时所得出的数值不一样。另外,徐变使受弯构件和偏压构件变形增大。在轴压构件中,徐变使钢筋应力增加,混凝土应力减小;在预应力构件中,徐变使预应力发生损失;在超静定结构中,徐变使内力发生重分布。

(二) 非受力变形(温度变形和干缩变形)

1. 温度变形和干缩变形产生的原因

混凝土因外界温度的变化及混凝土初凝期的水化热等原因而产生温度变形,这是一种非直接受力的变形。当构件变形受到限制时,温度变形将在构件中产生温度应力。大体积混凝土常因水化热而产生相当大的温度应力,甚至超过混凝土的抗拉强度,造成混凝土开裂,严重时会导致结构承载能力和耐久性的下降。

混凝土的温度变形和温度应力除了与温差或水化热量有关外,主要还与混凝土的温度膨胀系数有关。

当混凝土处在干燥的外界环境时,其体内的水分逐渐蒸发,导致混凝土体积减小（变形），此种变形称为混凝土的干缩变形，这也是一种非直接受力的变形。当混凝土构件受到内部、外部约束时，干缩变形将产生干缩应力。干缩应力过大时构件上将产生裂缝。对于厚度较大的构件，干缩裂缝多出现在表层范围内，仅对其外观和耐久性产生不利影响；对于水利工程中的薄壁构件而言，干缩裂缝多为贯穿性裂缝，对结构将产生严重的损害。而水工混凝土多处在潮湿环境下，因体内水分得以补充而导致混凝土体积膨胀。由于体积增大值比缩小值小很多，加之体积膨胀一般对结构将产生有利影响，因此设计中可以不考虑湿胀对结构的有利影响。

干缩变形的大小与混凝土的组成、配合比、养护条件等因素有关。施工过程中，水泥用量多、水灰比大、振捣不密实、养护条件不良、构件外露表面积大等因素都会造成干缩变形增大。

干缩裂缝

2. 防止措施

为了减小温度变形和干缩变形对结构的不利影响，可以从施工工艺、施工管理及结构形式等方面采取措施减小结构的非受力变形。如三峡水利枢纽工程中采用添加冰块来拌制混凝土或布置循环水管道、利用快速浇筑设备（塔带机）浇筑缩短浇筑时间等措施来减小温度变形；可以通过减小构件的外表面积、加强混凝土振捣及养护等来减小干缩变形；还可以通过设置伸缩缝来降低温度变形和干缩变形对结构的不利影响。对处在环境温度及湿度剧烈变化的混凝土表面区域内设置一定数量的钢筋网可以减小裂缝宽度。

随堂测

技能点三　钢筋的相关性质

一、钢筋的种类

目前，我国水工钢筋混凝土结构中常用的钢筋为热轧钢筋，用于预应力的钢筋为消除应力钢丝、钢绞线、热处理钢筋、螺纹钢筋及钢棒。

光圆钢筋

（一）热轧钢筋

热轧钢筋是由低碳钢、普通低合金钢在高温状态下轧制而成。热轧钢筋按其力学指标高低分为 HPB300 级（符号 ф）、HRB400 级（符号 ⏀）和 RRB400 级（符号 ⏀^{R}）、HRB500 级（符号 ⏀）4 个种类。水工钢筋混凝土结构的用钢以前 3 类为主。

螺纹钢筋

HPB300 级钢筋属于低碳钢，是光圆钢筋，强度最低，锚固性能差，但延性和可焊性好，常用的直径为 6mm、8mm、10mm，常用作现浇钢筋混凝土楼板中的受力钢筋以及梁、柱的箍筋和拉结钢筋等。

HRB400 级钢筋属于普通低合金钢，强度、延性和锚固性能均较好。为了增强钢筋与混凝土的黏结力，其表面是带肋的，称为带肋钢筋或变形钢筋。带肋钢筋常用的直径为 12~25mm，在钢筋混凝土结构中常作为受力钢筋，并宜优先采用 HRB400 级的热轧钢筋。

钢筋混凝土结构中所采用的钢筋，有柔性钢筋和劲性钢筋两种。柔性钢筋按外形可分为光圆钢筋和变形钢筋（形式上分有螺纹钢筋、人字纹钢筋、月牙纹钢筋）。柔性钢筋可绑扎成钢筋骨架，用于梁、柱结构中；或焊接成焊接网，用于板、墙结构中。劲性钢筋是由各种型钢、钢轨或用型钢与钢筋焊成的骨架作为结构构件的配筋。

钢筋的形式如图 1-6 所示。

人字纹钢筋

月牙纹钢筋

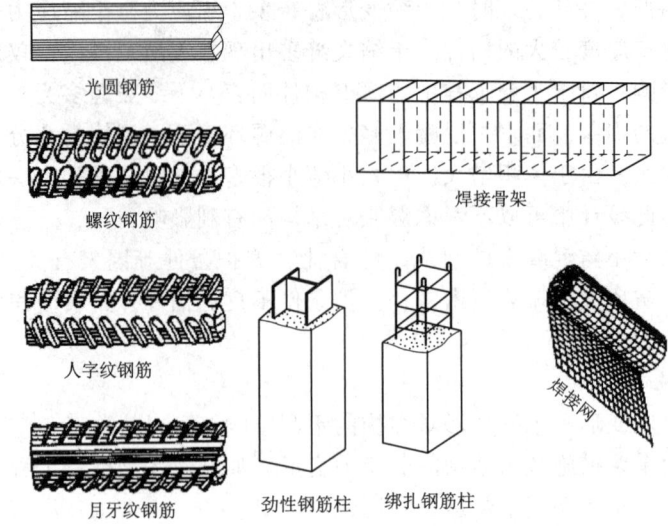

图 1-6 钢筋的各种形式

（二）预应力用钢筋

1. 钢丝

钢丝在拉拔过程中会产生很大的应力，而拉拔后的钢丝上还存有较大的残留应力，这种残留应力对钢丝的使用性能有着不利的影响。将该残留应力消除掉的钢丝称为消除应力钢丝。光圆钢丝的公称直径有 3～12mm 等 9 种。

螺旋肋钢丝是以热轧低碳钢或热轧低合金钢的钢筋为母材，经冷轧后在其表面冷轧成 2 面或 3 面有月牙纹凸肋的钢丝。其公称直径有 4～10mm 等 9 种。

刻痕钢丝是在光圆钢丝的表面上进行有规则间距的机械压痕处理，以增加与混凝土的黏结能力的钢丝。其公称直径分为 $d \leqslant 5mm$ 和 $d > 5mm$ 两种。

钢丝

2. 钢绞线

用于预应力混凝土结构中的钢绞线是由冷拉光圆钢丝及刻痕钢丝捻制而成的。

（1）钢绞线的分类。钢绞线可由 2 根、3 根或 7 根钢丝捻制而成，如图 1-7 所示。钢绞线按结构分为 5 类，代号分别为：用 2 根钢丝捻制的钢绞线，1×2；用 3 根钢丝捻制的钢绞线，1×3；用 3 根刻痕钢丝捻制的钢绞线，1×3I；用 7 根钢丝捻制的标准型钢绞线，1×7；用 7 根钢丝捻制又经模拔的钢绞线，（1×7）C。

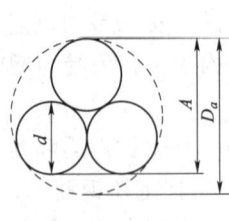
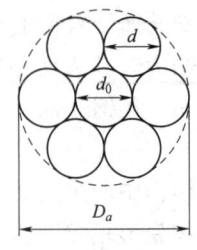

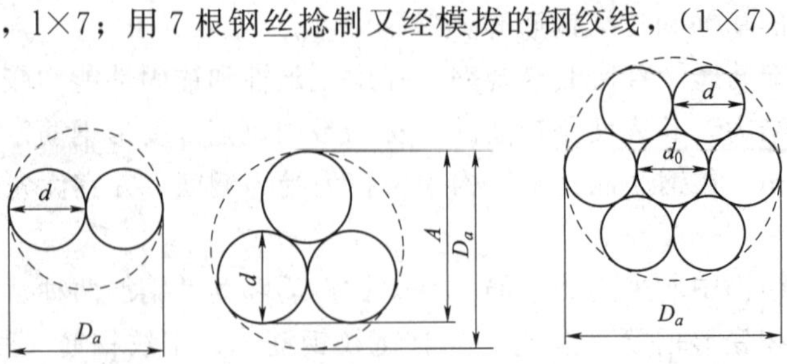

图 1-7 钢绞线示意图

(2) 钢绞线在水利工程中的用途。水利工程中常用钢绞线作为预应力锚索来进行边坡支护。例如：三峡水利枢纽工程中的五级船闸为保证边坡稳定，进行了喷锚支护，采用的就是长达 60m 的预应力锚索，如图 1-8 所示。

钢绞线 1

3. 热处理钢筋

热处理钢筋直径为 6～12mm，外形为等高肋纹。热处理钢筋强度很高，变形性能也较好，可直接用做预应力钢筋。但应注意防止在钢筋上产生腐蚀裂纹进而造成钢筋在高应力状态下断裂。热处理钢筋不适用于焊接和点焊。

4. 螺纹钢筋及钢棒

水利工程中也常采用螺纹钢筋作为预应力锚杆，预应力混凝土用螺纹钢筋是经热轧形成的带有不连续外螺纹的直条钢筋，在水电站地下厂房的预应力岩壁吊车梁中也多采用螺纹钢筋，在任意

图 1-8 三峡水利枢纽五级船闸边坡支护

截面处，均可用带有匹配形状的内螺纹的连接器或锚具进行连接或锚固。螺纹钢筋的直径较大，从 18mm 到 50mm 共有 5 种。这类钢筋在桥梁工程中也有较多的应用。预应力混凝土结构所用的钢棒按其表面形状分为光圆钢棒、螺旋槽钢棒、螺旋肋钢棒、带肋钢棒 4 种。钢棒的主要优点为强度高、延性好、可盘卷、具有可焊性及镦锻性。主要应用于预应力混凝土离心管桩、电杆、铁路轨枕、桥梁、码头基础、地下工程、污水处理工程及其他建筑预制构件中。

二、钢筋的性能要求

混凝土作为脆性材料，抗压强度较高而抗拉强度很低。因此，钢筋在混凝土结构中主要承受拉力，并由此改善了整个混凝土结构的受力性能。由于受力、施工等方面的需要，混凝土结构对钢筋提出了一系列性能方面的要求。

（一）强度

钢筋强度是作为设计计算时的主要依据，是决定钢筋混凝土结构承载力的主要因素。采用高强度钢筋，可以节约钢材而取得较好的经济效果。

（二）延性

延性是钢筋变形、耗能的能力。要求钢筋有一定的延性，目的是为了钢筋在断裂前有足够的变形，使结构在破坏前有预告信号，反映钢筋延性性能的主要指标是伸长率和冷弯性能。

（三）可焊性

钢筋应具有良好的焊接性能，保证焊接后的接头性能良好。良好的接头是指焊缝处钢筋和热影响区钢筋焊接后不产生裂纹及过大变形，其力学性能也不低于被焊钢材。

(四) 与混凝土的黏结

为了保证钢筋与混凝土共同工作，二者之间不发生锚固破坏，必须具有足够的黏结力，因此，对钢筋的耐久性、表面的形状、锚固长度、弯钩和接头等都有一定的要求。

三、钢筋的力学性能

钢筋的强度和变形性能可通过钢筋的拉伸试验得到的应力-应变曲线来说明。钢筋的拉伸应力-应变曲线可分为有明显屈服点的和无明显屈服点的两类。

(一) 有明显屈服点

有明显屈服点的钢筋又称为软钢。有明显屈服点钢筋的应力-应变曲线如图1-9所示。

从图1-9可以看出软钢有两个明显的强度指标：屈服强度和极限强度。在结构设计计算中均取钢筋的屈服强度 f_y 作为其强度的标准值，而将强化阶段内的强度增幅（钢筋屈服强度和极限强度的比值）作为安全储备。极限强度 σ_u 是应力-应变曲线中的最大应力值，是抵抗结构破坏的重要指标，对钢筋混凝土结构抵抗反复荷载的能力有直接影响。

热轧钢筋中各品种含碳量不同，应力-应变关系也不同，如图1-10所示。从图中不难得出，钢筋的级别不同，钢筋的抗拉强度、伸长率和屈服台阶均不相同。结构在受力破坏前应该能承受足够大的塑性变形。一般通过伸长率和冷弯角大小来衡量钢筋的塑性性能的好坏。含碳率越低，钢筋的流幅越长，应变越大，亦即钢筋的伸长率越大，表示钢筋的塑性指标愈好。在保证钢筋表面不产生裂纹、鳞落或断裂等前提下，弯折角度越大，辊轴直径越小，钢筋的塑性越好。

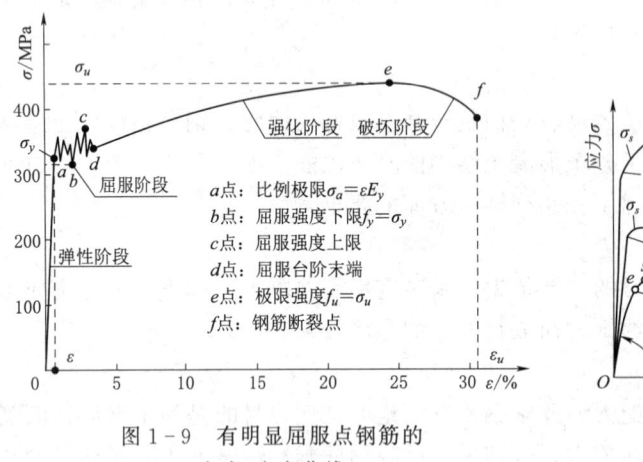

图1-9 有明显屈服点钢筋的
应力-应变曲线

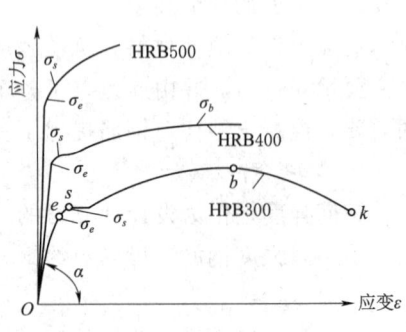

图1-10 不同强度软钢的
应力-应变曲线

(二) 无明显屈服点

无明显屈服点的钢筋又称为硬钢，其应力-应变曲线如图1-11所示。最大应力 σ_u 称为极限抗拉强度，始终没有明显的屈服点，达到极限抗拉强度 σ_u 后，钢筋很快被拉断，其强度高、伸长率小、塑性差。

对于无明显屈服点的钢筋，设计中，一般取残余变形为0.2%时所对应的应力

$\sigma_{0.2}$ 作为强度设计限值，称为条件屈服强度。《水工混凝土结构设计规范》（DL/T 5057—2009）中取极限抗拉强度的 85% 作为硬钢的条件屈服强度。

（三）重复荷载作用

钢筋的疲劳强度是指在规定的应力特征值下，经受规定的荷载重复次数（一般为 200 万次）发生疲劳破坏的最大应力值（按钢筋全截面计算）。而钢筋内不可避免地存在着微细裂纹和杂质，并且轧制、运输、施工过程也会给钢筋造成斑痕、凸凹、缺口等表面损伤。水电站厂房中机组运行时会产生一定的震动，在这种重复荷载作用下，钢筋内部、外部缺陷处或钢筋表面形状突变处将产生应力集中现象。内部、外部缺陷处的裂纹在高应力的重复作用下不断扩展或产生新裂纹，最后导致钢筋的断裂，这种重复加载下的钢筋截面平均应力低于屈服强度时的断裂称为钢筋的疲劳破坏。

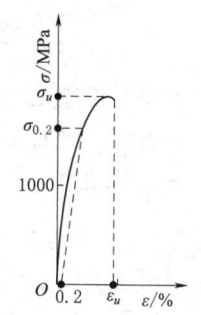

图 1-11 无明显屈服点钢筋的应力-应变曲线

钢筋的疲劳强度与钢筋的屈服强度、钢筋的应力特征值和荷载的重复次数有关，重复次数越多，疲劳强度就越低，当荷载重复次数达 200 万次以上时，疲劳强度只有原来屈服强度的 50% 左右。

四、钢筋的加工性能

为了提高钢筋的强度和节约钢筋，人们对软钢进行机械冷加工。冷加工后的钢筋，屈服强度提高，但伸长率有所下降。钢筋冷加工的方法，主要有冷拉、冷拔和冷轧 3 种。

（一）冷拉

冷拉是指在常温下，用张拉设备（卷扬机）将钢筋拉伸超过它的屈服强度，然后卸载为 0，经过一段时间后再拉伸，钢筋就会获得比原来屈服强度更高的新的屈服强度。冷拉只提高了钢筋的抗拉强度，不能提高其抗压强度，计算时仍取原抗压强度。

（二）冷拔

冷拔是将直径 6～8mm 的 HPB300 级热轧钢筋用强力拔过比其直径小的硬质合金拔丝模。在纵向拉力和横向挤压力的共同作用下，钢筋截面变小而长度增加，内部组织结构发生变化，钢筋强度提高，塑性降低。冷拔后，钢筋的抗拉强度和抗压强度都有所提高。

（三）冷轧

冷轧是由热轧圆盘条经冷拉后在其表面冷轧成带有斜肋的月牙肋变形钢筋，其屈服强度明显提高，黏结锚固性能也得到了改善，直径为 4～12mm。另一种是冷轧扭钢筋，此类钢筋是将 HPB300 级圆盘钢筋冷轧成扁平再扭转而成的钢筋。

由于冷加工钢筋的质量不易控制，且质地较脆，黏结性能及延性较差，因此，在使用时应符合专门的规程的规定。现今，已基本被强度高且性能好的预应力钢筋取代。

钢筋冷拉机

冷拉钢筋

钢筋的冷拔

随堂测

技能点四　钢筋和混凝土黏结性能的保证

钢筋与混凝土两种材料能结合在一起共同承受外力、共同变形、抵抗相互之间的滑移，需要二者有良好的黏结力、足够的接长与锚固长度。

黏结力的组成与影响因素及钢筋的锚固

一、黏结力

（一）黏结力的组成

混凝土凝结硬化后，钢筋与混凝土之间产生了良好的黏结力。黏结力为钢筋和混凝土接触面上阻止二者相对滑移的剪应力，是钢筋混凝土结构能共同工作的基础。如果钢筋与混凝土之间的黏结应力遭到破坏，即使是局部性破坏，也将导致结构变形增大，裂缝增多、加宽，最终结构破坏。

黏结力主要由胶结力、摩擦力和机械咬合力三部分组成。

1. 胶结力

混凝土凝结硬化时，水泥胶体与钢筋接触表面上产生的化学吸附作用，称为胶结力。

2. 摩擦力

混凝土凝结时收缩，握裹住钢筋，当钢筋与混凝土发生相对滑移时，接触面就产生了摩擦力。摩擦力与钢筋表面的粗糙程度有关。

3. 机械咬合力

钢筋表面粗糙或凹凸不平，使之与混凝土之间产生机械咬合作用力。

胶结力在黏结力中一般所占比例较小，当钢筋与混凝土发生相对滑移时，胶结力即消失。钢筋表面越粗糙，摩擦力就越大。光圆钢筋的黏结力主要是胶结力和摩擦力，带肋钢筋的黏结力主要是机械咬合力。

（二）影响黏结力的因素

影响钢筋与混凝土之间黏结力的因素很多，除钢筋的表面形状外，还有混凝土强度等级、浇筑混凝土时钢筋所处的位置以及钢筋周围混凝土的厚度等因素。

（三）水利工程中钢筋和混凝土黏结的保证措施

由于影响黏结力的因素较多且复杂，工程结构计算中，目前尚无比较完整的黏结力计算方法，《水工混凝土结构设计规范》（SL 191—2008）采用构造措施来保证钢筋与混凝土之间有可靠的黏结和锚固，如规定钢筋的锚固长度、搭接长度、弯钩等构造措施。

二、钢筋的锚固

钢筋的锚固是指通过混凝土中的钢筋埋置段将钢筋所受的力传给混凝土，使钢筋锚固于混凝土而不滑出，包括直钢筋的锚固、带弯钩或弯折钢筋的锚固。

为保证钢筋在混凝土中锚固可靠，设计时应使钢筋在混凝土中有足够的锚固长度 l_a。它可根据钢筋应力达到屈服强度 f_y 时，钢筋才被拔出的条件确定，即

$$l_a = \alpha \frac{f_y}{f_t} d \tag{1-4}$$

式中　l_a——受拉钢筋的最小锚固长度，mm；

　　　f_y——普通钢筋的抗拉强度设计值，N/mm^2；

f_t——混凝土轴心抗拉强度设计值,N/mm²,当混凝土强度等级高于 C40 时,按 C40 取值;

d——钢筋的公称直径,mm;

α——钢筋的外形系数,光圆钢筋取 0.16,带肋钢筋取 0.14。

由式（1-4）可知,钢筋锚固长度与钢筋强度 f_y、钢筋直径 d 有关系。强度越高,直径越大,钢筋所需的锚固长度就越大。钢筋锚固长度还与上述影响黏结力的其他因素（如钢筋表面形状）有关。在相同拉力作用下,变形钢筋的锚固长度小于光圆钢筋的锚固长度;强度高的混凝土比强度低的混凝土所需钢筋锚固长度小。

对于受压钢筋,因钢筋受压时会挤压混凝土,从而增加钢筋与混凝土之间的黏结力,所以受压钢筋的锚固长度可以短一些。

当计算中充分利用钢筋的抗拉强度时,受拉钢筋的最小锚固长度 l_a 不应小于附表 3-2 中的限值。

《水工混凝土结构设计规范》（NB/T 11011—2022）规定：纵向受拉钢筋的锚固长度应根据锚固条件按下式计算,但任何情况下受拉钢筋锚固长度不应小于 $0.6l_{ab}$,且不应小于 200mm。

$$l_a = \zeta_a l_{ab} \tag{1-5}$$

式中　l_{ab}——纵向受拉钢筋的基本锚固长度;

ζ_a——锚固长度修正系数,按下列规定取值,当多于一项时可连乘计算。

(1) 当 HRB400、RRB400 和 HRB500 级钢筋的直径大于 25mm 时,应取 1.10。

(2) 当钢筋在混凝土施工过程中易受扰动时,其最小锚固长度应乘以修正系数 1.10。

(3) 锚固钢筋的保护层厚度为 $3d$ 时修正系数可取 0.80,保护层厚度不小于 $5d$ 时修正系数可取 0.70,中间按内插取值,此处 d 为锚固钢筋的直径。

(4) 除构造需要的锚固长度外,当纵向受拉钢筋的实际配筋截面面积大于其设计计算截面面积时,如有充分依据和可靠措施,取设计计算截面面积与实际配筋截面面积的比值。但对于有抗震设防要求及直接承受动力作用的结构构件,不应采用此项修正。

(5) 顶层水平钢筋,当其下新浇筑的混凝土厚度大于 1m 时,宜取 1.20。

(6) 环氧树脂涂层带肋钢筋,可取 1.25。

当 HRB400、RRB400 和 HRB500 级纵向受拉钢筋锚固长度不能满足上述规定时,钢筋机械锚固形式可采用在钢筋末端组弯钩、加焊锚板,或在末端采用贴焊锚筋等机械锚固。钢筋机械锚固形式如图 1-12 所示。

钢筋附加锚固形式

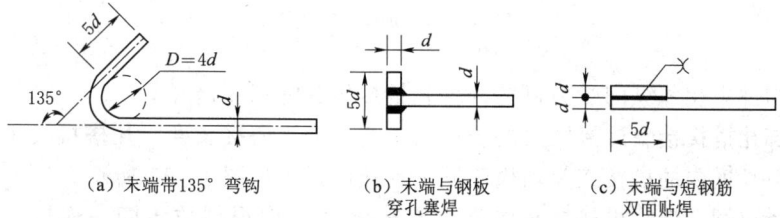

(a) 末端带135°弯钩　　(b) 末端与钢板穿孔塞焊　　(c) 末端与短钢筋双面贴焊

图 1-12　钢筋机械锚固形式

采用机械锚固后,锚固长度可按附表 3-2 规定的 l_{ab} 乘以机械锚固折减系数 0.6 后取用,但需符合下列要求。

(1) 纵向钢筋的侧向保护层厚度不小于 $3d$。

(2) 锚固长度范围内,箍筋间距不大于 $5d$ 及 100mm;箍筋直径不应小于 $0.25d$,箍筋数量不少于 3 个;当纵向钢筋的混凝土保护层厚度不小于钢筋直径的 5 倍时,可不配置上述箍筋。

(3) 附加锚固端头的搁置方向宜偏向截面内部或平置。

受压钢筋不应采用末端弯钩和一侧贴焊锚筋的锚固措施。

为保证光圆钢筋的可靠锚固,绑扎骨架中的光圆钢筋末端应设置弯钩,弯钩形状如图 1-13 所示。

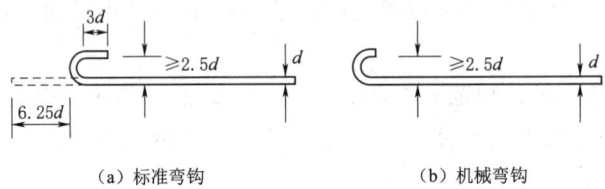

(a) 标准弯钩　　　　　　(b) 机械弯钩

图 1-13　钢筋的弯钩

变形钢筋、焊接骨架及轴心受压构件中的光圆钢筋,可以不设置弯钩。

当板厚小于 120mm 时,板的上层钢筋可做成直抵板底的直钩。

三、钢筋的接长

钢筋长度因生产、运输和施工等方面的因素,除了直径 $d \leqslant 10\text{mm}$ 的长度较大外(盘条),一般钢筋的长度为 9~12m,因此实际工程中常存在将钢筋接长的问题。实际工程中接长钢筋的方法有 3 种:绑扎搭接、焊接、机械连接。

(一) 绑扎搭接

1. 构造要求

钢筋搭接处用铁丝绑扎而成,绑扎搭接接头通过钢筋与混凝土之间的黏结应力来传递钢筋之间的内力,必须有足够的搭接长度。如图 1-14 所示。

板厚小于 120mm 时的板内布筋

钢筋的接长方式

绑扎搭接

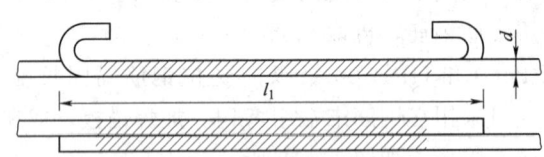

图 1-14　钢筋绑扎搭接接头

同一构件中相邻纵向受力钢筋的绑扎搭接接头宜相互错开。

钢筋绑扎搭接接头连接区段的长度为 1.3 倍最小搭接长度,凡搭接接头中点位于该连接区段长度内的搭接接头均属于同一连接区段,如图 1-15 所示。

纵向受拉钢筋绑扎搭接接头的最小搭接长度 l_l 应根据位于同一连接区段内的钢筋搭接接头面积百分率进行计算,即

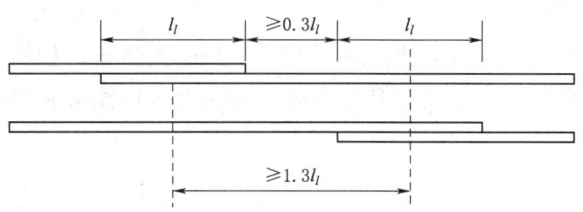

图 1-15 钢筋搭接接头的间距

$$l_l = \zeta l_a \tag{1-6}$$

式中 l_l——纵向受拉钢筋的最小搭接长度，mm；

l_a——纵向受拉钢筋的锚固长度，mm，按式（1-4）确定；

ζ——纵向受拉钢筋搭接长度修正系数，按表 1-1 取用。

表 1-1　　　　　　　纵向受拉钢筋搭接长度修正系数表

钢筋搭接接头面积百分率	≤25%	50%	100%
ζ	1.2	1.4	1.6

位于同一连接区段内的受拉钢筋搭接接头面积百分率：梁、板及墙类构件，不宜大于 25%；柱类构件，不宜大于 50%。当工程中确有必要增大受拉钢筋搭接接头面积百分率时，梁类构件，不应大于 50%；板类、墙类及柱类构件，可根据实际情况放宽。受压钢筋的搭接接头面积百分率不宜超过 50%。如图 1-16 所示，一连接区

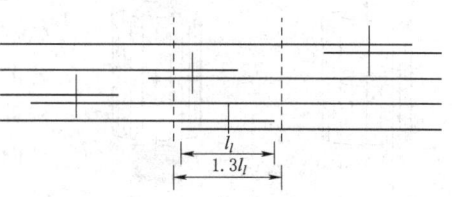

图 1-16 同一连接区段内的纵向受拉钢筋绑扎搭接接头

段内的纵向受拉钢筋绑扎搭接接头为 2 根，当钢筋直径相同时，钢筋搭接接头面积百分率为 50%。

在任何情况下，纵向受拉钢筋绑扎搭接长度 l_l 均不应小于 300mm。纵向受压钢筋搭接长度不应小于 l_l 的 0.7 倍，且不应小于 200mm。梁、柱的绑扎骨架中，在绑扎接头的搭接长度范围内，当钢筋受拉时，其箍筋间距不应大于 5d，且不应大于 100mm；当钢筋受压时，其箍筋间距不应大于 10d 且不应大于 200mm；d 为搭接钢筋中的最小直径。箍筋直径不应小于搭接钢筋较大直径的 0.25 倍。当受压钢筋直径 d＞25mm 时，尚应在搭接接头两个端面外 100mm 范围内各设 2 个箍筋。

绑扎搭接接头相关要求

2. 不宜使用绑扎搭接的情况

（1）轴心受拉及小偏心受拉构件（如桁架和拱的拉杆），其纵向受力钢筋不应采用绑扎搭接接头。

（2）双面配置受力钢筋的焊接骨架，不应采用绑扎搭接接头。

（3）受拉钢筋直径 d＞28mm，或受压钢筋直径 d＞32mm 时，不宜采用绑扎搭接接头。

（4）受力钢筋的接头位置宜设置在构件受力较小处，并宜错开。

（二）焊接

焊接是在两根钢筋接头处采用闪光对焊或电弧焊接连接，如图 1-17 所示。焊接接长钢筋具有设备简单、施工简便且效率高、接头受力性能可靠等优点，实际工程应用较多。

钢筋焊接方式

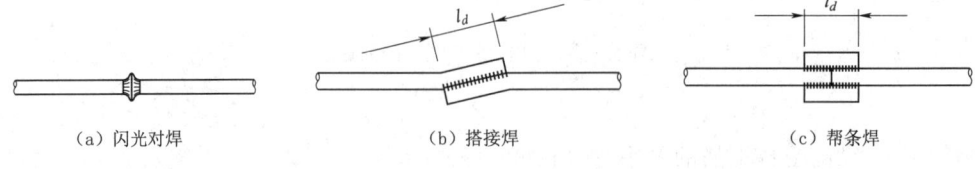

(a) 闪光对焊　　　　　(b) 搭接焊　　　　　(c) 帮条焊

图 1-17　钢筋焊接示意图

（三）机械连接

机械连接是指在钢筋接头处采用螺旋或挤压套筒连接，如图 1-18 所示。机械连接具有节省钢筋，连接速度快，施工安全等特点，主要用于竖向钢筋连接，宜优先选用。

套筒连接

套筒与钢筋

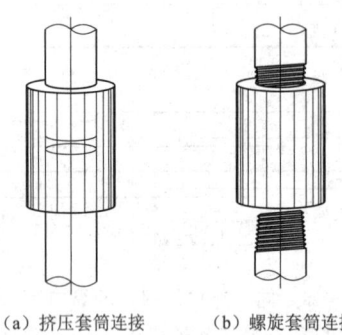

(a) 挤压套筒连接　　(b) 螺旋套筒连接

图 1-18　钢筋的机械连接示意图

钢筋的接长方式在施工条件允许的情况下应优先采用焊接连接方式和机械连接方式，在抗震结构以及受力较复杂的结构中更应如此。需要注意的是：针对类似水电站厂房这些有震动荷载的构件，即直接承受动力荷载的钢筋混凝土构件，纵向受拉钢筋不应采用绑扎搭接接头，不宜采用焊接接头，并严禁在钢筋上焊有任何附件（端部锚固端除外）。

随堂测

对于诸如水电站厂房中桥式吊车这种直接承受吊车荷载的钢筋混凝土吊车梁、屋面大梁及屋架下弦的纵向受拉钢筋必须采用焊接接头时，应符合下列规定：①必须采用闪光接触对焊，并去掉接头的毛刺及卷边；②同一连接区段内纵向受拉钢筋焊接接头面积百分率不应大于 25%，此时，焊接接头连接区段的长度应取为 45d（d 为纵向受力钢筋的较大直径）。

任务三　设计原理初探

素质目标	(1) 树立工程伦理观念，强化社会责任感。 (2) 激发创新精神，培养实践能力
知识目标	(1) 掌握水工混凝土结构极限状态设计表达式。 (2) 理解作用、抗力、荷载、可靠度等概念的基本含义
技能目标	(1) 能正确进行水工混凝土结构中荷载的取值。 (2) 能正确计算构件控制截面的荷载效应组合值

钢筋混凝土结构在土木工程中应用以来，随着实践经验的积累，其设计理论也不断发展，大体上可分为 3 个阶段。

一、按许可应力法设计

最早的钢筋混凝土结构设计理论采用以材料力学为基础的许可应力计算方法。它假定钢筋混凝土结构为弹性材料,要求在规定的使用阶段荷载作用下,按材料力学计算出的构件截面应力 σ 不大于规定的材料许可应力 $[\sigma]$。由于钢筋混凝土结构是由混凝土和钢筋两种材料组合而成的,因此就分别规定

$$\sigma_c \leqslant [\sigma_c] = \frac{f_c}{K_c} \tag{1-7}$$

$$\sigma_s \leqslant [\sigma_s] = \frac{f_y}{K_s} \tag{1-8}$$

式中 σ_c、σ_s——使用荷载作用下构件截面上的混凝土最大压应力和受拉钢筋的拉应力;

$[\sigma_c]$、$[\sigma_s]$——混凝土的许可压应力和钢筋的许可拉应力,它们是由混凝土的抗压强度 f_c、钢筋的抗拉屈服强度 f_y 除以相应的安全系数 K_c、K_s 确定的,而安全系数则是根据经验判断取定的。

由于钢筋混凝土并不是弹性材料,因此以弹性理论为基础的许可应力设计方法不能如实地反映构件截面的应力状态,它所规定的"使用荷载"也是凭经验取值的。依据它所设计出的钢筋混凝土结构构件的截面承载力是否安全也无法用试验来加以验证。

但许可应力计算方法的概念比较简明,只要相应的许可应力取得比较恰当,它也可在结构设计的安全性和经济性两方面取得很好的协调,因此许可应力法曾在相当长的时间内为工程界所采用。至今,在某些场合,如预应力混凝土构件等设计中仍采用它的一些计算原则。

二、按破坏阶段法设计

20 世纪 30 年代出现了能考虑钢筋混凝土塑性性能的"破坏阶段承载力计算方法"。这种方法着眼于研究构件截面达到最终破坏时的应力状态,从而计算出构件截面在最终破坏时能承载的极限内力(对梁、板等受弯构件,就是极限弯矩 M_u)。为保证构件在使用时有必要的安全储备,规定由使用荷载产生的内力应不大于极限内力除以安全系数 K。对受弯构件,就是使用弯矩 M 应不大于极限弯矩 M_u 除以安全系数 K,即

$$M \leqslant \frac{M_u}{K} \tag{1-9}$$

安全系数 K 仍是由工程实践经验判断取定的。

破坏阶段法的概念非常清楚,计算假定符合钢筋混凝土的特性,计算得出的极限内力可由试验得到确证,计算也甚为简便,因此很快得到了推广应用。其缺点是它只验证了构件截面的最终破坏,而无法得知构件在正常使用期间的应用情况,如构件的变形和裂缝开展等情况。

三、按极限状态法设计

随着科学研究的不断深入，在 20 世纪 50 年代，钢筋混凝土构件变形和裂缝开展宽度的计算方法得到实现，从而使破坏阶段法迅速发展成为极限状态法。

极限状态法规定了结构构件的两种极限状态：承载能力极限状态（即验算结构构件最终破坏时的极限承载力）和正常使用极限状态（即验算构件在正常使用时的裂缝开展宽度和挠度变形是否满足适用性的要求）。显然，极限状态法比破坏阶段法更能反映钢筋混凝土结构的全面性能。

20 世纪 80 年代，应用概率统计理论来研究工程结构可靠度（安全度）的问题进入了一个新的阶段，它把影响结构可靠度的因素都视作为随机变量，形成了以概率理论为基础的"概率极限状态设计法"。它以失效概率或可靠指标来度量结构构件的可靠度，并采用以分项系数表示的实用设计表达式进行设计。

技能点一　结构的功能要求和设计的极限状态

工程结构设计的基本目的是使结构在预定的使用期限内能满足设计所预定的各项功能要求，做到安全可靠和经济合理。

一、结构的功能要求

工程结构的功能要求主要包括 3 个方面。

（一）安全性

安全性是指结构在正常施工和正常使用时能承受可能出现的施加在结构上的各种"作用"（荷载），在设计规定的偶然事件（如校核洪水位、地震等）发生时，结构仍能保持必要的整体稳定，即要求结构仅产生局部损坏而不致发生整体倒塌。

结构的功能要求和设计的极限状态

（二）适用性

适用性是指结构在正常使用时具有良好的工作性能，如不发生影响正常使用的过大变形和振幅，不产生过宽的裂缝等。

构件破坏

（三）耐久性

耐久性是指结构在正常维护条件下具有足够的耐久性能，即结构在规定的环境条件下，在预定的设计使用年限内，材料性能的劣化（如混凝土的风化、脱落、腐蚀、渗水，钢筋的锈蚀等）不导致结构正常使用的失效。

构件变形、裂缝

上述 3 个方面的功能要求统称为结构的可靠性。

二、极限状态的定义与分类

结构的极限状态是指结构或结构的一部分超过某一特定状态就不能满足设计规定的某一功能要求，此特定状态就称为该功能的极限状态。

根据功能要求，通常把钢筋混凝土结构的极限状态分为承载能力极限状态和正常使用极限状态两类。

钢筋锈蚀、碳化

（一）承载能力极限状态

这一极限状态对应于结构或结构构件达到最大承载力或达到不适于继续承载的变形。

出现下列情况之一时，就认为已达到承载能力极限状态：

(1) 结构或结构的一部分作为刚体失去平衡（如倾覆、滑移或漂浮）。

(2) 结构构件或连接因超过材料强度而破坏（包括疲劳破坏），或因过大的塑性变形而不适于继续承受荷载作用。

(3) 结构或构件丧失稳定（如柱压屈等）。

(4) 整个结构或结构的一部分成为机动体系丧失承载能力。

满足承载能力极限状态的要求是结构设计的头等任务，因为这关系到结构的安全。因此，承载能力极限状态应有较高的可靠度（安全度）水平。

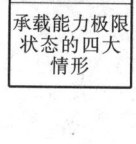

承载能力极限状态的四大情形

（二）正常使用极限状态

这一极限状态对应于结构或构件达到影响正常使用或耐久性能的某项规定限值。

出现下列情况之一时，就认为已达到正常使用极限状态：

(1) 产生过大的变形，影响正常使用或外观。

(2) 产生过宽的裂缝，影响正常使用（渗水）或外观，产生人们心理上不能接受的感觉，对耐久性也有一定的影响。

(3) 产生过大的振动，影响正常使用。

结构或构件达到正常使用极限状态时，会影响正常使用功能及耐久性，但还不会造成生命财产的重大损失，所以它的可靠度水平允许比承载能力极限状态的可靠度水平有所降低。

三峡五级船闸

要得到符合要求的可靠性，就要妥善处理好结构中对立的两个方面的关系。这两个方面就是施加在结构上的作用（荷载）所引起的"荷载效应"和由构件截面尺寸、配筋数量及材料强度构成的"结构抗力"。

三、极限状态方程式

结构的极限状态可用极限状态函数（或称功能函数）Z 来描述。设影响结构极限状态的有 n 个独立变量 X_i（$i=1, 2, \cdots, n$），函数 Z 可表示为

$$Z = g(X_1, X_2, \cdots, X_n) \tag{1-10}$$

X_i 代表了各种不同性质的荷载、混凝土和钢筋的强度、构件的几何尺寸、配筋数量、施工的误差以及计算模式的不定性等因素。按照概率统计理论的观点，这些因素都不是"确定的值"而是随机变量，具有不同的概率特性和变异性。

随堂测

为叙述简明起见，下面用最简单的例子加以说明，即将影响极限状态的众多因素用荷载效应 S 和结构抗力 R 两个变量来代表，则

$$Z = g(R, S) = R - S \tag{1-11}$$

显然，当 $Z>0$（即 $R>S$）时，结构安全可靠；当 $Z<0$（即 $R<S$）时，结构就失效；当 $Z=0$（即 $R=S$）时，则表示结构正处于极限状态。所以公式 $Z=0$ 就称为极限状态方程。

技能点二 作用效应与结构抗力及其取值

一、作用（荷载）与作用（荷载）效应

（一）定义

"作用"是指直接施加在结构上的力（如自重、楼面活荷载、风荷载、水压力等）

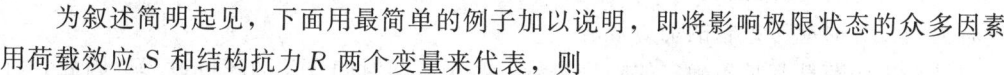

作用效应与结构抗力

和引起结构外加变形、约束变形的其他因素（如温度变形、基础沉降、地震等）的总称。前者称为"直接作用"，也称为荷载；后者则称为"间接作用"。但从工程习惯和叙述简便起见，两者不作区分，一律称为荷载。

荷载在结构构件内所引起的内力、变形和裂缝等反应，统称为"荷载效应"，常用符号 S 表示。荷载与荷载效应在线弹性结构中一般可近似按线性关系考虑。

（二）分类

1. 按时间的变化分类

（1）永久荷载。永久荷载指在设计基准期内其量值不随时间变化，或其变化与平均值相比可以忽略不计的荷载，也称为恒载，常用符号 G、g 表示，如结构的自重、土压力、围岩压力、预应力等。

（2）可变荷载。可变荷载指在设计基准期内其量值随时间变化，但其变化与平均值相比不可忽略的荷载，也称为活载，常用符号 Q、q 表示，如安装荷载、楼面活载、水压力、浪压力、风荷载、雪荷载、吊车轮压、温度作用等。其中，G、Q 表示集中荷载，g、q 表示分布荷载。

（3）偶然荷载。偶然荷载指在设计基准期内不一定出现，但一旦出现其量值很大且持续时间很短的荷载，常用符号 A 表示，如地震、爆炸等。在水利工程中把校核洪水位也列入偶然荷载。

2. 按空间位置的变化分类

（1）固定荷载。固定荷载是指在结构上具有固定位置的荷载，如结构自重、固定设备重等。

荷载随时间的分类

（2）移动荷载。移动荷载是指在结构空间位置的一定范围内可任意移动的荷载，如吊车荷载、汽车轮压、楼面人群荷载等。设计时应考虑它的最不利分布。

3. 按结构的反应特点分类

（1）静态荷载。静态荷载是指不使结构产生加速度，或产生的加速度可以忽略不计的荷载，如自重、楼面人群荷载等。

（2）动态荷载。动态荷载是指使结构产生不可忽略的加速度的荷载，如地震、机械设备振动等。动态荷载所引起的荷载效应不仅与荷载有关，还与结构自身的动力特征有关，设计时应考虑它的动力效应。

结构上的荷载都是不确定的随机变量，甚至是与时间有关的随机过程，因此，宜用概率统计理论加以描述。

荷载效应除了与荷载数值的大小、荷载分布的位置、结构的尺寸及结构的支承约束条件等有关外，还与荷载效应的计算模式有关，而这些因素都具有不确定性，因此荷载效应也是一个随机变量。

（三）荷载代表值

结构设计时，对不同的荷载效应，应采用不同的荷载代表值。荷载代表值主要有永久荷载和可变荷载的标准值、可变荷载的组合值、频遇值和准永久值等。

1. 荷载标准值

荷载标准值是指荷载在设计基准期内可能出现的最大值，理论上它应按荷载最大值概率分布的某一分位值确定。但由于目前能对其概率分布作出估计的荷载还只是很小的一部分，特别在水利工程中，大部分荷载，如渗透压力、土压力、围岩压力、水锤压力、浪压力、冰压力等，都缺乏或根本无法取得正确的实测统计资料，所以其标准值主要还是根据历史经验确定或由理论公式推算得出。

荷载标准值是荷载的基本代表值，荷载的其他代表值都是以它为基础再乘以相应的系数后得出的。

2．荷载组合值

当结构构件承受两种或两种以上的可变荷载时，考虑到这些可变荷载不可能同时以其最大值（标准值）出现，因此除了一个主要的可变荷载取为标准值外，其余的可变荷载都可以取为"组合值"，使结构构件在两种或两种以上可变荷载参与的情况与仅有一种可变荷载参与的情况具有大致相同的可靠指标。

二、结构抗力

结构抗力是结构或结构构件承受荷载效应 S 的能力，指的是构件截面的承载力、构件的刚度、截面的抗裂度等，常用符号 R 表示。

结构抗力主要与结构构件的几何尺寸、配筋数量、材料性能以及抗力的计算模式与实际的吻合程度等有关，由于这些因素也都是随机变量，因此结构抗力显然也是一个随机变量。

材料强度是体现结构抗力大小的重要因素之一，荷载有不同的代表值，同样，材料强度也有标准值和设计值之分。

（一）材料强度标准值

材料强度标准值是指结构或构件设计时，采用的材料强度的基本代表值。按符合规定质量的材料强度概率分布的某一分位值确定。由于材料非匀质、生产工作等因素导致材料强度的变异性，材料强度也是随机变量。

混凝土立方体抗压强度标准值见附表1-1、普通钢筋强度标准值见附表1-4、预应力钢筋标准值见附表1-5。

（二）材料强度设计值

由于材料的离散性及不可避免的施工误差等因素可能造成材料的实际强度低于其强度标准值，因此，在承载能力极限状态计算中引入混凝土强度分项系数 γ_c 及钢筋的强度分项系数 γ_s 来考虑这一不利影响。

随堂测

材料强度设计值等于材料强度标准值除以相应的材料强度分项系数，即 $f_c = f_{ck}/\gamma_c$，$f_y = f_{yk}/\gamma_s$。γ_c、γ_s 按材料强度的有关规定取值。

混凝土强度设计值见附表1-2、普通钢筋的强度设计值见附表1-6、预应力钢筋的强度设计值见附表1-7。

技能点三　结构的可靠度

结构的可靠度是指结构在规定的时间内，在规定的条件下，完成预定功能的概率。它是对结构可靠性的定量描述，其评价指标有可靠概率、失效概率、可靠指标。

结构的可靠度

一、可靠概率和失效概率的含义

为使所设计的结构构件既安全可靠又经济合理，必须确定一个人们能接受的结构允许失效概率$[P_f]$。要求在设计基准期内，结构的失效概率P_f不大于允许失效概率$[P_f]$。

如图1-19所示，μ_z、σ_z分别表示结构的功能函数的平均值和标准差，则功能函数$Z \geqslant 0$的概率为可靠概率P_s，即结构在规定的时间内，在规定的条件下，完成预定功能的概率。

$$P_s = \int_0^{\infty} f(z) \mathrm{d}z \tag{1-12}$$

$Z<0$的概率为失效概率P_f，P_f等于图1-18中阴影部分的面积。

$$P_f = \int_{-\infty}^{0} f(z) \mathrm{d}z \tag{1-13}$$

$$P_f + P_s = 1 \tag{1-14}$$

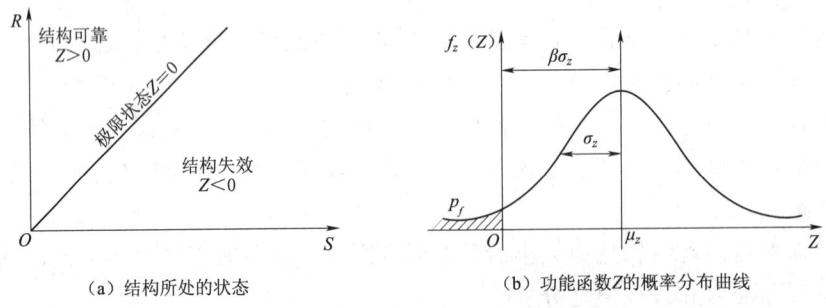

（a）结构所处的状态　　　　（b）功能函数Z的概率分布曲线

图1-19　功能函数Z及其概率分布曲线

用概率论的观点来研究结构的可靠性，失效概率P_f越小，结构的可靠性越高。但绝对可靠的结构（$P_f=0$）是不存在的，这样做也是不经济的。综合考虑结构所具有的风险和经济效益，只要失效概率P_f小到人们可以接受的程度，就可认为该结构的可靠的。

二、可靠指标的含义

计算失效概率P_f需要进行积分运算，求解过程复杂，而且失效概率P_f数值极小，表达不便，因此，引入可靠指标β替代失效概率P_f来度量结构的可靠性。可靠指标β为结构功能函数Z的平均值μ_z与标准差σ_z的比值，即

$$\beta = \mu_z / \sigma_z \tag{1-15}$$

可靠指标β与失效概率P_f存在对应关系。β值大，对应的P_f值小；反之，β值小，对应的P_f值大。因此，β与P_f一样，可以作为度量结构可靠性的一个指标。

当采用可靠指标β表示可靠性时，则要确定一个"目标可靠指标β_T"，要求在设计基准期内，结构的可靠指标β不小于目标可靠指标β_T，即

$$\beta \geqslant \beta_T \tag{1-16}$$

目标可靠指标β_T理应根据结构的重要性、破坏后果的严重程度以及社会经济等条件，以优化方法综合分析得出的。但由于大量统计资料尚不完备或根本没有，目前只能采用"校准法"来确定目标可靠指标。

校准法的实质就是：由原有的设计规范所设计出来的大量结构构件反映了长期工

程实践的经验,其可靠度水平在总体上是可以接受的。所以可以运用前述"概率极限状态理论"(或称为近似概率法)反算出由原有设计规范设计出的各类结构构件在不同材料和不同荷载组合下的一系列可靠指标 β_i,再在分析的基础上把这些 β_i 综合成一个较为合理的目标可靠指标 β_T。

承载能力极限状态的目标可靠指标与结构的安全级别有关,结构安全级别要求越高,目标可靠指标就应越大。同时,它还与构件的破坏性质有关。钢筋混凝土受压、受剪等构件,破坏时发生的是突发性的脆性破坏,与受拉、受弯构件破坏前有明显变形或预兆的延性破坏相比,其破坏后果要严重许多,因此脆性破坏的目标可靠指标应高于延性破坏。

《水利水电工程结构可靠性设计统一标准》(GB 50199—2013)中将水工建筑物划分为 3 个安全级别(表 1-2),同时,又规定了水工结构构件持久设计状况承载能力极限状态的目标可靠指标(表 1-3),承载能力极限状态设计的目标可靠指标应按结构安全级别、

表 1-2　水工建筑物结构安全级别

水工建筑物的结构安全级别	水工建筑物级别
Ⅰ级	1级
Ⅱ级	2级、3级
Ⅲ级	4级、5级

设计状况、破坏类型分别给出。对同一结构安全级别的结构、短暂设计状况和偶然设计状况的目标可靠指标可低于持久设计状况的目标可靠指标;第二类破坏的目标可靠指标应高于第一类破坏的结构目标可靠指标。

随堂测

表 1-3　水工结构构件持久设计状况承载能力极限状态的目标可靠指标 β_T

结构安全级别		Ⅰ级	Ⅱ级	Ⅲ级
破坏类型	第一类	3.7	3.2	2.7
	第二类	4.2	3.7	3.2

正常使用极限状态时的目标可靠指标显然可以比承载能力极限状态的目标可靠指标低,可根据不同结构特点和工程经验确定。

技能点四　水工混凝土结构极限状态设计表达式

在我国由于管理体制的不同,《水工混凝土结构设计规范》有了两个版本:一本是国家能源局发布的《水工混凝土结构设计规范》(NB/T 11011—2022);另一本是水利部发布的《水工混凝土结构设计规范》(SL 191—2008)。

本书主要以《水工混凝土结构设计规范》(SL 191—2008)为主。

一、承载能力极限状态的设计表达式

根据上述原则,SL 191—2008 规范采用的承载能力极限状态的设计表达式为

$$KS \leqslant R \tag{1-17}$$

结构的极限状态设计表达式

式中　K——承载力安全系数,应不小于表 1-4 所列数值;
　　　S——荷载效应组合设计值;
　　　R——结构抗力,即结构构件的截面承载力,由材料强度设计值及截面尺寸等因素计算得出。

表1-4　钢筋混凝土或预应力混凝土结构构件的承载力安全系数 K

水工建筑物级别	1级		2级、3级		4级、5级	
水工建筑物结构安全级别	Ⅰ级		Ⅱ级		Ⅲ级	
荷载效应组合	基本组合	偶然组合	基本组合	偶然组合	基本组合	偶然组合
K	1.35	1.15	1.20	1.00	1.15	1.00

注：1. 水工建筑物的级别应根据《水利水电工程等级划分及洪水标准》(SL 252—2017)确定。[《水利水电工程结构可靠性设计统一标准》(GB 50199—2013)也做了相同规定]。
    2. 结构在使用期、施工期、检修期的承载力计算，安全系数 K 应按表中基本组合取值；对地震及校核洪水位的承载力计算，安全系数 K 应按表中偶然组合取值。
    3. 当荷载效应组合由永久荷载控制时，承载力安全系数 K 应增加 0.05。
    4. 当结构的受力情况较为复杂、施工特别困难、荷载不能准确计算、缺乏成熟的设计方法或结构有特殊要求时，承载力安全系数 K 宜适当提高。

承载能力极限状态计算时，结构构件截面上的荷载效应设计值 S 按下列规定计算。

（一）基本组合

（1）当永久荷载对结构起不利作用时，有

$$S = 1.05 S_{G1K} + 1.20 S_{G2K} + 1.20 S_{Q1K} + 1.10 S_{Q2K} \qquad (1-18)$$

（2）当永久荷载对结构起有利作用时，有

$$S = 0.95 S_{G1K} + 0.95 S_{G2K} + 1.20 S_{Q1K} + 1.10 S_{Q2K} \qquad (1-19)$$

式中　S_{G1K}——自重、设备等永久荷载标准值产生的荷载效应；

S_{G2K}——土压力、淤沙压力及围岩压力等永久荷载标准值产生的荷载效应；

S_{Q1K}——一般可变荷载标准值产生的荷载效应；

S_{Q2K}——可控制其不超出规定限值的可变荷载标准值产生的荷载效应。

（二）偶然组合

偶然组合的荷载效应设计值为

$$S = 1.05 S_{G1K} + 1.20 S_{G2K} + 1.20 S_{Q1K} + 1.10 S_{Q2K} + 1.0 S_{AK} \qquad (1-20)$$

式中　S_{AK}——偶然荷载标准值产生的荷载效应。其余符号与前相同。

式（1-19）中，参与组合的某些可变荷载的标准值，可根据有关标准规范适当的折减。

二、正常使用极限状态的设计表达式

正常使用极限状态验算时，应按荷载效应的标准组合进行，采用的设计表达式为

$$S_k(G_k, Q_k, f_k, a_k) \leqslant C \qquad (1-21)$$

式中　$S_k(\cdot)$——正常使用极限状态的荷载效应标准组合值函数；

C——结构构件达到正常使用要求时对规定的变形、裂缝宽度或应力等的限值；

G_k、Q_k——永久荷载、可变荷载标准值；

f_k——材料强度标准值；

a_k——结构构件几何参数的标准值。

现行水工结构设计规范及设计软件简介

随堂测

水工混凝土结构基础理论知识小结

水工混凝土结构基础理论知识小测

习 题

思政故事

长江故事汇——水蕴匠心、文化传承

知识拓展

结构与材料专题

一、判断题

1. 由块材和砂浆砌筑而成的结构称为钢筋混凝土结构。（ ）
2. 混凝土中配置钢筋的主要作用是提高结构或构件的承载能力和变形性能。（ ）
3. 钢筋混凝土构件比素混凝土构件的承载能力提高幅度不大。（ ）
4. 混凝土立方体的试块尺寸越小，测出的强度越高。（ ）
5. 混凝土的立方体抗压强度标准值与立方体轴心抗压强度设计值的数值是相等的。（ ）
6. 混凝土的强度等级是由轴心抗压强度标准值确定的。（ ）
7. 热轧钢筋、热处理钢筋都是软钢。（ ）
8. 硬钢是取残余变形为 0.2% 所对应的应力作为条件屈服强度。（ ）
9. 冷加工后的钢筋屈服强度和韧性都得到了提高。（ ）

二、单项选择题

1. 钢筋和混凝土能够结合在一起共同工作的主要原因之一是（   ）。
   A. 二者的承载能力基本相等　　B. 二者的温度膨胀系数基本相同
   C. 二者能相互保温、隔热　　　D. 混凝土能握裹钢筋

2. 钢结构的主要优点是（   ）。
   A. 重量轻而承载能力高　　　　B. 不需维修
   C. 耐火性能较钢筋混凝土结构好　D. 造价比其他结构低

3. 混凝土强度由大到小排列的顺序为（   ）。
   A. $f_{cu,k} > f_{c,k} > f_{t,k}$　　　　B. $f_{c,k} > f_{t,k} > f_{cu,k}$
   C. $f_{t,k} > f_{c,k} > f_{cu,k}$　　　　D. $f_{cu,k} > f_{t,k} > f_{c,k}$

4. 混凝土的强度等级是根据混凝土的（   ）确定的。
   A. 立方体抗压强度设计值　　　B. 立方体抗压强度标准值
   C. 立方体抗压强度平均值　　　D. 具有 90% 保证率的立方体抗压强度

5. HRB400 中的 400 是指（   ）。
   A. 钢筋强度标准值　　　　　　B. 钢筋强度设计值
   C. 钢筋强度平均值　　　　　　D. 钢筋强度最大值

6. 关于混凝土性质的说法中，不正确的是（   ）。
   A. 混凝土带有碱性，对钢筋有防锈作用。
   B. 混凝土水灰比越大，水泥用量越多，收缩和徐变越大。
   C. 钢筋和混凝土的线膨胀系数很接近。
   D. 混凝土强度等级越高，受拉钢筋的锚固长度越长。

7. 纵向受拉钢筋和受压钢筋绑扎搭接接头的搭接长度应分别不小于（   ）。

A. 200mm 和 300mm　　　B. 300mm 和 400mm

C. 300mm 和 200mm　　　D. 100mm 和 50mm

8. 水利工程中，对于遭受剧烈温湿变化作用的混凝土结构表面，常设置一定数量的（　　）。

A. 钢筋束　　　　　　　B. 钢丝束

C. 钢筋网　　　　　　　D. 预应力钢筋

三、计算题

1. 某钢筋混凝土简支梁，其净跨 $l_n=6.0\text{m}$，计算跨度 $l_0=6.24\text{m}$，截面尺寸 $b\times h=250\text{mm}\times550\text{mm}$；梁承受板传来的永久荷载标准值 $g_{1k}=11\text{kN/m}$，可变荷载标准值 $q_k=12\text{kN/m}$。求基本组合下跨中截面弯矩设计值、支座边缘截面剪力设计值。

2. 某水闸工作桥桥面由永久荷载标准值引起的桥面板跨中截面弯矩 $M_{Gk}=13.23\text{kN·m}$；活荷载标准值引起的弯矩 $M_{Qk}=3.8\text{kN·m}$；Ⅱ级安全级别。试求桥面板跨中截面弯矩设计值。

3. 有一水闸（4级建筑物）工作桥，T形梁甲上支承绳鼓式启闭机传来的启门力 $2\times80\text{kN}$，桥面上承受人群荷载 3.0kN/m^2，构件尺寸如图1-20所示。试求T形梁甲在正常运用期间梁的跨中弯矩设计值。

提示：

(1) 本题启门力为启闭机额定限值，故属于可控的可变荷载。水工荷载规范未规定启闭机荷载分项系数，按《水工混凝土结构设计规范》（SL 191—2008）的规定，应取 $\gamma_Q=1.10$。

(2) 人群荷载的分项系数 $\gamma_Q=1.20$。

(3) 正常运行期为持久状况。

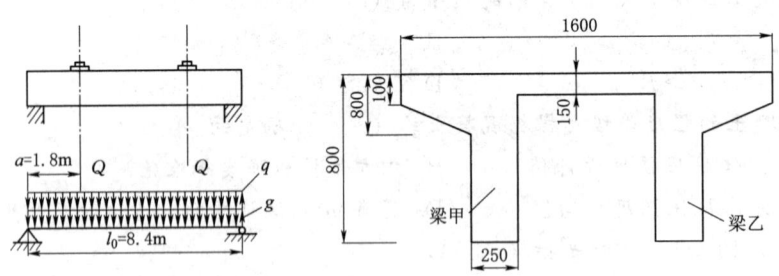

图1-20　计算题3图

4. 一矩形渡槽（3级建筑物），槽身截面如图1-21所示。槽身长10.0m，承受满槽水重及人群活载 2.0kN/m^2。试求槽身纵向分析时的跨中弯矩设计值及支座边缘剪力设计值。

提示：

(1) 以满槽考虑的水重，属于可控制的可变荷载。

(2) 计算支座边缘剪力设计值时，计算跨度应采用净跨 l_n。

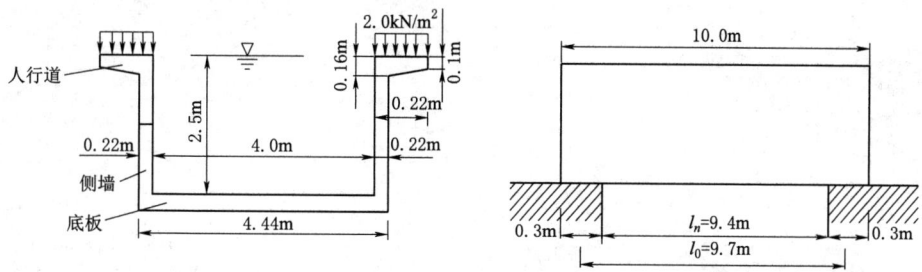

图 1-21 计算题 4 图

中篇（上）

基本构件在承载能力极限状态下的相关计算

项目二　钢筋混凝土梁、板设计

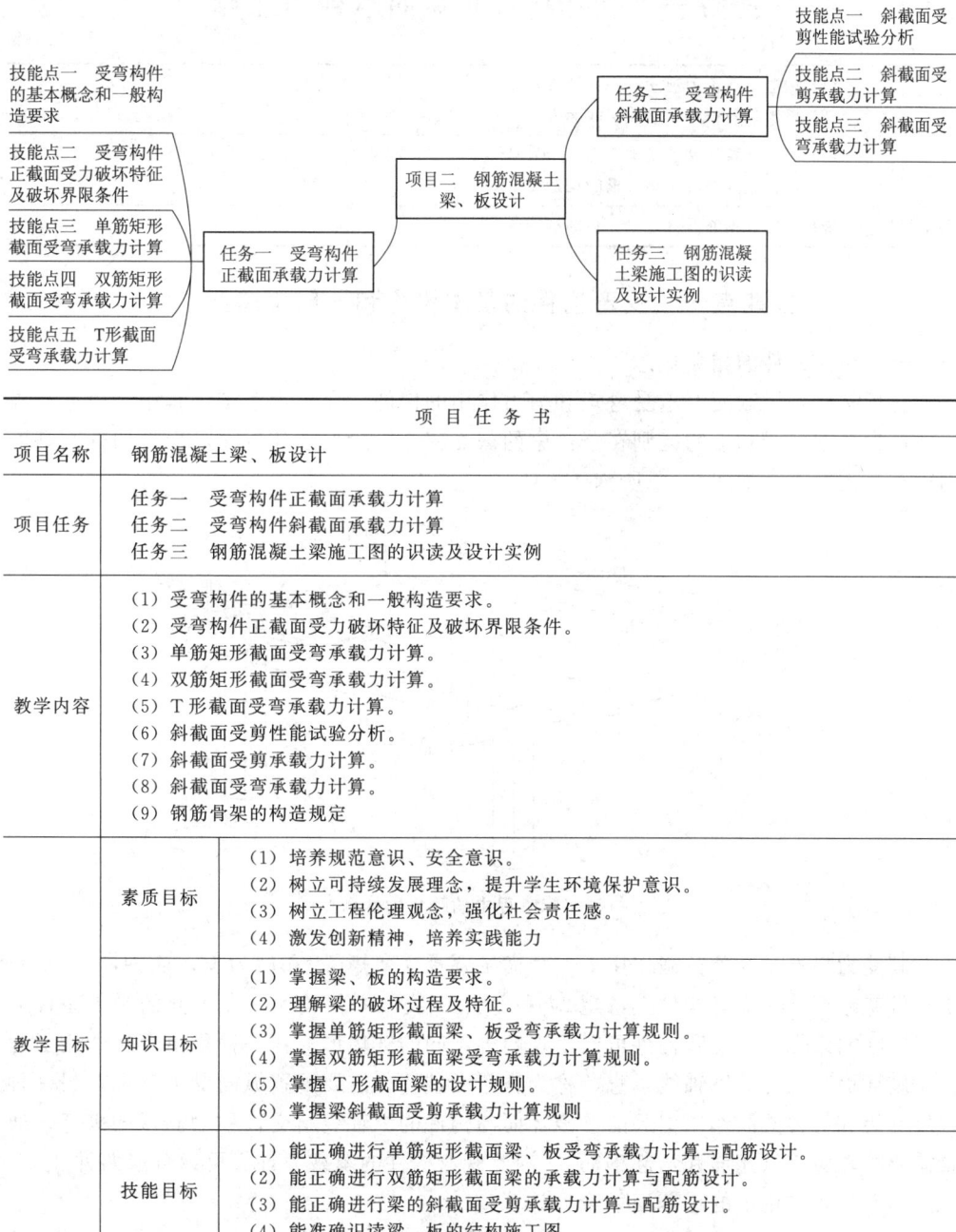

项　目　任　务　书	
项目名称	钢筋混凝土梁、板设计
项目任务	任务一　受弯构件正截面承载力计算 任务二　受弯构件斜截面承载力计算 任务三　钢筋混凝土梁施工图的识读及设计实例
教学内容	(1) 受弯构件的基本概念和一般构造要求。 (2) 受弯构件正截面受力破坏特征及破坏界限条件。 (3) 单筋矩形截面受弯承载力计算。 (4) 双筋矩形截面受弯承载力计算。 (5) T形截面受弯承载力计算。 (6) 斜截面受剪性能试验分析。 (7) 斜截面受剪承载力计算。 (8) 斜截面受弯承载力计算。 (9) 钢筋骨架的构造规定
教学目标　素质目标	(1) 培养规范意识、安全意识。 (2) 树立可持续发展理念，提升学生环境保护意识。 (3) 树立工程伦理观念，强化社会责任感。 (4) 激发创新精神，培养实践能力
教学目标　知识目标	(1) 掌握梁、板的构造要求。 (2) 理解梁的破坏过程及特征。 (3) 掌握单筋矩形截面梁、板受弯承载力计算规则。 (4) 掌握双筋矩形截面梁受弯承载力计算规则。 (5) 掌握T形截面梁的设计规则。 (6) 掌握梁斜截面受剪承载力计算规则
教学目标　技能目标	(1) 能正确进行单筋矩形截面梁、板受弯承载力计算与配筋设计。 (2) 能正确进行双筋矩形截面梁的承载力计算与配筋设计。 (3) 能正确进行梁的斜截面受剪承载力计算与配筋设计。 (4) 能准确识读梁、板的结构施工图

续表

教学实施	案例导入→原理分析→方案设计→模拟实验→成果展示
项目成果	钢筋混凝土梁、板设计计算书
技术规范	《水工混凝土结构设计规范》（SL 191—2008）
参考资料	《水工混凝土结构设计规范》（NB/T 11011—2022）

任务一 受弯构件正截面承载力计算

想一想 4

素质目标	(1) 树立工程伦理观念，强化社会责任感。 (2) 激发创新精神，培养实践能力
知识目标	(1) 理解受弯构件的基本概念。 (2) 掌握钢筋混凝土梁、板的构造要求
技能目标	能准确描述钢筋混凝土梁、板的构造要求

技能点一 受弯构件的基本概念和一般构造要求

一、受弯构件的相关概念

受弯构件是指截面上承受弯矩和剪力作用的构件。在土木建筑工程中，以梁、板构件最为典型，梁和板的区别在于：梁的截面高度一般大于其宽度，而板的截面高度则远小于其宽度，如图 2-1 所示。

受弯构件的基本概念和截面形式与尺寸

钢筋混凝土梁板结构图、水闸、桥面梁

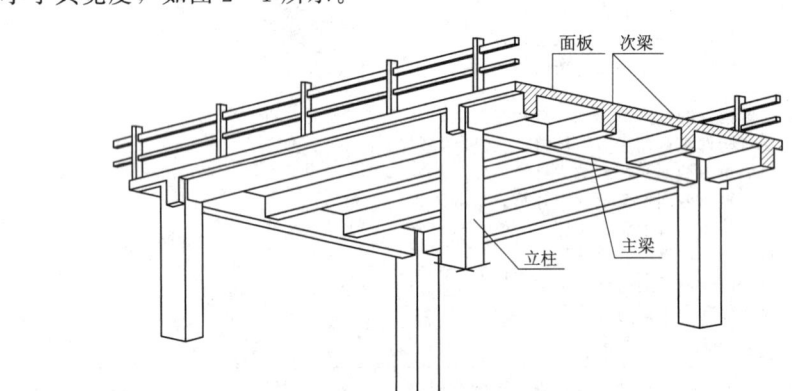

图 2-1 实际工程中的受弯构件示意图

其受力特点是在外荷载作用下，截面主要承受弯矩 M 和剪力 V，而轴向力 N 较小，可忽略不计。受弯构件上弯矩 M 和剪力 V 数值变化较大，在不同的受力条件和不同的配筋条件下，受弯构件可以出现两种不同的破坏形式：一种是由弯矩作用引起的，破坏面与构件的纵轴线垂直，称为正截面破坏，需要配置纵向受力钢筋；另一种是由弯矩和剪力共同作用引起的，破坏面与构件的纵轴线斜交，称为斜截面破坏，通常需要配置腹筋（箍筋和弯起钢筋）。因此受弯构件的承载力计算可以分成两种。

(1) 弯矩作用下的正截面承载力计算；

(2) 弯矩和剪力共同作用下的斜截面承载力计算。

受弯构件中的主要钢筋有：沿构件轴线方向布置的纵向受力钢筋和架立钢筋，前者主要作用是承受因弯矩而产生的拉力或压力，后者主要作用为固定箍筋位置；在构件中腹部分设置的弯起钢筋和箍筋（统称为腹筋），其主要作用是承受剪力。对于板，通常配有受力钢筋和分布钢筋。受力钢筋沿板的受力方向配置，分布钢筋则与受力钢筋相垂直，放置在受力钢筋的内侧。上述几种钢筋组成一个完整的受力骨架，以保证构件的正截面受弯承载力和斜截面受剪承载力，如图2-2和图2-3所示。

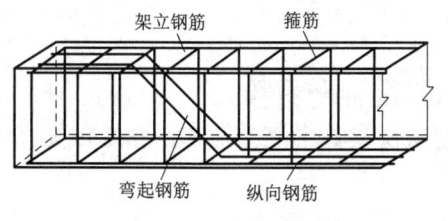
图2-2 梁的配筋

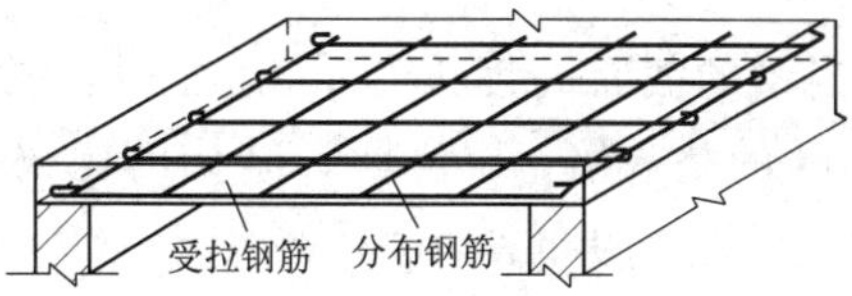

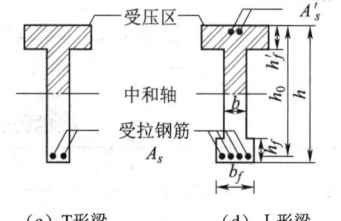
图2-3 板的配筋

受弯构件的破坏形式及配筋要求

钢筋混凝土受弯构件的截面尺寸和受力钢筋截面积是由结构计算确定的，但为了施工便利及考虑计算中无法反映的因素，同时还要满足相应的构造规定。

二、受弯构件的构造要求

（一）梁和板的截面形式与尺寸要求

1. 梁和板的截面形式

梁的截面形式有矩形、T形、I形、箱形等，为了施工方便，梁的截面常采用矩形截面和T形截面。板的截面一般为矩形，根据使用要求，也可采用空心板和槽形板等。如图2-4所示。

受弯构件中，仅在受拉区配置纵向受力钢筋的截面，称为单筋截面，如图2-4（a）所示。在受拉区与受压区同时配置纵向受力钢筋的截面，称为双筋截面，如图2-4（b）所示。

梁和板的截面形式

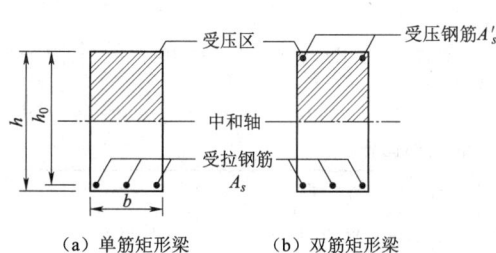

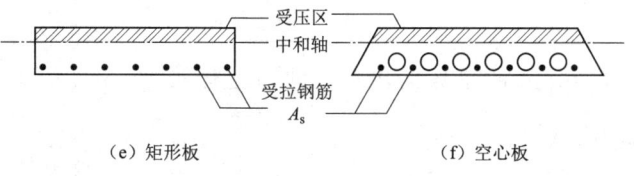

图2-4 梁和板的截面形式

2. 梁和板的截面尺寸

（1）梁的截面高度 h 可参考表2-1来确定。

表2-1　　　　　　　　　　　梁的截面高度取值

项次	构件种类		支承条件		
			简支	连续	悬臂
1	独立梁		$l_0/12$	$l_0/15$	$l_0/6$
2	整浇肋形结构	主梁	$l_0/12$	$l_0/15$	$l_0/6$
		次梁	$l_0/20$	$l_0/25$	$l_0/8$

注：1. 表中 l_0 为梁的计算跨度。
　　2. 当 $l_0 \geqslant 9m$ 时，表中截面高度 h 宜增大20%。

当梁的截面高度 $h \leqslant 800mm$ 时，常取 50mm 的整数倍；$h > 800mm$ 时，常取 100mm 的整数倍。整浇肋形结构的主梁高度与次梁高度之差应不小于 50mm；主梁下部钢筋为双层布置时，不应小于 100mm。

（2）梁的截面宽度。

1）对于矩形截面梁，宜取其截面宽度 $b=(1/3 \sim 1/2)h$；对于 T 形、倒 L 形截面梁，宜取其腹板宽度 $b=(1/4 \sim 1/2.5)h$。

2）梁的截面宽度一般采用 120mm、150mm、180mm、200mm、…，当截面宽度 $b > 200mm$ 时，常取 50mm 的整数倍。

3）整体浇筑的肋形结构中，主梁的截面宽度一般不小于 250mm，次梁的截面宽度一般不小于 200mm。

4）预制梁的截面宽度 b 一般不小于 $l_0/40$，l_0 为其计算跨度。

（3）板的厚度。

1）钢筋混凝土板的厚度 h 应根据承载能力和正常使用（挠度变形及裂缝控制）等要求，并考虑建筑、施工及经济等方面的因素，经设计计算确定。在水工建筑物中，由于板所处位置及受力条件不同，其厚度可能相差极大。一般建筑物中板厚不宜小于 60mm，水工建筑物中的板厚不宜小于 100mm。

混凝土保护层

截面有效高度

2）为了保证能够满足相关的刚度和耐久性要求，板的厚度 h 与跨度 l 的比值一般不小于表 2-2 所列限值。

表2-2　　　　　　　　　　板的厚度 h 与跨度 l 的最小比值

项次	板的支撑情况	板的种类				
		单向板	双向板	悬臂板	无梁楼板	
					有柱帽	无柱帽
1	简支	1/35	1/45			
2	连续	1/40	1/50	1/12	1/35	1/30

梁的计算保护层厚度

实际工程中，薄板的厚度常取 10mm 的整数倍，厚板的厚度常取 100mm 的整数倍。

（二）混凝土保护层

1. 定义

板的计算保护层厚度

混凝土保护层是指纵向受力钢筋外边缘到混凝土近表面的垂直距离，用符号 c 表示。

2. 作用

混凝土保护层的作用是防止钢筋受空气的氧化和其他侵蚀性介质的侵蚀，并保证钢筋与混凝土之间有足够的黏结力。

3. 要求

梁、板的混凝土保护层厚度不应小于最大钢筋直径，同时也不应小于粗骨料最大粒径的 1.25 倍，并符合附表 3-1 的规定。在计算受弯构件承载力时，因混凝土开裂后拉力完全由钢筋承担，这时能发挥作用的截面高度应为受拉钢筋合力点到截面受压边缘的距离，称为截面有效高度 h_0。纵向受拉钢筋合力点到截面受拉边缘的距离为 a_s，即 $h_0=h-a_s$，a_s（习惯称为计算保护层厚度）的确定方法有两种，见表 2-3。

表 2-3 a_s 的确定方法

方法	钢筋一层布置	钢筋两层布置	适用条件
计算法	$a_s=c+\dfrac{d}{2}$	$a_s=c+d+\dfrac{e}{2}$	钢筋直径已知时，常用于截面校核
经验值法	梁：40～50mm 板：25～30mm	梁：65～75mm	钢筋直径未知时，常用于截面设计

（三）钢筋骨架的构造规定

1. 纵向受力钢筋

（1）纵向受力钢筋的基本构造要求。一般现浇梁板常采用 HPB300、HRB400 钢筋。因钢筋强度和配筋率对受弯承载力起着决定作用，为了节约钢材，跨度较大的梁宜采用 HRB400 钢筋。

钢筋骨架的构造规定

梁内纵向受力钢筋直径一般可以选用 12～28mm。钢筋直径过小会造成钢筋骨架刚度不足且不利于施工；钢筋直径过大则会造成裂缝宽度过大和钢筋加工困难。截面每排受力钢筋的直径最好一样，以利于施工，若需要配置两种不同直径钢筋时（可使钢筋截面积满足设计要求），其直径相差至少 2mm 以上，以便识别。

为了保证混凝土与钢筋之间有良好的黏结性能，避免因钢筋过密而影响混凝土浇筑和振捣，梁下部纵向钢筋的净间距不得小于钢筋的最大直径 d 和 25mm 的较大值，梁上部纵向钢筋的净间距不得小于钢筋 1.5d 和 30mm 的较大值，同时二者均不得小于最大骨料粒径的 1.25 倍。

梁内纵向受力钢筋至少为 2 根，以满足形成钢筋骨架的需要。为保证截面内力臂为最大，纵向受力钢筋最好一排布置。当一排布置不下时，可采用两排布置或三排布置。当钢筋布置多于两排时，靠外侧钢筋的根数宜多一些，直径宜粗一些，第三排及以上各排钢筋的间距应比下面两排增大 1 倍。上、下两层钢筋应对齐布置，以免影响混凝土浇筑。当钢筋数量很多时，可以将钢筋成束布置（每束以 2 根为宜）。梁中混凝土保护层厚度及钢筋间距如图 2-5 所示。

梁内受力钢筋的净距

梁内受力钢筋标注方式为：钢筋根数＋钢筋级别符号＋钢筋直径，如 4 ϕ 20。

（2）纵向受力钢筋的锚固要求。

1）简支梁支座。在构件的简支端，弯矩为 0。当梁端剪力较小时，不会出现斜

梁内钢筋布置

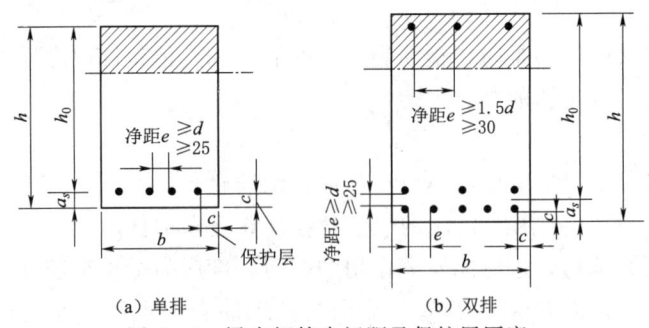

(a) 单排　　　　　　　　　(b) 双排

图 2-5　梁内钢筋净间距及保护层厚度

裂缝时，受力筋适当伸入支座即可。但若剪力较大引起斜裂缝，就可能导致锚固破坏，所以简支梁下部纵向受力钢筋伸入支座的锚固长度 l_{as} [图 2-6 (a)]，应符合下列规定：①当 $KV \leqslant V_c$ 时，$l_{as} \geqslant 5d$；②当 $KV > V_c$ 时，$l_{as} \geqslant 12d$（带肋钢筋）；$l_{as} \geqslant 15d$（光圆钢筋）。其中：K 为安全系数；V 为剪力；V_c 为混凝土的抗剪能力。

如下部纵向受力钢筋伸入支座的锚固长度不能符合上述规定时，可在梁端将钢筋向上弯，或采用贴焊锚筋、镦头、焊锚板或将钢筋端部焊接在支座的预埋件上等专门锚固措施，如图 2-6 (b) 所示。

2) 悬臂梁支座。如图 2-6 (c) 所示，悬臂梁的上部纵向受力钢筋应从钢筋强度被充分利用的截面（即支座边缘截面）起伸入支座中的长度不小于钢筋的锚固长度 l_a；如梁的下部纵向钢筋在计算中作为受压钢筋时，伸入支座中的长度不小于 $0.7l_a$。

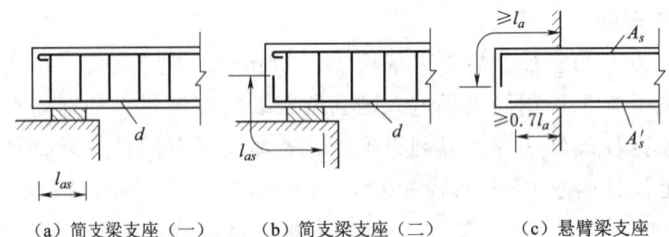

(a) 简支梁支座（一）　　(b) 简支梁支座（二）　　(c) 悬臂梁支座

图 2-6　纵向受力钢筋在支座内的锚固

d—钢筋直径；l_a—受拉钢筋的最小锚固长度；l_{as}—钢筋混凝土简支梁和连续梁间支端的下部纵向受力钢筋伸入梁支座范围内的锚固长度；A_s—受拉钢筋截面面积；A_s'—受压钢筋截面面积

3) 中间支座。连续梁中间支座的上部纵向钢筋应贯穿支座或节点，按承载力需要变化。下部纵向钢筋应伸入支座或节点，当计算中不利用其强度时，其伸入长度应符合上述对简支梁端 $KV > V_c$ 时的规定；当计算中充分利用其强度时，受拉钢筋的伸入长度不小于钢筋的锚固长度 l_a，受压钢筋的伸入长度不小于 $0.7l_a$。框架中间层、顶层端节点钢筋的锚固要求见《水工混凝土结构设计规范》(SL 191—2008)。

2. 架立钢筋

为了使纵向受力钢筋和箍筋能绑扎成骨架，在箍筋的四角必须沿梁全长配置纵向钢筋，在没有纵向受力筋的区段，则应补设架立钢筋（HPB300 或 HRB400），若受压区配有纵向受压钢筋，则可以不再配置架立钢筋。架立钢筋的直径与梁的跨度有关，当梁跨 l＜4m 时，架立钢筋直径 d 不宜小于 8mm；当 l=4～6m 时，d 不宜小于 10mm；当 l＞6m 时，d 不宜小于 12mm。如图 2-7 所示。

3. 腰筋及拉筋

当梁的截面高度较大时，为防止由于温度变形及混凝土收缩等原因使梁中部产生竖向裂缝，同时也为了增强钢筋骨架的刚度，增强梁的抗扭作用，当梁的腹板高度 h_w≥450mm 时，应在梁的两侧沿高度设置

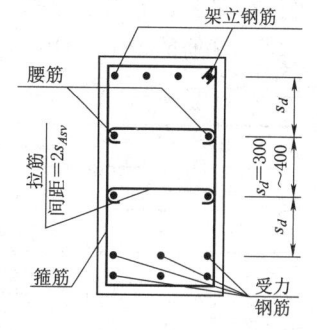

图 2-7 梁内构造钢筋类别及布置
S_d—腰筋间距；S_{Av}—箍筋间距

架立钢筋

纵向构造钢筋（称为"腰筋"），并用拉筋（图 2-7）连系固定。每侧腰筋的截面面积不应小于腹板截面面积 bh_w 的 0.1％，且间距不宜大于 200mm。拉筋直径一般与箍筋相同，拉筋间距常取为箍筋间距的倍数，一般在 500～700mm 之间。薄腹梁下部 1/2 梁高内的腹板两侧应配置直径为 10～14mm 的纵向构造钢筋，其间距为 100～150mm；上部 1/2 梁高内的腹板每侧纵向构造钢筋的截面面积不小于 bh_w 的 0.1％，纵向构造钢筋沿梁高的间距不大于 200mm。

4. 箍筋

（1）箍筋的形状和肢数。箍筋除了可以提高梁的抗剪能力外，还能固定纵筋的位

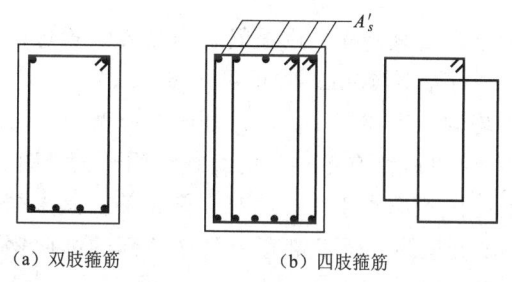

图 2-8 箍筋的肢数

置。箍筋的形状有封闭式和开口式两种，封闭式箍筋可以提高梁的抗扭能力，箍筋常采用封闭式箍筋。配有受压钢筋的梁，必须用封闭式箍筋。箍筋可按需要采用双肢或四肢（图 2-8），在绑扎骨架中，双肢箍筋最多能扎结 4 根排在一排的纵向受压钢筋，否则应采用四肢箍筋（即复合箍筋）；或当梁宽大于 400mm，一排纵向受压钢

腰筋与拉筋

筋多于 3 根时，也应采用四肢箍筋。

（2）箍筋的最小直径。对高度 h＞800mm 的梁，箍筋直径不宜小于 8mm；对高度 h≤800mm 的梁，箍筋直径不宜小于 6mm。当梁内配有计算需要的纵向受压钢筋时，箍筋直径不应小于 d/4（d 为受压钢筋中的最大直径）。为了方便箍筋加工成型，常用直径为 6mm、8mm、10mm。考虑到高强度的钢筋延性较差，施工时成型困难，箍筋一般采用 HPB300 钢筋。

（3）箍筋的布置。若按计算需要配置箍筋时，一般可在梁的全长均匀布置箍筋，也可以在梁两端剪力较大的部位布置得密一些。若按计算不需配置箍筋时，对高度 h＞300mm 的梁，仍应沿全梁布置箍筋；对高度 h≤300mm 的梁，可仅在构件端部各 1/4 跨度范围内配置箍筋，但当在构件中部 1/2 跨度范围内有集中荷载作用时，箍

双肢箍筋、四肢箍筋

梁内箍筋的布置

筋仍应沿梁全长布置。箍筋一般从梁边（或墙边）50mm处开始设置。

（4）箍筋的最大间距。箍筋的最大间距不得大于表2-4所列的数值。

表2-4　　　　　　　梁中箍筋的最大间距 s_{max}　　　　　　单位：mm

项次	梁高 h	$KV>V_c$	$KV \leqslant V_c$
1	$h \leqslant 300$	150	200
2	$300<h \leqslant 500$	200	300
3	$500<h \leqslant 800$	250	350
4	$h>800$	300	400

注：薄腹梁的箍筋间距宜适当减小。

当梁中配有计算需要的受压钢筋时，箍筋的间距在绑扎骨架中不应大于15d（d为受压钢筋中的最小直径），在焊接骨架中不应大于20d，同时在任何情况下均不应大于400mm；当一排内纵向受压钢筋多于5根且直径大于18mm时，箍筋间距不应大于10d。在绑扎纵筋的搭接长度范围内，当钢筋受拉时，其箍筋间距不应大于5d，且不大于100mm；当钢筋受压时，箍筋间距不应大于10d，且不大于200mm。在此，d为搭接钢筋中的最小直径。箍筋直径不应小于搭接钢筋较大直径的0.25倍。

箍筋标注方式为：钢筋级别符号＋直径＋间距，如Φ10@150。

5．弯起钢筋

（1）弯起钢筋的最大间距要求。弯起钢筋的最大间距同箍筋一样，不得大于表2-4所列的数值。

弯起钢筋

（2）弯起角度要求。梁中承受剪力的钢筋，宜优先采用箍筋。当需要设置弯起钢筋时，弯起钢筋的弯起角一般为45°，当梁高 $h \geqslant 700$mm 时也可用60°。当梁宽较大时，为使弯起钢筋在整个宽度范围内受力均匀，宜在同一截面内同时弯起2根钢筋。

（3）弯起钢筋的锚固。弯起钢筋的弯折终点应留有足够长的直线锚固长度（图2-9），其长度在受拉区不应小于20d，在受压区不应小于10d。对光圆钢筋，其末端应设置弯钩。位于梁底和梁顶角部的纵向钢筋不应弯起。

弯起钢筋应采用图2-10所示"吊筋"的形式，而不能采用仅在受拉区有较少水平段的"浮筋"，以防止由于弯起钢筋发生较大的滑移使斜裂缝开展过大，甚至导致斜截面受剪承载力的降低。

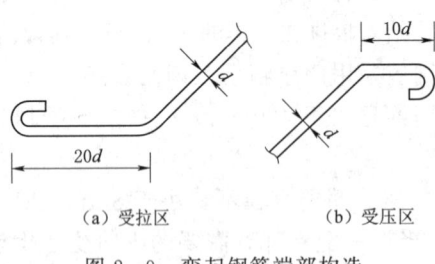

图2-9　弯起钢筋端部构造

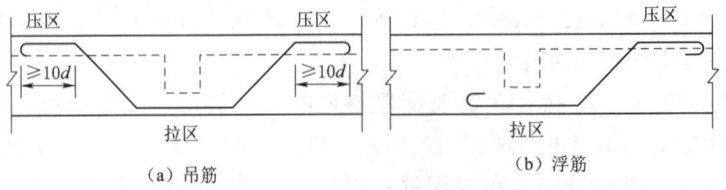

图2-10　吊筋和浮筋

6. 其他钢筋的构造要求

在独立T形截面梁中，为保证受压翼缘与梁肋的整体性，可以在翼缘顶面处配置横向受力钢筋（HPB300钢筋），其直径$d \geqslant 6mm$，间距$s \leqslant 200mm$，当翼缘外伸较长且厚度较小时，应按受弯构件确定翼缘顶面处的钢筋截面积，如图2-11所示。

吊筋

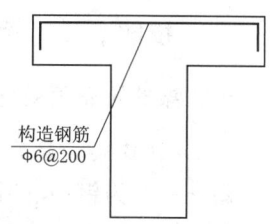

图2-11 T形梁翼缘构造钢筋

在温度应力、收缩应力较大的现浇板区域内，板的上、下表面应设置构造钢筋网；当板上开有小洞口（圆孔直径为300～1000mm）时，孔边应设置构造钢筋。具体要求参阅《水工混凝土结构设计规范》（SL 191—2008）及《水工混凝土结构设计规范》（NB/T 11011—2022）。

（四）板中配筋要求

板内通常只配置受力钢筋和分布钢筋。

1. 受力钢筋

板内配筋

板的纵向受力钢筋宜采用HPB300、HRB400级钢筋。板的受力钢筋的常用直径为6～12mm；对于$h > 200mm$的较厚板（如水电站厂房安装车间的楼面板）和$h > 1500mm$的厚板（如水闸的底板），受力钢筋的常用直径为12～25mm。在同一板中，受力钢筋的直径最好相同；为节约钢材，也可采用两种不同直径的钢筋。

为使构件受力均匀，防止产生过宽裂缝，板中受力钢筋的间距s不能过大。当板厚$h \leqslant 200mm$时，$s \leqslant 200mm$；当$200mm < h \leqslant 1500mm$时，$s \leqslant 250mm$；当板厚$h > 1500mm$时，$s \leqslant 300mm$。为便于混凝土浇捣，板内钢筋之间的间距不宜过小，一般情况下，其间距$s \geqslant 70mm$。板内受力钢筋沿板跨方向布置在受拉区，一般每米宽宜采用4～10根。如图2-12所示。

2. 分布钢筋

分布钢筋是垂直于板受力钢筋方向布置的构造钢筋，位于受力钢筋的内侧，其作用是：①将板面荷载均匀地传递给受力钢筋；②防止因温度变化或混凝土收缩等原因，沿板跨方向产生裂缝；③固定受力钢筋处于正确位置。板的受力钢筋宜采用HPB235级钢筋。每米板宽内分布钢筋的截面面积不小于受力钢筋截面面积的15%（集中荷载时为25%）；分布钢筋的间距不宜大于250mm，其直径不宜小于6mm；当集中荷载较大时，分布钢筋的间距不宜大于200mm。承受分布荷载的厚板，分布钢筋的直径应适当加大，可采用10～16mm，钢筋的间距可为200～400mm。如图2-12所示。

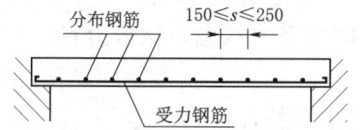 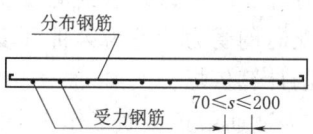

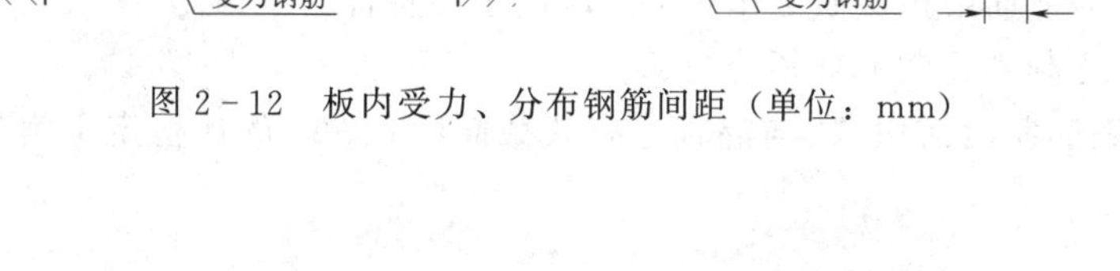

图2-12 板内受力、分布钢筋间距（单位：mm）

梁构件中除应配置纵向受力钢筋外，还应配置箍筋、弯起钢筋（统称为腹筋），以满足构件斜截面抗剪承载力要求，其具体构造要求详见本项目任务二。

技能点二 受弯构件正截面受力破坏特征及破坏界限条件

一、梁的正截面受弯性能试验分析

（一）适筋梁正截面的受力过程

图2-13为钢筋混凝土适筋梁正截面试验的加载装置和量测仪器布置示意图，构件采用两点对称加载，以保证构件中间部分为纯受弯区段（忽略构件自重）。荷载按预计的破坏荷载分级施加，直至构件破坏。

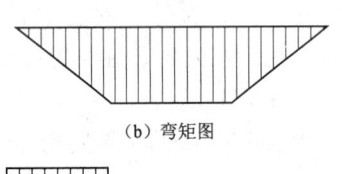

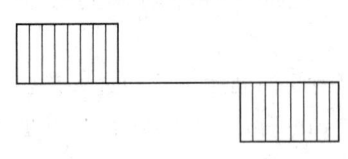

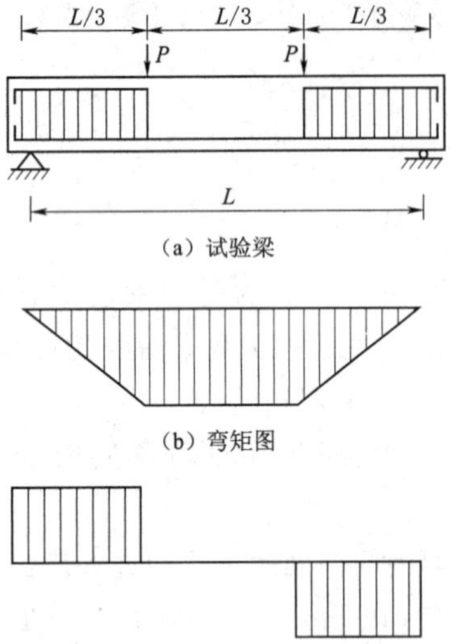

1. 第Ⅰ阶段——未裂阶段

从梁开始加荷至梁受拉区即将出现第一条裂缝时的整个受力过程，称为第Ⅰ阶段。当荷载很小时，梁截面上各点的应力及应变均很小，混凝土处于弹性工作阶段，应力与应变成正比，此时，受拉区拉力由钢筋和混凝土共同承担。随着荷载增加，受拉区混凝土表现出塑性性质，应变增长速度比应力增长速度快。当受拉区最外缘混凝土应变将达到极限拉应变时，相应的混凝土应力接近混凝土抗拉强度f_t。而受压区混凝土仍处于弹性阶段。此时，梁处于即将开裂的极限状态，即第Ⅰ阶段末，这一阶段可作为受弯构件抗裂验算的依据。

图2-13 钢筋混凝土适筋梁正截面试验

2. 第Ⅱ阶段——裂缝阶段

当受弯构件上的弯矩增加到使某一薄弱截面的下部出现第一条裂缝时，构件的受力状态进入裂缝工作阶段。当裂缝出现之后，受拉区混凝土上的拉力转由钢筋承担，因此裂缝处钢筋的应变和应力明显增大，同时混凝土受压区随中和轴的上移而逐渐减小，其压应力也逐渐增大，表现出较明显的塑性性质，当受拉钢筋应力达到屈服强度f_y时，即第Ⅱ阶段末，该阶段可作为受弯构件正常使用阶段变形验算和裂缝宽度验算的依据。

3. 第Ⅲ阶段——破坏阶段

钢筋屈服后，随着弯矩的增大，裂缝迅速向上扩展，中和轴随之快速上移，混凝土受压区减小且应力也愈来愈大，混凝土即表现出充分的塑性特征，当弯矩增加到极限弯矩M_u时，受压区边缘达到混凝土极限压应变ε_{cu}，构件因受压区混凝土压碎而完全破坏。此时的受力状态为第Ⅲ阶段结束时的受力状态，该应力状态可以作为构件极限承载力的计算依据。

表2-5为适筋梁正截面工作3个阶段的主要特征。

（二）受弯构件正截面破坏的特征

将受拉钢筋截面面积A_s与混凝土有效截面面积bh_0的比值定义为受弯构件的配

筋率 ρ，即 $\rho = \dfrac{A_s}{bh_0} \times 100\%$。其中 b 为梁的截面宽度；h_0 为受拉钢筋的重心至混凝土受压区外边缘的距离，称为梁的有效高度。

表 2-5　　　　　　　　适筋梁正截面工作 3 个阶段的主要特征

受力阶段		第Ⅰ阶段（未裂阶段）	第Ⅱ阶段（裂缝阶段）	第Ⅲ阶段（破坏阶段）
外表现象		无裂缝，挠度很小	有裂缝，挠度还不明显	裂缝明显，挠度增大，混凝土压碎
混凝土应力图形	压区	呈直线分布	呈曲线分布，最大值在受压区边缘处	受压区高度更为减小，曲线丰满，最大值不在压区边缘
	拉区	前期为直线，后期呈近似矩形的曲线	大部分混凝土退出工作	混凝土退出工作
纵向受拉钢筋应力 σ_s		$\sigma_s \leqslant 20 \sim 30 \text{N/mm}^2$	$20 \sim 30 \text{N/mm}^2 \leqslant \sigma_s \leqslant f_y$	$\sigma_s = f_y$
计算依据		抗裂	裂缝宽度和变形验算	正截面受弯承载力

大量相关试验结果表明，钢筋混凝土受弯构件的受力特点和破坏特征与构件中纵向受力钢筋配筋率 ρ、钢筋强度 f_y、混凝土强度 f_c 等因素有关。但在钢筋与混凝土强度等级已确定的情况下，破坏形态只与配筋率 ρ 有关。一般情况下，受弯构件随着配筋率 ρ 的增大依次产生少筋破坏、适筋破坏及超筋破坏 3 种破坏形式（图 2-14）。

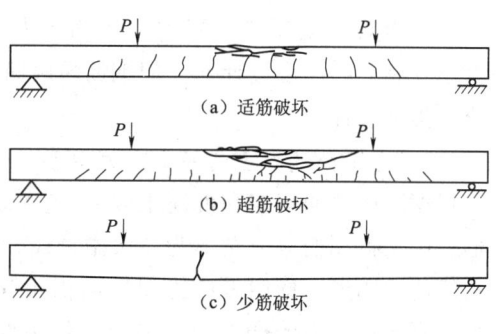

图 2-14　梁的破坏形式

1. 适筋破坏（$\rho_{\min} \leqslant \rho \leqslant \rho_{\max}$）

配筋率 ρ 适当的受弯构件称为适筋受弯构件。适筋破坏的特征是：受拉钢筋应力先达到屈服强度，受压区混凝土达到极限压应变被压碎。破坏前构件上有明显主裂缝和较大挠度，给人以明显的破坏征兆，属于塑性破坏（即延性破坏）。因这种情况安全可靠，且能充分发挥材料强度，是受弯构件正截面计算的依据。

2. 超筋破坏（$\rho > \rho_{\max}$）

当截面配置受拉钢筋数量过多时，即发生超筋破坏。超筋破坏的特征是：受拉钢筋达到屈服强度之前，受压区混凝土达到极限压应变被压碎。破坏前构件的裂缝宽度和挠度都较小，破坏无明显预兆，属于脆性破坏。超筋破坏不仅破坏突然，且钢筋用量大，不经济。因此，设计时不允许采用超筋截面。

3. 少筋破坏（$\rho < \rho_{\min}$）

当截面配置受拉钢筋数量过少时，即发生少筋破坏。少筋破坏的特征是：破坏时的极限弯矩等于开裂弯矩，一裂即断。构件一旦开裂，裂缝截面混凝土即退出工作，拉力由钢筋承担而使钢筋应力突增，很快达到并超过屈服强度进入强化阶段，导致较宽裂缝和较大变形而使构件破坏。因少数破坏是突然发生的，也属于脆性破坏。所以，设计中禁止采用少筋截面。

综上所述，当受弯构件的截面尺寸、混凝土强度等级相同时，正截面破坏的特征随配筋量的多少而变化，其规律是：①配筋量太少时，破坏弯矩等于开裂弯矩，其大小取决于混凝土的抗拉强度及截面尺寸大小；②配筋量过多时，配筋不能充分发挥作用，构件的破坏弯矩取决于混凝土的抗压强度及截面尺寸；③配筋量适中时，构件的破坏弯矩取决于配筋量、钢筋的强度等级及截面尺寸。钢筋混凝土受弯构件设计必须采用适筋截面。因此，以适筋截面的破坏为基础，建立受弯构件正截面受弯承载力的计算公式，再配以公式的适用条件，可限制超筋和少筋破坏的发生。

正截面受弯承载力的计算假定和破坏界限条件

二、正截面受弯承载力的计算假定和破坏界限条件

（一）正截面受弯承载力计算的基本假定

(1) 截面应变保持平面。

(2) 不考虑混凝土的抗拉强度。

(3) 混凝土受压的应力-应变曲线采用曲线加直线段，如图 2-15 所示。

(4) 钢筋的应力-应变关系。钢筋应力等于钢筋应变与其弹性模量的乘积，但不应大于其相应的强度设计值。即钢筋屈服前，应力按 $\sigma_s = E_s \varepsilon_s$；钢筋屈服后，其应力一律取强度设计值 f_y。

（二）受压区混凝土的等效应力图形

根据平面截面假定和混凝土应力-应变曲线，可绘制出受压区混凝土的应力-应变图形。由于得到的应力图形为二次抛物线，不便于计算，采用等效的矩形应力图形代替曲线应力图形，即两者应力图形面积相等，总压力值不变，两者面积的形心重合。根据混凝土压应力的合力相等和合力作用点位置不变的原则，近似取 $x = 0.8 x_0$，将其简化为等效矩形应力图形，如图 2-16 所示。

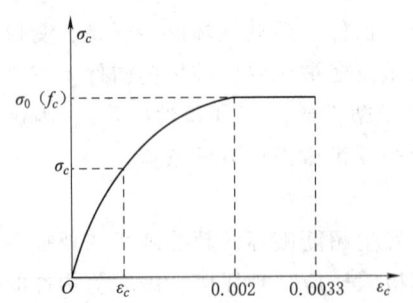

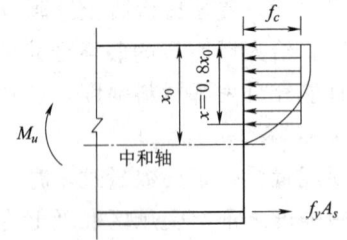

图 2-15 混凝土应力-应变曲线　　图 2-16 等效矩形应力图形

（三）适筋破坏与超筋破坏的界限条件

1. 相对界限受压区计算高度

等效代换后矩形混凝土受压区计算高度 x 与截面有效高度 h_0 的比值，称为相对受压区计算高度，即

$$\xi = x/h_0 \tag{2-1}$$

2. 界限破坏

如前所述，适筋受弯构件的破坏特点是受拉钢筋先达到屈服强度 f_y，受压区边缘处混凝土后达到极限压应变 ε_{cu}。而超筋受弯构件的破坏特点是受压区边缘处混凝土达到极限压应变 ε_{cu} 时，受拉钢筋应力低于屈服强度 f_y。如果受拉钢筋应力达到屈服强度 f_y 时，受压区边缘处混凝土处恰好达到极限压应变 ε_{cu}，这种破坏称为受弯构件的界限破坏（适筋和超筋的界限）。这时混凝土受压区计算高度 x_b 与截面有效高度 h_0 的比值，称为相对界限受压区计算高度，即

$$\xi_b = x_b / h_0 \quad (2-2)$$

若实际混凝土相对受压区计算高度 $\xi < \xi_b$，即 $x < x_b$、$\varepsilon_s > \varepsilon_y$，受拉钢筋可以达到屈服强度，因此为适筋破坏；当 $\xi > \xi_b$，即 $x > x_b$、$\varepsilon_s < \varepsilon_y$，受拉钢筋达不到屈服强度，因此为超筋破坏。适筋、超筋、界限破坏时截面的应力分布如图 2-17 所示。

钢筋 ξ_b 值的计算与钢筋种类及其强度等级有关。为了计算方便，将水工结构中常用钢筋 ξ_b 值列于表 2-6。

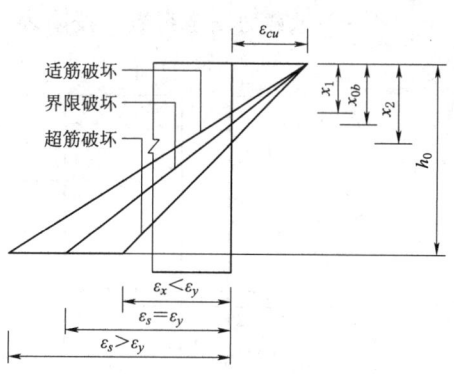

图 2-17 适筋、超筋、界限破坏时的截面应变图

表 2-6　　　　钢筋混凝土构件常用钢筋的 ξ_b 值及 α_{sb}

钢筋级别	ξ_b	$\alpha_{sb} = \xi_b(1-0.5\xi_b)$	$0.85\xi_b$	$\alpha_{s\max} = 0.85\xi_b(1-0.5\times 0.85\xi_b)$
HPB300	0.614	0.426	0.522	0.386
HRB400 RRB400	0.518	0.384	0.440	0.343

随堂测

技能点三　单筋矩形截面受弯承载力计算

一、基本公式及适用条件

（一）计算简图

根据受弯构件适筋破坏特征，在进行单筋矩形截面的受弯承载力计算时，忽略受拉区混凝土的作用；受压区混凝土的应力图形采用等效矩形应力图形，应力值取为混凝土的轴心抗压强度设计值 f_c；受拉钢筋应力达到钢筋的强度设计值 f_y。单筋矩形截面受弯承载力计算简图如图 2-18 所示。

单筋矩形截面受弯承载力计算

（二）基本公式

根据计算简图和截面内力平衡条件，并满足承载能力极限状态计算表达式的要求，可得基本公式为：

$$\sum X = 0 \quad f_c b x = f_y A_s \quad (2-3)$$
$$\sum M = 0 \quad KM \leqslant f_c b x (h_0 - 0.5x) \quad (2-4)$$

式中 M——弯矩设计值，按荷载效应基本组合或偶然组合计算，N·mm；
f_c——混凝土轴心抗压强度设计值，N/mm²，按附表 1-2 取用；
b——矩形截面宽度，mm；
x——混凝土受压区计算高度，mm；
h_0——截面有效高度，mm；
f_y——受拉钢筋的强度设计值，N/mm²，按附表 1-6 取用；
A_s——受拉钢筋的截面面积，mm²；
K——承载力安全系数，按附表 1-9 取用。

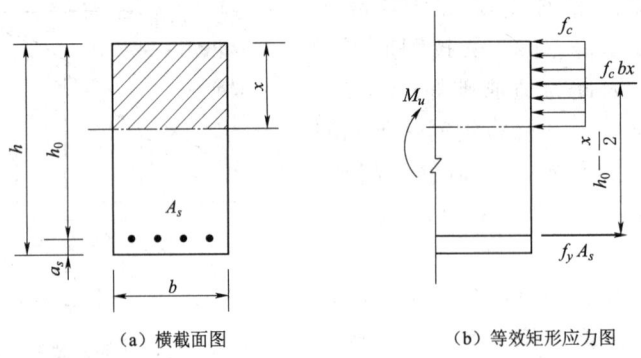

(a) 横截面图　　　　　　　(b) 等效矩形应力图

图 2-18　单筋矩形截面梁受弯承载力计算简图

利用基本公式进行截面设计时，必须求解方程组，比较麻烦。为简化计算，引入截面抵抗矩系数 α_s，令

$$\alpha_s = \xi(1 - 0.5\xi) \tag{2-5}$$

将 $\xi = x/h_0$ 带入式（2-3）和式（2-4）可得

$$KM \leqslant \alpha_s f_c b h_0^2 \tag{2-6}$$

$$f_c b h_0 \xi = f_y A_s \tag{2-7}$$

由式（2-7）可得

$$\rho = f_c \xi / f_y \tag{2-8}$$

（三）公式适用条件

1. 防止超筋破坏

基本公式是依据适筋构件破坏时的应力图形情况推导的，仅适用于适筋截面。当超筋截面破坏时，受拉钢筋没有屈服，即未达到 f_y，受压区混凝土达到了极限压应变 ξ_{cu}。为了结构的安全，更有效地防止发生超筋破坏，应用基本公式和由它派生出来的计算公式计算时，必须符合下列条件：

$$\xi \leqslant 0.85 \xi_b \tag{2-9}$$

$$x \leqslant 0.85 \xi_b h_0 \tag{2-10}$$

$$\rho \leqslant \rho_{\max} = 0.85 f_c \xi_b / f_y \tag{2-11}$$

上述 3 个公式意义相同，满足其中之一，则必满足其余两式。

2. 防止少筋破坏

钢筋混凝土构件破坏时承担的弯矩等于同截面素混凝土受弯构件所能承担的弯矩

时的受力状态，为适筋破坏与少筋破坏的分界。这时梁的配筋率应是适筋受弯构件的最小配筋率。《水工混凝土设计规范》(SL 191—2008) 不仅考虑了这种"等承载力"原则，而且还考虑了混凝土的性质和工程经验。因此，计算公式应满足

$$\rho \geqslant \rho_{\min} \tag{2-12}$$

式中 $\rho_{\min}$——最小配筋率，按附表 3-3 取用。

二、单筋矩形截面受弯承载力计算公式的应用

受弯构件正截面承载力计算包括两方面的内容：

(1) 截面设计。根据构件所承受的荷载效应（设计弯矩）和初步拟定的截面形式、尺寸、材料强度等级等条件，计算纵向受力钢筋的截面面积。

(2) 截面校核。在已知构件尺寸、材料强度及纵向受力钢筋的截面面积的条件下，验算构件正截面的承载能力。

（一）截面设计

1. 截面尺寸的拟定

根据设计经验或参考类似结构来确定构件截面高度 h，再根据截面宽高比的一般范围确定截面宽度 b。由于能满足承载能力要求的截面尺寸可能有很多，因此，截面尺寸的拟定不能仅考虑承载能力的要求，而应综合考虑构件承载能力和正常使用等要求以及施工和造价等因素。

一般条件下，构件截面尺寸与受力钢筋配筋率有着紧密关系，截面尺寸大则配筋率较低，反之则配筋率较大。而配筋率过大或过小，不仅容易产生脆性破坏且不经济。为此应将构件配筋率控制在使各方面的性能及指标均较好的范围内，该范围内的配筋率称为经济配筋率。

对于一般的梁、板等受弯构件而言，其经济配筋率为：板（一般为薄板）为 0.4%~0.8%；矩形截面梁为 0.6%~1.5%；T 形截面梁为 0.9%~1.8%（相对梁肋而言）。

2. 内力计算

(1) 确定计算简图。计算简图中应包括计算跨度、支座条件、荷载形式等的确定。简支梁与板的计算跨度 l_0 取下列各值中的较小值。

简支梁、空心板：

$$l_0 = l_n + a \text{ 或 } l_0 = 1.05 l_n \tag{2-13}$$

简支实心板：

$$l_0 = l_n + a, l_0 = l_n + h \text{ 或 } l_0 = 1.1 l_n \tag{2-14}$$

式中 l_n——梁或板的净跨，mm；

a——梁或板的支承长度，mm；

h——板厚，mm。

板宽通常取单位宽度 1m。

(2) 确定弯矩设计值 M。按照荷载的最不利组合，计算出跨中最大正弯矩和支座最大负弯矩的设计值。

(3) 配筋计算。

项目二 钢筋混凝土梁、板设计

1）计算弯矩抵抗系数 α_s，$\alpha_s = \dfrac{KM}{f_c b h_0^2}$。

2）计算相对受压区计算高度 ξ，$\xi = 1 - \sqrt{1-2\alpha_s}$；验算 $\xi \leqslant 0.85\xi_b$，若不满足，即会发生超筋破坏，可以通过加大截面尺寸，提高混凝土强度等级或采用双筋截面来解决此问题。

3）计算受拉钢筋截面面积 A_s，$A_s = f_c b \xi h_0 / f_y$。

4）验算配筋率 ρ，$\rho = A_s/(bh_0)$；验算 $\rho \geqslant \rho_{\min}$，若 $\rho < \rho_{\min}$，将会发生少筋破坏，这时需要按 $\rho = \rho_{\min}$ 进行配筋。截面的实际配筋率 ρ 应满足 $\rho_{\min} \leqslant \rho \leqslant \rho_{\max}$，最好处于梁或板的常用配筋率范围内。

3. 选配钢筋并绘制配筋图

根据附表 2-1 和附表 2-2，选择合适的钢筋直径、间距和根数。实际采用的钢筋截面面积（$A_{s实}$）一般要大于或等于计算所需要的钢筋截面面积（$A_{s计}$）；若 $A_{s实}$ 小于 $A_{s计}$，则应符合 $|A_{s实}-A_{s计}|/A_{s计} \leqslant 5\%$。配筋图形应表示出截面尺寸和钢筋的布置，按适当比例绘制。

（二）截面校核

截面校核又称承载力复核，它是在已知截面尺寸、受拉钢筋截面面积、钢筋级别和混凝土强度等级的条件下，验算构件正截面的承载能力，具体计算过程可按图 2-19 步骤进行。

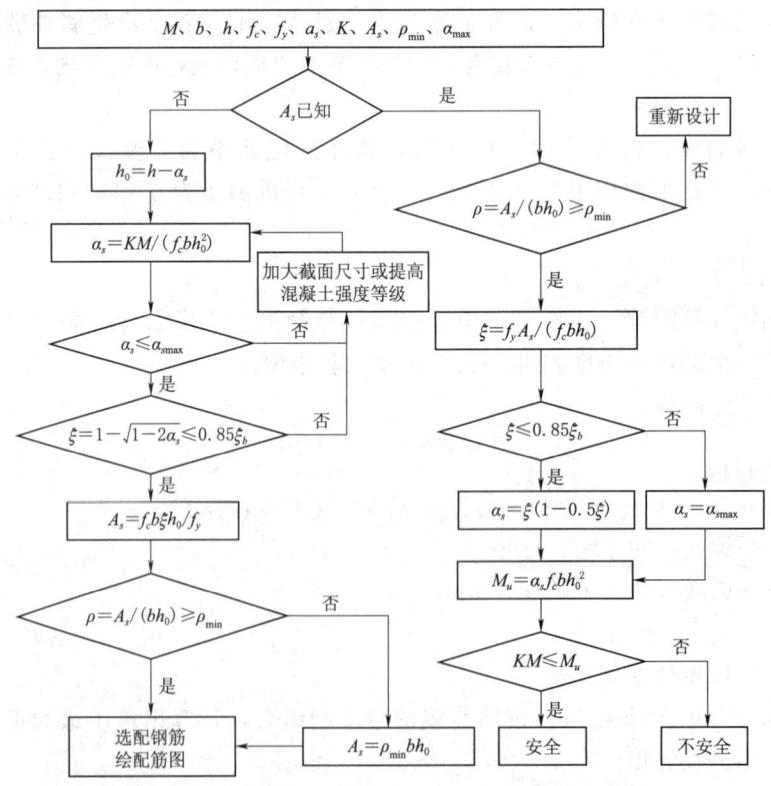

图 2-19 单筋矩形截面受弯构件截面设计与承载力复核计算过程流程图

三、单筋矩形截面受弯承载力计算案例

【例 2-1】 某水电站厂房（2 级水工建筑物）的钢筋混凝土简支梁，如图 2-20 所示。环境条件为一类。净跨 $l_n=6\text{m}$，计算跨度 $l_0=6.24\text{m}$，承受均布永久荷载（不包括自重）$g_k=12\text{kN/m}$，均布可变荷载 $q_k=10\text{kN/m}$，采用混凝土强度等级为 C20，HRB400 级钢筋，试确定该梁的截面尺寸和纵向受拉钢筋面积 A_s。

解： 查附表 1-2、附表 1-6、附表 1-9 得：$f_c=9.6\text{N/mm}^2$，$f_y=360\text{N/mm}^2$，$K=1.20$。

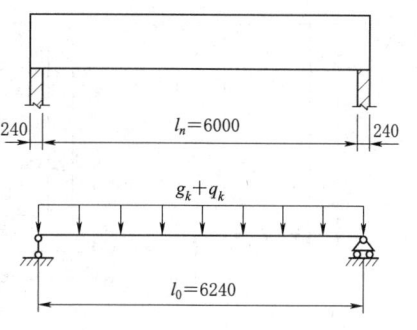

图 2-20 钢筋混凝土简支梁

（1）确定截面尺寸。由构造要求取：

$h=(1/12\sim1/8)l_0=(1/12\sim1/8)\times6240=520\sim780$，取 $h=550\text{mm}$

$b=(1/3\sim1/2)h=(1/3\sim1/2)\times550=183\sim275$，取 $b=250\text{mm}$

（2）内力计算。梁的自重为：$G_k=25\times0.25\times0.55\times6=20.625$（kN）

$$M=(1.05g_k+1.2q_k)l_0^2/8+1.05\times1/4\times G_k\times l_0$$
$$=(1.05\times12+1.2\times10)\times6.24^2/8+1.05\times1/4\times20.625\times6.24$$
$$=134.52(\text{kN}\cdot\text{m})$$

（3）配筋计算。

取 $a_s=45\text{mm}$，则 $h_0=h-a_s=550-45=505$（mm）。

$$\alpha_s=\frac{KM}{f_cbh_0^2}=\frac{1.2\times134.52\times10^6}{9.6\times250\times505^2}=0.264$$

$$\xi=1-\sqrt{1-2\alpha_s}=1-\sqrt{1-2\times0.264}=0.313<0.85\xi_b=0.44$$

$$A_s=f_cb\xi h_0/f_y=9.6\times250\times0.313\times505/360=1053.77(\text{mm}^2)$$

$$\rho=A_s/(bh_0)\times100\%=1053.77/(250\times505)\times100\%=0.83\%>\rho_{\min}=0.2\%$$

（4）选配钢筋，绘制钢筋图。

查钢筋表（附表 2-1）可以选受拉钢筋为：5Φ18（$A_s=1272\text{mm}^2$），3Φ25（$A_s=1473\text{mm}^2$），4Φ20（$A_s=1256\text{mm}^2$）。由于 $a_s=45\text{mm}$ 是按照钢筋一排布置取值的，下面分别验证上述配筋一排是否能排得下。

1）取 5Φ18 时，需要最小梁宽

$$b_{\min}=2c+5d+4e=2\times30+5\times18+4\times25=250(\text{mm})=b$$

2）取 3Φ25 时，需要最小梁宽

$$b_{\min}=2c+3d+2e=2\times30+3\times25+2\times25=185(\text{mm})<b$$

3）取 4Φ20 时，需要最小梁宽

$$b_{\min}=2c+4d+3e=2\times30+4\times20+3\times25=215(\text{mm})<b$$

上述结果表明：选择这 3 种配筋理论上都可以满足承载力需求，但考虑施工便利和安全度，选择 3Φ25 为最终配筋。配筋图如图 2-21 所示。

【例 2-2】 某渡槽为 3 级水工建筑物（环境条件为二类），渡槽侧板的截面尺寸

及受力条件如图 2-22（a）所示。渡槽采用 C25 混凝土、HPB300 级钢筋，试对渡槽侧板进行配筋计算。

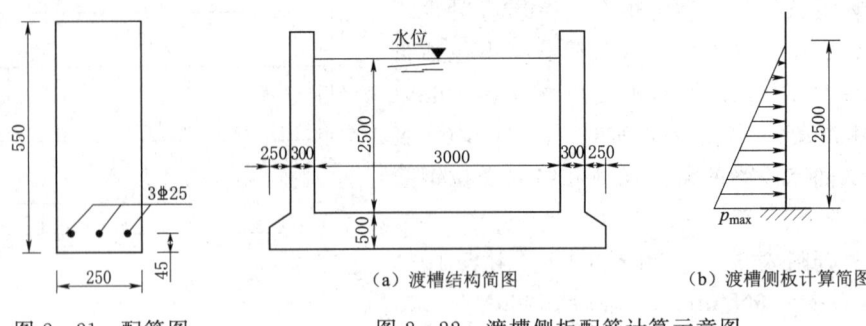

图 2-21　配筋图　　图 2-22　渡槽侧板配筋计算示意图

解：(1) 查附表 1-2、附表 1-6、附表 1-9 得：$f_c = 11.9 \text{N/mm}^2$，$f_y = 270 \text{N/mm}^2$，$K = 1.20$。

由项目三可得：永久荷载分项系数 $\gamma_G = 1.05$，可变荷载分项系数 $\gamma_Q = 1.20$。

(2) 荷载计算。由于渡槽侧板自重对其横截面的受弯无影响且渡槽侧板在垂直板面方向上无其他可变荷载作用，且因渡槽长度很大，实际设计中常沿槽身方向取一单位长度（1m）的侧板来进行设计。水体对侧板的压力是线性分布的，最大的压力在渡槽底板顶面处，其值为：

标准值 $P_{k\max} = \gamma h b = 10 \times 2.5 \times 1.0 = 25$（$\text{kN/m}^2$）

设计值 $P_{\max} = \gamma_G P_{k\max} = 1.05 \times 25 = 26.25$（$\text{kN/m}^2$）

(3) 内力计算。因渡槽侧板是与渡槽底板整体浇筑的，底板厚度较大，可以视为渡槽侧板的固定端，因此渡槽侧板受力特点为一悬臂板，其固定端在底板顶面处，因而侧板的最大弯矩在渡槽底板顶面处。其计算简图如图 2-21（b）所示。

$$M = \frac{1}{2} p_{\max} bh \left(\frac{h}{3}\right) = \frac{1}{2} \times 26.25 \times 1.0 \times 2.5 \times \frac{2.5}{3} = 27.3444 (\text{kN} \cdot \text{m/m})$$

(4) 计算参数确定。取 $a_s = 30$（mm），截面的有效高度为

$$h_0 = h - a_s = 300 - 30 = 270 (\text{mm})$$

(5) 配筋计算。

计算截面抵抗矩系数：

$$\alpha_s = \frac{KM}{f_c b h_0^2} = \frac{1.2 \times 27.3444 \times 10^6}{11.9 \times 1000 \times 270^2} = 0.0378$$

$$\xi = 1 - \sqrt{1 - 2\alpha_s} = 1 - \sqrt{1 - 2 \times 0.0378} = 0.0385 < 0.85 \xi_b = 0.522$$

$$A_s = \left(\xi \frac{f_c}{f_y}\right) b h_0 = \left(0.0385 \times \frac{11.9}{270}\right) \times 1000 \times 270 = 458.15 (\text{mm}^2/\text{m})$$

而截面配筋率　$\rho = \dfrac{A_s}{bh_0} = \dfrac{458.15}{1000 \times 270} = 0.17\% < \rho_{\min} = 0.2\%$

按最小配筋率选择钢筋。

(6) 选配钢筋级钢筋布置。查附表 2-2 可得，板中钢筋可以采用 Φ14@250 ($A_s = 616\text{mm}^2/\text{m}$)，亦即钢筋直径取为 14mm，钢筋间距为 250mm（当板厚 $h > 150$mm 时，钢筋间距应满足 $s \leqslant 1.5h$ 或 $s \leqslant 300$mm 中的较小值）。

渡槽侧板钢筋的布置如图 2-23 所示。

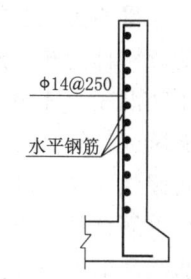

图 2-23 渡槽侧板钢筋布置示意图

【例 2-3】 某预制钢筋混凝土简支平板，计算跨度 $l_0 = 1820$mm，板宽 600mm，板厚 60mm。混凝土强度等级为 C20，受拉区配有 4 根直径为 6mm 的 HPB300 级钢筋，环境类别为一类。当使用荷载及板自重在跨中产生的弯矩最大设计值为 $M = 520000$N·mm 时，试验算正截面承载力是否足够。

解：（1）查附表 1-2、附表 1-6 可得：$f_c = 9.6\text{N/mm}^2$，$f_y = 270\text{N/mm}^2$。

查附表 3-1，板的混凝土保护层厚度取为 20mm，则 $a_s = 20 + 6/2 = 23$ (mm)，截面有效高度 $h_0 = h - a_s = 60 - 23 = 37$ (mm)，钢筋面积 $A_s = 113\text{mm}^2$，有

$$x = \frac{f_y A_s}{f_c b} = \frac{270 \times 113}{9.6 \times 600} = 5.3 \text{ (mm)} < 0.85\xi_b h_0 = 0.85 \times 0.614 \times 37 = 19.3 \text{ (mm)}$$

（2）求 M_u。

$$M_u = f_c bx(h_0 - 0.5x) = 9.6 \times 600 \times 5.3 \times (37 - 5.3/2) = 10486368 \text{ (N·mm)}$$

（3）判别承载力是否足够。

$$M_u > KM = 1.2 \times 520000 = 624000 \text{ (N·mm)}$$

可知：该截面承载力足够。

随堂测

技能点四 双筋矩形截面受弯承载力计算

一、基本公式及适用条件

（一）使用双筋截面的前提条件

如前所述，同时在受拉区和受压区配置纵向受力钢筋的矩形截面受弯构件称为双筋截面。一般说来，采用受压钢筋协助混凝土承受压力是不经济的。双筋矩形截面受弯构件主要应用于以下几种情况：

(1) 截面承受的弯矩设计值很大，超过了单筋矩形截面适筋梁所能承担的最大弯矩，而构件的截面尺寸及混凝土强度等级又都受到限制不能增大和提高。

(2) 结构或构件承受某种交变的作用（如地震作用和风荷载），使构件同一截面上的弯矩可能发生变号，即同一截面既可能承受正弯矩，又可能承受负弯矩。

(3) 因某种原因在构件截面的受压区已经布置了一定数量的受力钢筋（如框架梁和连续梁的支座截面）。

(4) 在计算抗震设防烈度 6 度以上地区，为了增加构件的延性，在受压区配置普通钢筋，对结构抗震有利。

双筋矩形截面受弯承载力计算

由于双筋截面构件采用钢筋协助混凝土承受压力，造成用钢量增大，一般情况下是不经济的，因此应尽量少用。但是双筋截面可以提高构件的承载力和延性，同时可以承受正、反两个方向的弯矩，在地震区和承受动荷载时则应优先采用。

大量相关试验结果表明，只要满足 $\xi \leqslant 0.85\xi_b$ 的条件，双筋受弯构件仍然具有适筋受弯构件的塑性破坏特征，即受拉钢筋首先屈服，然后经历一个较长的变形过程，受压区混凝土才被压碎（混凝土压应变达到极限压应变）。受压钢筋压应力 σ'_s 的大小与受压区计算高度 x 有关，当受压区计算高度 x 较大（$x \geqslant 2a'_s$）时，受压钢筋能达到屈服强度 f'_y；反之受压钢筋不能屈服。除此以外，双筋截面破坏时的应力分布图形与单筋截面的应力分布图形相同。确定截面应力图形后，双筋截面的设计计算就与单筋截面的设计计算相类似。

（二）计算公式及适用条件

1. 计算简图

双筋矩形截面受弯承载力的计算简图如图 2-24 所示。

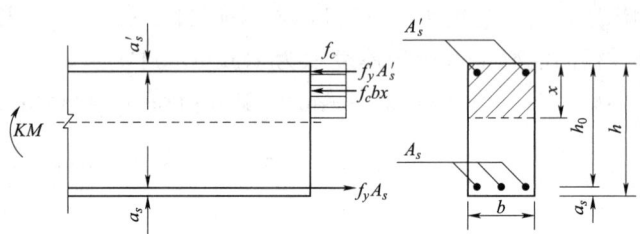

图 2-24　双筋矩形截面受弯承载力计算简图

K—安全系数；M—弯矩设计值；b—截面宽度；h—截面高度；h_0—截面有效高度；a_s—截面有效保护层厚度；
x—受压区计算高度；f_y—受拉钢筋强度设计值；f'_y—受压钢筋强度设计值；f_c—混凝土抗压强度设计值；
A_s—受拉钢筋截面面积；A'_s—受压钢筋截面面积

2. 基本公式

双筋矩形截面受弯承载力计算公式为

$$\sum X = 0 \quad f_c bx + f'_y A'_s = f_y A_s \tag{2-15}$$

$$\sum M = 0 \quad KM \leqslant f_c bx(h_0 - 0.5x) + f'_y A'_s (h_0 - a'_s) \tag{2-16}$$

为简化计算，将 $x = \xi h_0$ 及 $\alpha_s = \xi(1 - 0.5\xi)$ 代入上两式得

$$f_c b \xi h_0 + f'_y A'_s = f_y A_s \tag{2-17}$$

$$KM \leqslant \alpha_s f_c b h_0^2 + f'_y A'_s (h_0 - a'_s) \tag{2-18}$$

式中　f'_y——受压钢筋的抗压强度设计值，N/mm^2，按附表 1-6 取用；

A'_s——受压钢筋的截面面积，mm^2；

a'_s——受压区钢筋合力点至截面受压边缘的距离，mm。

3. 适用条件

双筋截面应保证受拉钢筋先达到屈服强度 f_y，然后混凝土达到极限压应变 ε_{cu}，即不发生超筋破坏，因此其受压区计算高度 x 和相对受压区计算高度 ξ 同样应满足相应要求。

为了保证受压钢筋的应力能达到 f'_y，受压区高度应满足 $x \geqslant 2a'_s$。

综上所述，双筋截面受弯构件基本计算公式的适用条件为

$$2a'_s \leqslant x \leqslant 0.85\xi_b h_0 \tag{2-19}$$

若 $x < 2a'_s$，纵向受压钢筋应力尚未达到 f'_y，此时受压钢筋不能充分发挥作用，因

此可以取 $A'_s = \rho'_{min} b h_0$,同时受压区高度较小,受压区混凝土的合力与受压钢筋的合力相距很近,可近似地认为二者重合,即取 $x \approx 2a'_s$。对受压钢筋合力作用点取矩,即得

$$KM \leqslant f_y A_s (h_0 - a'_s) \qquad (2-20)$$

上式为双筋截面 $x < 2a'_s$ 时,确定纵向受拉钢筋数量的唯一公式。若计算中不考虑受压钢筋的作用,则条件 $x \geqslant 2a'_s$ 即可取消。

双筋截面承受的弯矩较大,相应的受拉钢筋配置较多,一般均能满足最小配筋率的要求,无需验算 ρ_{min} 的条件。

二、双筋矩形截面受弯承载力计算公式的应用

双筋矩形截面受弯承载力计算内容与单筋相同,仍包括两方面的内容:

(1) 截面设计。根据构件所承受的荷载效应(设计弯矩)和初步拟定的截面形式、尺寸、材料强度等级等条件,计算纵向受力钢筋的截面面积。

(2) 截面校核。按已确定的构件尺寸,材料强度及纵向受力钢筋的截面面积计算构件截面所能承担的最大设计弯矩值。

(一)截面设计

双筋截面的配筋计算,会遇到下列两种情况。

1. A_s 和 A'_s 均未知

式(2-13)、式(2-14)中 x 也未知,两个方程无法求解三个未知数,可按图 2-25 步骤进行计算。

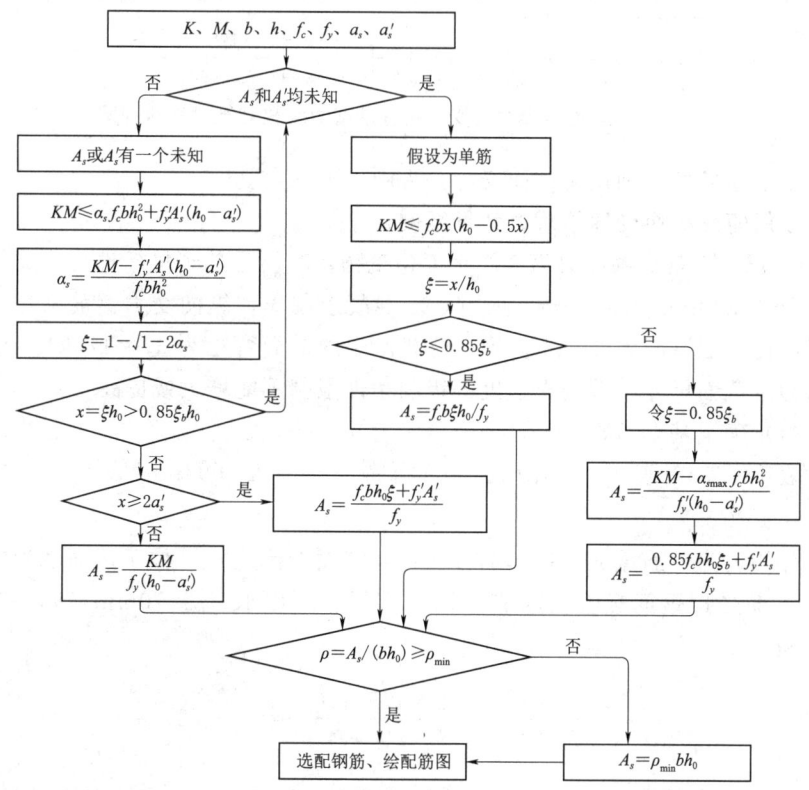

图 2-25 双筋矩形截面受弯构件截面设计计算过程流程图

（二）截面校核

已知截面尺寸、受拉钢筋和受压钢筋截面面积、钢筋级别、混凝土强度等级，验算构件正截面的承载能力。具体可按图 2-26 步骤进行：

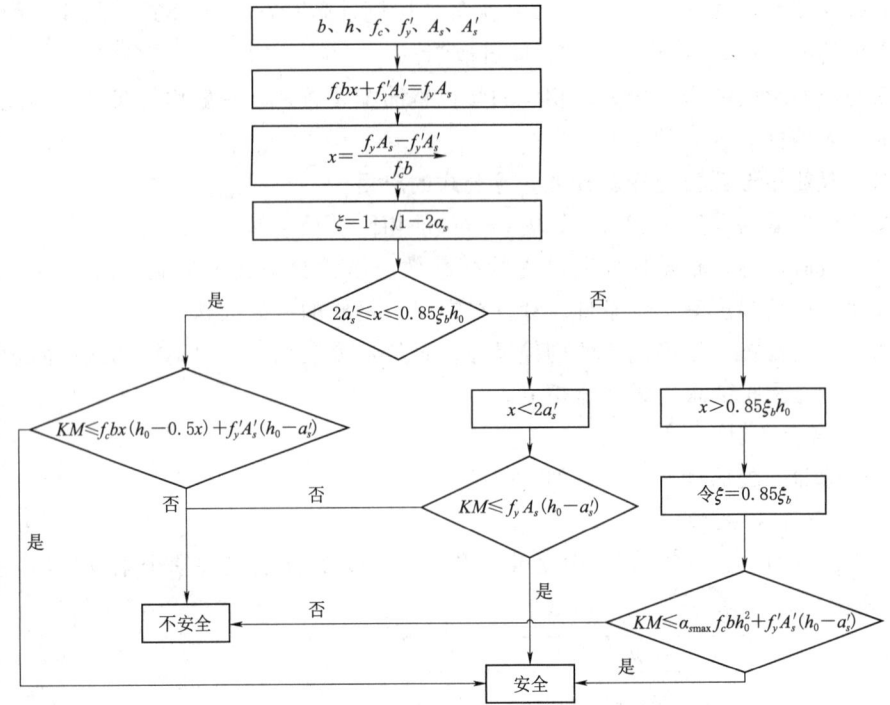

图 2-26 双筋矩形截面受弯构件承载力复核计算过程流程图

→满足上述条件，则说明截面安全，否则，不安全。

三、双筋矩形截面受弯承载力计算案例

【例 2-4】 某矩形截面梁为 3 级水工建筑物，其所处的环境条件为二类。其截面尺寸为 $b \times h = 200\text{mm} \times 500\text{mm}$，采用 C25 混凝土制作，纵向受力钢筋采用 HRB400 级，纵筋的保护层厚度为 35mm；梁上荷载产生的截面弯矩为 $M = 175\text{kN} \cdot \text{m}$。试设计该梁（假定截面尺寸、混凝土强度等级因条件限制不能增大或提高）。

解：（1）确定基本参数。

查附表 1-2、附表 1-6、附表 1-9 可得：$f_c = 11.9\text{N/mm}^2$；$f_y = f'_y = 360\text{N/mm}^2$；$K = 1.20$。

（2）先假设为单筋截面。按单筋截面计算截面抵抗矩 α_s，由于截面承受的弯矩较大，因此下部受拉钢筋较多，故应分两排布置。所以取 $a_s = 70\text{mm}$，$h_0 = h - a_s = 430\text{mm}$，有

$$\alpha_s = \frac{KM}{f_c b h_0^2} = \frac{1.2 \times 175 \times 10^6}{11.9 \times 200 \times 430^2} = 0.4772$$

因 $\xi = 1 - \sqrt{1 - 2\alpha_s} = 0.786 > 0.85\xi_b$，截面为超筋截面，故应按双筋截面设计。

(3) 按双筋截面设计。

查表 2-5，但采用 HRB400 钢筋时，$\xi_b=0.518$。

取 $a'_s=45\text{mm}$，令 $\xi=0.85\xi_b$，则受压钢筋截面面积 A'_s 按式（2-16）计算，有

$$A'_s=\frac{KM-\alpha_{s\max}f_cbh_0^2}{f'_y(h_0-a'_s)}=\frac{1.2\times175\times10^6-0.343\times11.9\times200\times430^2}{360\times(430-45)}=426.11(\text{mm}^2)$$

查附表 2-1，选用 2 Φ 18，$A'_s=509\text{mm}^2$（满足要求）。受拉钢筋截面面积 A_s 按式（2-15）计算，有

$$A_s=\frac{f_cb\xi_bh_0+A'_sf'_y}{f_y}=\frac{11.9\times200\times0.518\times430+509\times360}{360}=1981.56(\text{mm}^2)$$

选用 4 Φ 22+2 Φ 20，$A'_s=2148\text{mm}^2$。截面配筋图如图 2-27 所示。

【例 2-5】 已知某矩形截面简支梁（2 级水工建筑物），$b\times h=250\text{mm}\times500\text{mm}$，环境条件为一类，计算跨度 $l_0=6500\text{mm}$，在使用期间承受均布荷载标准值 $g_k=20\text{kN/m}$（包括自重），$q_k=13.8\text{kN/m}$，混凝土强度等级为 C20，钢筋为 HRB400 级，受压区已配置 3 Φ 18（$A'_s=763\text{mm}^2$），试确定受拉钢筋截面面积 A_s。

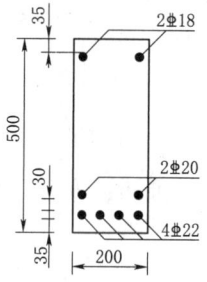

图 2-27 ［例 2-4］配筋图

解：(1) 确定基本参数。

查附表 1-2、附表 1-6、附表 1-9 可得：$f_c=9.6\text{N/mm}^2$；$f_y=f'_y=360\text{N/mm}^2$；$K=1.20$。

(2) 内力计算。

$$M=\frac{1}{8}(1.05g_k+1.20q_k)l_0^2=\frac{1}{8}(1.05\times20+1.20\times13.8)\times6.5^2=198.36(\text{kN}\cdot\text{m})$$

(3) 计算受拉筋截面面积 A_s。设受压钢筋为一层，故取 $a'_s=45\text{mm}$，受拉钢筋两排布置，故取 $a_s=75\text{mm}$，$h_0=h-a_s=425\text{mm}$，

$$\alpha_s=\frac{KM-f'_yA'_s(h_0-a'_s)}{f_cbh_0^2}=\frac{1.2\times198.36\times10^6-360\times763\times(425-45)}{9.6\times250\times425^2}$$

$$=0.308<\alpha_{s\max}=0.343$$

说明受压区配置的钢筋数量已经足够。

$$\xi=1-\sqrt{1-2\alpha_s}=1-\sqrt{1-2\times0.308}=0.380$$

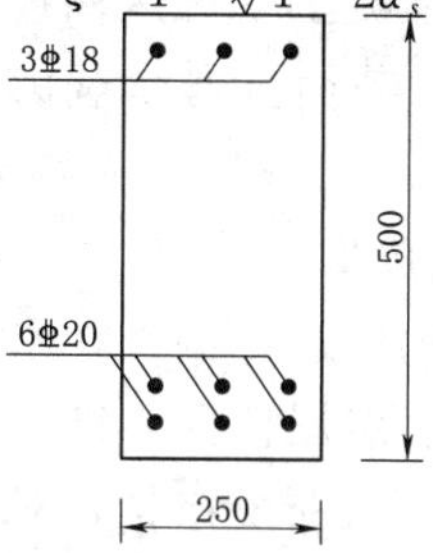

$$x=\xi h_0=0.308\times425=161\ (\text{mm}^2)>2a'_s=90\text{mm}$$

$$A_s=\frac{f_cbx+f'_yA'_s}{f_y}=\frac{9.6\times250\times161+360\times763}{360}=1836.33\ (\text{mm}^2)$$

(4) 选配钢筋，绘制配筋图。

选受拉钢筋为 6 Φ 22（$A_s=1884\text{mm}^2$），配筋图如图 2-28 所示。

图 2-28 ［例 2-5］配筋图

【例 2-6】 已知一钢筋混凝土梁截面尺寸为 200mm×450mm，混凝土强度等级为 C20，钢筋采用 HRB400 级，受拉

钢筋采用 3 ⌀ 25（$A_s=1473\text{mm}^2$），受压钢筋采用 2 ⌀ 16（$A_s'=402\text{mm}^2$），承受弯矩设计值为 $M=150\text{kN}\cdot\text{m}$，验算此截面是否安全。

解：(1) 确定基本参数。查附表 1-2、附表 1-6、附表 1-9 可得：$f_c=9.6\text{N/mm}^2$；$f_y=f_y'=360\ \text{N/mm}^2$；$K=1.20$。

(2) $x=\dfrac{f_yA_s-f_y'A_s'}{f_cb}=\dfrac{360\times1473-360\times402}{9.6\times200}=200\ (\text{mm})$

$h_0=450-45=405(\text{mm})$

$2a_s'=70\ \text{mm}<x<\xi_bh_0=0.518\times405=210(\text{mm})$

(3) 判别截面是否安全。

随堂测

$$
\begin{aligned}
M_u&=f_cbx(h_0-0.5x)+f_y'A_s'(h_0-a_s')\\
&=9.6\times200\times200\times(405-200/2)+360\times402\times(405-45)\\
&=160536000(\text{N}\cdot\text{mm})\approx160.54(\text{kN}\cdot\text{m})<KM=1.2\times150=180(\text{kN}\cdot\text{m})
\end{aligned}
$$

可知：该截面不安全。

技能点五　T 形截面受弯承载力计算

一、T 形截面的来源及工程应用

T 形截面受弯承载力计算

（一）T 形截面的来源

在正常使用条件下，受弯构件的受拉区是存在着裂缝的，裂缝一旦产生，裂缝截面中和轴以下的混凝土将不再承受拉力或承受很小的拉力，因此受弯构件的受拉区混凝土对截面的抗弯承载力基本不产生影响，反而增加了构件自重；若去掉受拉区混凝土边缘部分，将钢筋集中布置并保证受拉钢筋合力点的位置不变，并不影响该截面的抗弯承载能力，这样就会形成如图 2-29 所示的 T 形截面。T 形截面的抗弯承载能力与原矩形截面的抗弯承载能力相同，但比矩形截面节省混凝土用量，自重随之减轻。显然，T 形截面比矩形截面更经济、更合理。但 T 形截面构件的模板较复杂，制作比较困难。

T 形截面梁

T 形截面的来源

T 梁的构造

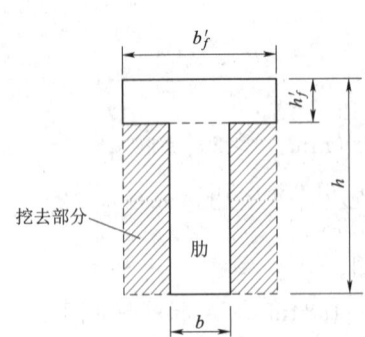

图 2-29　T 形截面的形成
b—截面宽度；h—截面高度；b_f'—翼缘宽度；h_f'—翼缘高度

（二）T 形截面的组成

T 形截面是由翼缘和腹板（即梁肋）组成的。T 形截面受压翼缘范围越大，混凝土受压区高度 x 越小，内力臂 $Z=\gamma h_0$ 就越大，截面抗弯承载力也越高。

（三）T 形截面在水工中的应用

实际工程中，T 形截面应用广泛。例如，水闸启闭机的工作平台、渡槽槽身、房屋楼盖等结构都是板和梁浇筑在一起形成的整体式肋形结构，对梁进行设计时，板作为梁的翼缘，在纵向共同受力。独立 T 形截面也常被采用，例如水电站厂房中的吊车梁、空心板等。

通常，一个构件是否属于 T 形截面，关键是由受压区混凝土的形状而定的。对于翼缘位于受拉区的⊥形截面（即倒 T 形截面），因受拉后翼缘混凝土开裂，不再承受拉力，所以仍应按矩形截面（$b \times h$）计算。对Ⅰ形、Ⅱ形、空心形等截面，受压区与 T 形截面相同，均按 T 形截面进行计算，如图 2-30 所示。

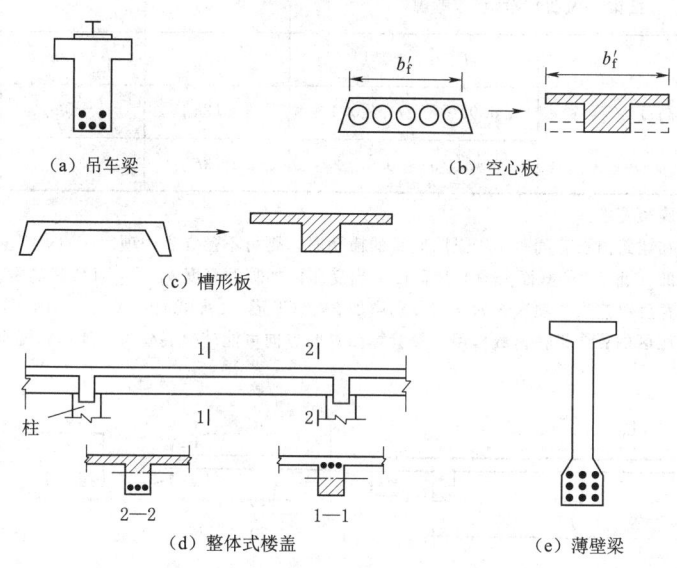

图 2-30 各类 T 形截面

二、T 形截面翼缘宽度的确定

理论上，T 形截面的受压翼缘宽度 b'_f 越大，截面的受弯性能越好。因为在相同的弯矩 M 作用下，b'_f 越大，则受压区高度 x 越小，内力臂越小，所需要的受拉钢筋面积 A_s 就越小。但试验研究表明，翼缘内压应力的分布是不均匀的（图 2-31），其分布宽度与翼缘厚度 h'_f、梁的跨度 l_0、梁肋净距 S_n 等因素有关。《水工混凝土结构设计规范》（SL 191—2008）中对受压翼缘计算宽度 b'_f 作出了规定，如表 2-7 和图 2-32 所示。计算时，将实际的翼缘宽度与表中各项 b'_f 进行比较，取其中最小值作为计算值。

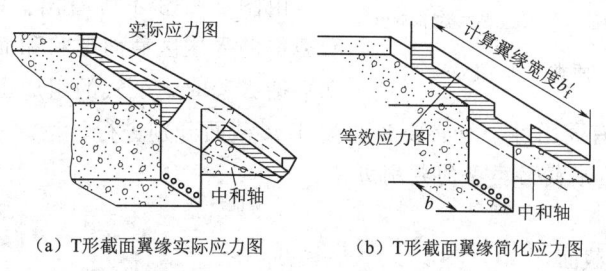

图 2-31 T 形截面翼缘应力分布

表 2-7　T形、I形截面及倒L形截面受弯构件翼缘计算宽度 b'_f

项次	考虑情况		T形、I形截面		倒L形截面	
			肋形梁（板）	独立梁	肋形梁（板）	
1	按计算跨度 l_0 考虑		$l_0/3$	$l_0/3$	$l_0/6$	取最小值
2	按梁（纵肋）净距 s_n 考虑		$b+s_n$	—	$b+0.5s_n$	
3	按翼缘高度 h'_f 考虑	$h'_f/h_0>0.1$	—	$b+12h'_f$	—	
		$0.05\leqslant h'_f/h_0\leqslant 0.1$	$b+12h'_f$	$b+6h'_f$	$b+5h'_f$	
		$h'_f/h_0<0.05$	$b+12h'_f$	b	$b+5h'_f$	

注：1. 表中 b 为腹板宽度。
2. 如肋形梁在梁跨内设有间距小于纵肋间距的横肋时，则可不遵守表中项次 3 的规定。
3. 对有加腋的 T 形、I 形截面及倒 L 形截面，当受压区加腋的高度 $h_h\geqslant h'_f$ 且加腋的宽度 $b_h\leqslant 3h_h$ 时，其翼缘计算宽度可按表中项次 3 的规定分别增加 $2b_h$（T形、I形截面）和 b_h（倒L形截面）。
4. 独立梁受压区的翼缘板在荷载作用下经验算沿纵肋方向可能产生裂缝时，计算宽度应取用腹板宽度 b。

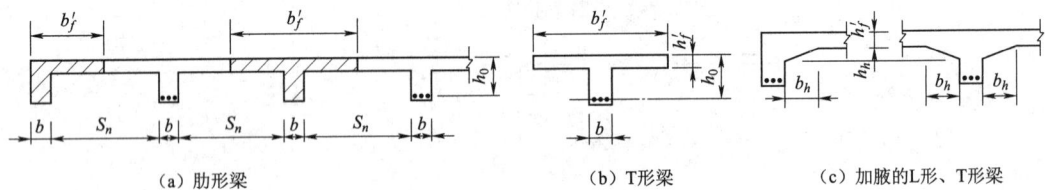

(a) 肋形梁　　　　　　　(b) T形梁　　　　(c) 加腋的L形、T形梁

图 2-32　T形、I形截面及倒L形截面受弯构件翼缘计算宽度 b'_f

三、两类 T 形截面的判别方法

（一）T 形截面的类型

按照中和轴的位置，即根据受压区高度的不同，将 T 形截面划分为两类：

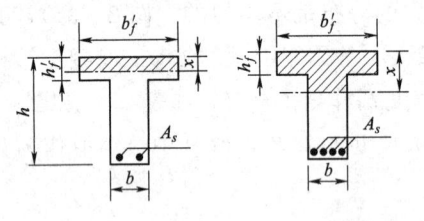

(a) 第一类T形截面　　(b) 第二类T形截面

图 2-33　两类 T 形截面

第一类 T 形截面：中和轴在翼缘内，即 $x\leqslant h'_f$，如图 2-33（a）所示。

第二类 T 形截面：中和轴在梁肋内，即 $x>h'_f$，如图 2-33（b）所示。

（二）划分 T 形截面类型的意义

由图 2-33 不难看出：中和轴位置不同，所截得的受压区截面形状和面积就不同，在建立平衡方程时，公式的组成也会不同，为保证所建立的公式具有通用性，有必要对两类 T 形截面分别进行讨论。

（三）两类 T 形截面类型的判别方法

1. 定义法

第一类 T 形截面：　　　　　$x\leqslant h'_f$　　　　　[2-21（a）]

第二类 T 形截面：　　　　　$x>h'_f$　　　　　[2-21（b）]

2. 弯矩判别法（常用于截面设计）

第一类T形截面：　　　　$KM \leqslant f_c b'_f h'_f (h_0 - 0.5 h'_f)$ 　　　[2-22（a）]

第二类T形截面：　　　　$KM > f_c b'_f h'_f (h_0 - 0.5 h'_f)$ 　　　[2-22（b）]

3. 力的判别法（常用于截面校核）

第一类T形截面：　　　　　　$f_y A_s \leqslant f_c b'_f h'_f$ 　　　[2-23（a）]

第二类T形截面：　　　　　　$f_y A_s > f_c b'_f h'_f$ 　　　[2-23（b）]

四、两类T形截面类型的计算公式及适用条件

（一）第一类T形截面的基本公式及适用条件

1. 基本公式

第一类T形截面的计算简图如图2-34所示。

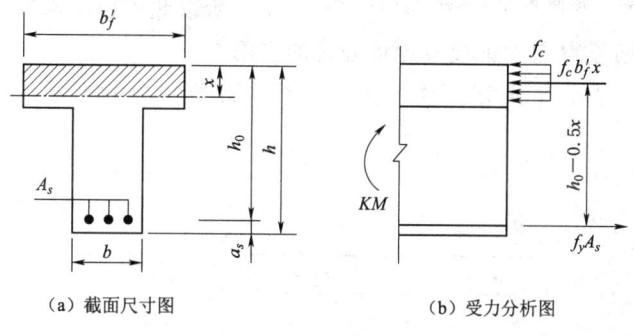

(a) 截面尺寸图　　　　　　(b) 受力分析图

图2-34　第一类T形截面受弯承载力计算简图

根据内力平衡条件，并满足承载能力极限状态计算表达式的要求，可得如下基本公式：

$$\sum X = 0 \quad f_c b'_f x = f_y A_s \qquad (2-24)$$

$$\sum M = 0 \quad KM \leqslant f_c b'_f x (h_0 - 0.5 x) \qquad (2-25)$$

2. 适用条件

(1) $\xi \leqslant 0.85 \xi_b$。防止发生超筋破坏，对第一类T形截面，此项不用验证。

(2) $\rho \geqslant \rho_{\min}$。防止发生少筋破坏，对第一类T形截面，此项需要验证。

第一类T形截面下，受压区呈矩形（宽度为b'_f），所以把单筋矩形截面计算公式中的b用b'_f代替后在此均可使用。在验算式$\rho \geqslant \rho_{\min}$时，T形截面的配筋率仍用公式$\rho = \dfrac{A_s}{bh_0}$计算。这是因为截面最小配筋率是根据钢筋混凝土截面的承载力不低于同样截面的素混凝土的承载力原则确定的。而T形截面素混凝土截面的承载力主要取决于受拉区混凝土的抗拉强度和截面尺寸，与高度相同、宽度等于肋宽的矩形截面素混凝土梁的承载力基本相同。

（二）第二类T形截面的基本公式及适用条件

1. 基本公式

第二类T形截面的计算简图如图2-35所示。

根据内力平衡条件，并满足承载能力极限状态计算表达式的要求，可得如下基本

公式：

$$\sum X = 0 \quad f_c bx + f_c(b'_f - b)h'_f = f_y A_s \qquad (2-26)$$

$$\sum M = 0 \quad KM \leqslant f_c bx(h_0 - 0.5x) + f_c(b'_f - b)h'_f(h_0 - 0.5h'_f) \qquad (2-27)$$

2. 适用条件

(1) $\xi \leqslant 0.85\xi_b$。防止发生超筋破坏，对第二类T形截面，受压区面积较大，一般不会发生超筋破坏，所以此项不用验证。

(2) $\rho \geqslant \rho_{\min}$。防止发生少筋破坏，对第二类T形截面，所需配置的 A_s 较大，所以此项也不需要验证。

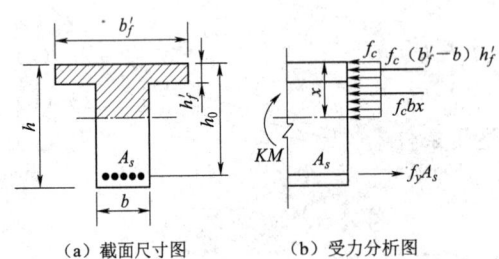

(a) 截面尺寸图　　(b) 受力分析图

图 2-35　第二类T形截面受弯承载力计算简图

五、T形截面受弯构件承载力计算公式的应用

同矩形截面一样，T形截面受弯构件承载力计算也分为截面设计和截面校核两部分。

（一）截面设计

具体步骤参考图 2-36。

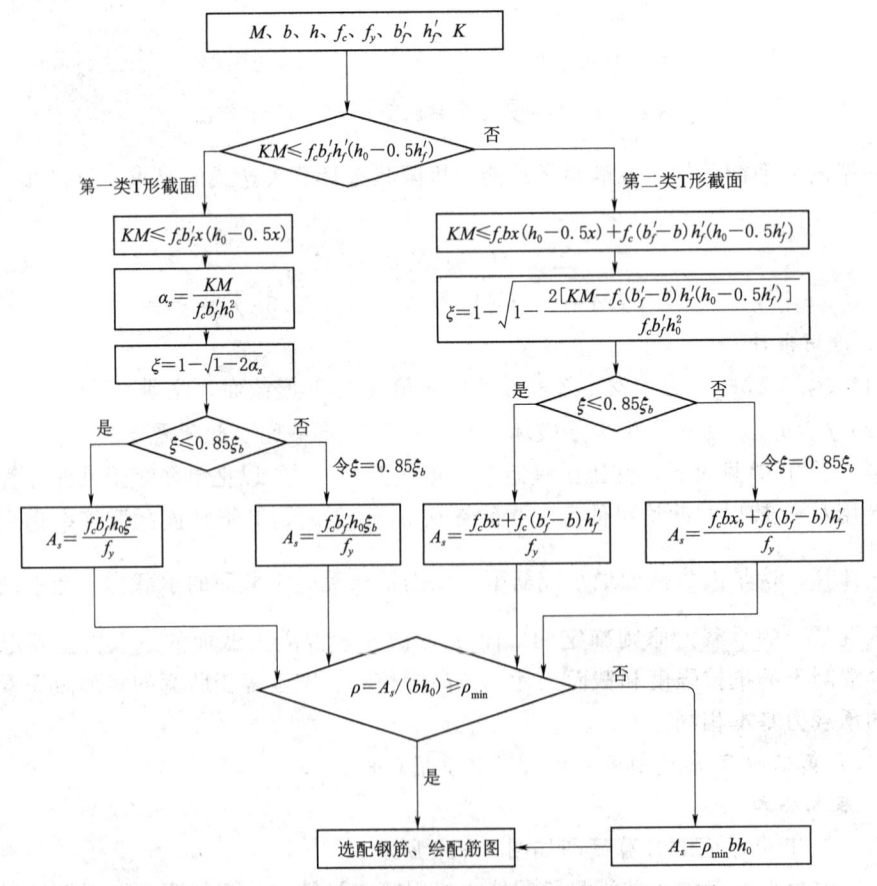

图 2-36　T形截面受弯构件截面设计计算过程流程图

需要注意的是：在独立 T 形梁中，除受拉区配置纵向受力钢筋以外，为保证受压区翼缘与梁肋的整体性，一般在翼缘板的顶面配置横向构造钢筋，其直径不小于 8mm，其每米跨长内不少于 5 根钢筋，当翼缘板外伸较长而厚度又较薄时，则应按悬臂板计算翼缘的承载力，板顶面的钢筋数量由计算决定，如图 2-37 所示。

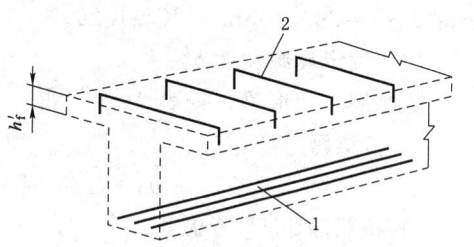

图 2-37 翼缘顶面构造钢筋
1—纵向受力钢筋；2—翼缘板横向钢筋

（二）截面校核

具体步骤可参考图 2-38。

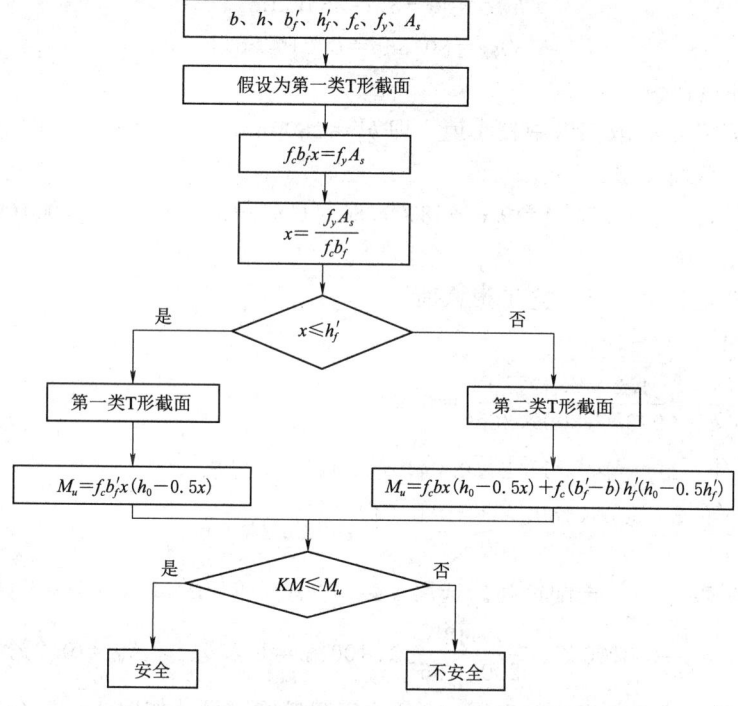

图 2-38 T 形截面受弯构件承载力复核计算过程流程图

六、T 形截面受弯构件承载力计算案例

【例 2-7】 已知一肋梁楼盖的次梁，跨度为 5.4m，间距为 2.2m，截面尺寸如图 2-39 所示。跨中最大正弯矩设计值 $M=79\text{kN}\cdot\text{m}$，混凝土强度等级为 C20，钢材为 HRB400 级，试计算纵向受拉钢筋面积 A_s。

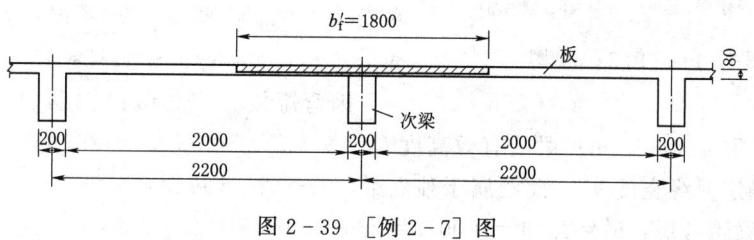

图 2-39 ［例 2-7］图

解: (1) 确定基本参数。查附表 1-2、附表 1-6、附表 1-9 可得：$f_c = 9.6\text{N/mm}^2$；$f_y = 360\text{N/mm}^2$；$K = 1.20$。

(2) 确定翼缘宽度 b'_f。

此题属于肋形梁，查表 2-7 可得：

1) 按梁跨考虑：
$$b'_f = l_0/3 = 5400/3 = 1800(\text{mm})$$

2) 按梁净距 S_n 考虑：
$$b'_f = b + S_n = 200 + 2000 = 2200(\text{mm})$$

3) 按翼缘高度 h'_f 考虑：
$$h_0 = 400 - 35 = 365(\text{mm})$$
$$h'_f / h_0 = 80/365 = 0.219 > 0.1$$

故翼缘不受限制。

翼缘计算宽度 b'_f 取三者中较小值，即 $b'_f = 1800\text{mm}$。

(3) 判别截面类型。

由于 $f_c b'_f h'_f (h_0 - 0.5 h'_f) = 9.6 \times 1800 \times 80 \times (365 - 80/2) = 449280000(\text{N·mm}) = 449.28 \text{kN·m} > KM$

故而可确定其属于第一类 T 形截面。

(4) 求 A_s。

$$a_s = \frac{KM}{f_c b'_f h_0^2} = \frac{1.2 \times 7.9 \times 10^6}{9.6 \times 1800 \times 365^2} = 0.041$$

$$\xi = 1 - \sqrt{1 - 2a_s} = 1 - \sqrt{1 - 2 \times 0.041} = 0.042 < 0.85\xi_b$$

$$A_s = \frac{f_c b'_f h_0 \xi}{f_y} = \frac{9.6 \times 1800 \times 365 \times 0.042}{360} = 735.84 \ (\text{mm}^2)$$

(5) 查附表 2-1，选配钢筋。选用 3⌀20 ($A_s = 942\text{mm}^2$)。

$$\rho = \frac{A_s}{bh_0} \times 100\% = \frac{942}{200 \times 365} \times 100\% = 1.29\% > \rho_{\min} = 0.2\%$$

【例 2-8】 某独立 T 形吊车梁（2 级水工建筑物）尺寸如图 2-40 (a) 所示，承受荷载弯矩 $M = 200\text{kN·m}$，计算跨度为 8000mm，该梁采用 C20 混凝土和 HRB400 级钢筋，梁所处的环境条件为一类。试设计该 T 形梁。

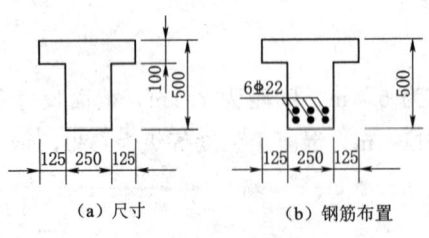

图 2-40 [例 2-8] 图

解: (1) 确定基本参数。查附表 1-2、附表 1-6、附表 1-9 可得：$f_c = 9.6\text{N/mm}^2$；$f_y = 360\text{N/mm}^2$；$K = 1.20$。

因弯矩较大，故假设钢筋数量较多，需布置两排，取 $a_s = 65\text{mm}$；梁的有效高度 $h_0 = h - a_s = 500 - 65 = 435(\text{mm})$。

(2) 确定翼缘宽度 b'_f。此题属于独立梁，查表 2-6 可得：

1) 按梁跨考虑：$b'_f = l_0/3 = 8000/3 = 2667(\text{mm})$

2) 按翼缘高度 h'_f 考虑：$\dfrac{h'_f}{h_0}=\dfrac{100}{435}=0.230>0.1$

$$b'_f=b+12h'_f=1450(\text{mm})$$

翼缘计算宽度 b'_f 取三者中较小值，即 $b'_f=1450\text{mm}$。因计算翼缘宽度大于梁的实际翼缘宽度，所以计算中按实际翼缘宽度取用，$b'_f=500\text{mm}$。

（3）判别截面类型。

由于 $KM=1.2\times200\times10^6=240\times10^6(\text{N}\cdot\text{mm})>f_c b'_f h'_f(h_0-0.5h'_f)=9.6\times500\times100\times(435-50)=184\times10^8(\text{N}\cdot\text{mm})$

所以可确定其为第二类 T 形截面。

（4）求 A_s。

$$\xi=1-\sqrt{1-\dfrac{2[KM-f_c(b'_f-b)h'_f(h_0-0.5h'_f)]}{f_c b'_f h_0^2}}$$

$$=1-\sqrt{1-2\times\dfrac{1.2\times200\times10^6-9.6\times(500-250)\times100\times(435-0.5\times100)}{9.6\times250\times435^2}}$$

$$=0.4084$$

相对受压区高度 $\xi=0.4084<0.85\xi_b$，截面为适筋截面。

受压区高度 $x=177.7\text{mm}>h'_f=100\text{mm}$，确实为第二类 T 形截面。

$$A_s=\dfrac{f_c bx+f_c(b'_f-b)h'_f}{f_y}=\dfrac{9.6\times(250\times177.7+250\times100)}{360}=1851.33(\text{mm}^2)$$

配筋率 $\rho=A_s/bh_0=185133/(250\times435)\times100\%=1.70\%>\rho_{\min}=0.2\%$，配筋率满足要求。

（5）查附表 2-1，选配钢筋。选取 6Φ22（$A_s=2281\text{mm}^2$），钢筋具体布置如图 2-35（b）所示。

【例 2-9】 某 T 形截面梁（4 级水工建筑物），环境条件为一类，翼缘计算宽度 $b'_f=1450\text{mm}$，$h'_f=100\text{mm}$，$b=250\text{mm}$，$h=750\text{mm}$，采用 C20 混凝土和 HRB400 级钢筋，配置纵向受拉钢筋为 6Φ22（$A_s=2281\text{mm}^2$，$a_s=70\text{mm}$）。试计算该梁正截面所能承受的弯矩设计值。

解：（1）确定基本参数。查附表 1-2、附表 1-6、附表 1-9 可得：$f_c=9.6\text{N}/\text{mm}^2$；$f_y=360\text{N}/\text{mm}^2$；$K=1.15$。

$$h_0=h-a_s=750-70=680(\text{mm})$$

（2）判别截面类型。

$$f_y A_s=360\times2281=821160(\text{N})$$
$$f_c b'_f h'_f=9.6\times1450\times100=1392000(\text{N})$$
$$f_y A_s<f_c b'_f h'_f$$

故属于第一类 T 形截面。

随堂测

(3) 弯矩设计值。

$$x = \frac{f_y A_s}{f_c b'_f} = \frac{360 \times 2281}{9.6 \times 1450} = 58.99 (\text{mm})$$

$$KM \leqslant f_c b'_f x(h_0 - 0.5x) = 9.6 \times 1450 \times 58.99 \times (680 - 0.5 \times 58.99)$$
$$= 534156196104(\text{N} \cdot \text{mm}) \approx 534.16(\text{kN} \cdot \text{m})$$

取 $M = 534.16/1.15 = 464.48(\text{kN} \cdot \text{m})$

故该梁正截面所能承受的弯矩设计值为 464.48kN·m。

任务二 受弯构件斜截面承载力计算

想一想5

素质目标	(1) 树立工程伦理观念，强化社会责任感。 (2) 激发创新精神，培养实践能力
知识目标	(1) 了解斜截面受剪性能试验过程。 (2) 熟悉钢筋混凝土梁中钢筋骨架的构造规定。 (3) 掌握受弯构件斜截面承载力的计算方法
技能目标	能正确进行梁的斜截面受剪承载力计算与配筋设计

技能点一 斜截面受剪性能试验分析

一、斜截面受剪试验过程分析

斜截面受剪性能试验分析

（一）受弯构件斜截面破坏机理

图 2-41 所示钢筋混凝土简支梁，在荷载 P 作用下，产生弯矩 M 和剪力 V。随着荷载 P 的逐渐增大，在弯矩和剪力共同作用的剪弯区段内，构件会出现斜裂缝。若荷载 P 继续增大，构件将沿斜裂缝发生斜截面破坏，这种破坏较为突然，且具有脆性性质。

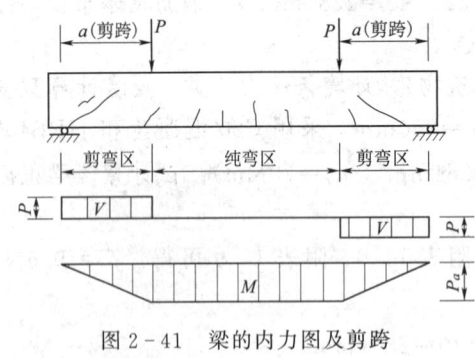

图 2-41 梁的内力图及剪跨

由此可见，即使在钢筋混凝土梁中已配置了足够的纵向受力钢筋，保证了正截面的受弯承载力，构件还可能由于斜裂缝出现后，斜截面承载力不足而破坏。因此，在设计受弯构件时，除设置纵向受力钢筋外，还需按斜截面承载力要求设置抗剪腹筋，腹筋的形式可以采用垂直于梁轴的箍筋，也可以采用箍筋和由纵向受力钢筋弯起的弯起钢筋。纵向受力钢筋、腹筋等组成了梁的钢筋骨架，如图 2-42 所示。

（二）影响斜截面受剪承载力的主要因素

影响斜截面受剪承载力的主要因素有剪跨比、混凝土强度、纵筋配筋率和腹筋用量等。

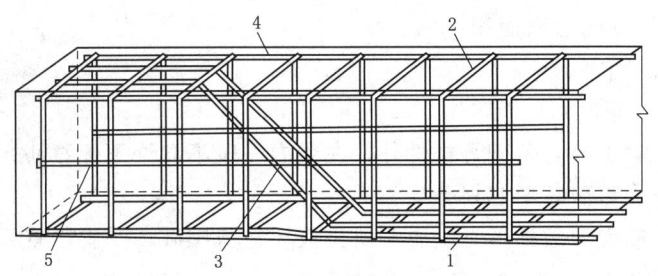

图 2-42 梁的钢筋骨架
1—纵向受力钢筋；2—箍筋；3—弯起钢筋；
4—架立钢筋；5—纵向构造钢筋

梁内配筋图

1. 剪跨比 λ

所谓剪跨比是指剪跨 a 和截面有效高度 h_0 的比值，用 λ 表示，即 $\lambda = a/h_0$，剪跨 a 是指集中荷载作用点到支座之间的距离。剪跨比之所以能影响破坏形态，是因为剪跨比反映了截面所承受的弯矩和剪力的相对大小。对梁顶直接施加集中荷载的梁，剪跨比是影响受剪承载力的最主要因素之一。对于承受均布荷载的梁，剪跨比的影响可通过跨高比来表示。

2. 混凝土强度 f_{cu}

混凝土强度也是影响斜截面受剪承载力的一个主要因素。试验表明，斜截面受剪承载力随混凝土强度的提高而提高。

3. 纵筋配筋率 ρ

增加纵筋配筋率 ρ 可抑制斜裂缝向受压区的伸展，从而提高了骨料咬合力，加大了剪压区高度，提高了纵筋在抗剪中的销栓作用。总之，随着 ρ 的增大，梁的受剪承载力有所提高，但增幅不太大。

4. 腹筋用量

腹筋包括箍筋及弯起钢筋。在斜裂缝发生之前，混凝土在各方向的应变都很小，所以腹筋的应力很低，对阻止斜裂缝的出现几乎不起作用。但是当斜裂缝出现后，与斜裂缝相交的腹筋，不仅能承担很大部分剪力，还能延缓斜裂缝开展，有效地减少斜裂缝的开展宽度，保留了更大的混凝土余留截面，从而提高了混凝土的受剪承载力。另外，箍筋可限制纵向钢筋的竖向位移，有效地阻止混凝土沿纵筋的撕裂，从而提高纵筋的销栓作用。弯起钢筋几乎与斜裂缝垂直，传力直接，但由于弯起钢筋是由纵筋弯起而成的，一般直径较粗，根数较少，受力不太均匀；箍筋虽然不与斜裂缝正交，但分布均匀。一般在配置腹筋时，先配以一定数量的箍筋，需要时再加配适当的弯起钢筋。

箍筋用量一般用配箍率 ρ_{sv} 表示，即

$$\rho_{sv} = \frac{A_{sv}}{bs} \tag{2-28}$$

式中 A_{sv}——配置在同一截面内箍筋各肢的全部截面面积，$A_{sv} = nA_{sv1}$；
　　　n——在同一个截面内箍筋的肢数；

A_{sv1}——单肢箍筋的截面面积；

s——箍筋的间距；

b——截面宽度。

在工程中，除了板与基础等构件外，在梁内一般不允许不配腹筋。

二、斜截面受剪破坏形态划分

梁沿斜截面的受剪破坏形态主要有斜拉破坏、剪压破坏及斜压破坏3种。

（一）斜拉破坏

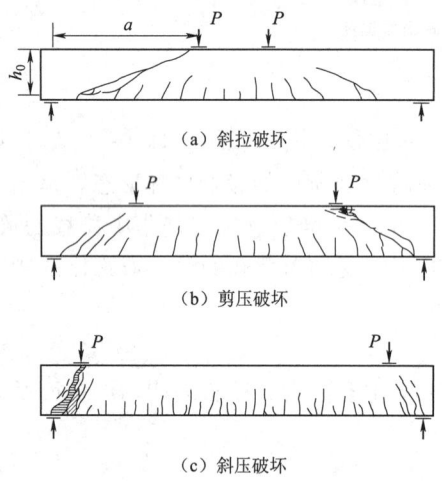

图 2-43 斜截面的破坏形态

如图2-43（a）所示，斜拉破坏常发生在剪跨比 λ 较大（λ>3），且腹筋数量配得过少的情况。其破坏过程是，随着荷载的增加，一旦出现斜裂缝，上下延伸形成临界斜裂缝，并迅速向受压边缘发展，直至将整个截面裂通，使梁劈裂为两部分而破坏，往往伴随产生沿纵筋的撕裂裂缝。破坏荷载与开裂荷载很接近。

（二）剪压破坏

如图 2-43（b）所示，剪压破坏常发生在剪跨比 λ 适中（1<λ≤3），且腹筋配置数量适当的情况，是最典型的斜截面破坏。其破坏过程是，随着荷载的增加，首先在受拉区出现一些垂直裂缝和几条细微的斜裂缝，然后斜向延伸，形成较宽的主裂缝—临界斜裂缝，随着荷载的增大，斜裂缝向荷载作用点缓慢发展，剪压区高度不断减小，斜裂缝的宽度逐渐加宽，与斜裂缝相交的箍筋应力也随之增大，破坏时，受压区混凝土在剪应力和压应力共同作用下被压碎，此时箍筋的应力达到屈服强度。

（三）斜压破坏

如图 2-43（c）所示，斜压破坏常发生当梁的剪跨比 λ 较小（λ≤1），且腹筋配置过多的情况。其破坏过程是，在荷载作用下，斜裂缝出现后，在裂缝中间形成倾斜的混凝土短柱，随着荷载的增加，这些短柱因混凝土达到轴心抗压强度而被压碎，此时箍筋的应力一般达不到屈服强度。

对于上述3种不同的破坏形态，设计时可以采用不同的方法进行处理，以保证构件具有足够的抗剪安全度。一般用限制截面梁的最小尺寸来防止发生斜压破坏，用满足腹筋的间距及限制箍筋的配箍率来防止斜拉破坏，剪压破坏是斜截面抗剪承载力计算公式建立的依据。

技能点二　斜截面受剪承载力计算

一、基本公式及适用条件

（一）计算简图

斜截面抗剪承载力计算，是以剪压破坏特征建立的计算公式。图 2-44 为配置适量腹筋的简支梁，在主要斜裂缝 AB 出现（临界破坏）时，取 AB 到支座的一段梁作为脱离体，与斜裂缝相交的箍筋和弯起钢筋均可屈服，余留截面混凝土的应力也达到抗压极限强度，斜截面的内力如图所示。

（二）基本公式

根据承载力极限状态计算原则和脱离体竖向力的平衡条件可得

$$KV \leqslant V_c + V_{sv} + V_{sb} \quad (2-29)$$

式中　V——斜截面的剪力设计值，N；
　　　V_c——混凝土的受剪承载力，N；
　　　V_{sv}——箍筋的受剪承载力，N；
　　　V_{sb}——弯起钢筋的受剪承载力，N；
　　　K——承载力安全系数。

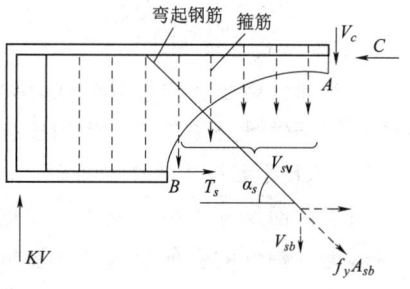

图 2-44　梁的斜截面内力组成图

若梁不配置弯起钢筋，仅配箍筋时，梁的受剪承载力则由混凝土的受剪承载力 V_c 和箍筋的受剪承载力 V_{sv} 两部分组成，并用 V_{cs} 表示，即 $V_{cs}=V_c+V_{sv}$。

由于影响斜截面受剪承载力的因素很多，目前采用的受弯构件斜截面承载力计算公式仍为半理论半经验公式。

1. 仅配箍筋的梁

对于承受一般荷载的矩形、T 形和 I 形截面梁，其受剪承载力计算基本公式为

$$V_{cs} = V_c + V_{sv} = 0.7 f_t b h_0 + 1.25 f_{yv} \frac{A_{sv}}{s} h_0 \quad (2-30)$$

对承受集中力为主的重要的独立梁，其受剪承载力计算基本公式为

$$V_{cs} = V_c + V_{sv} = 0.5 f_t b h_0 + f_{yv} \frac{A_{sv}}{s} h_0 \quad (2-31)$$

式中　f_t——混凝土轴心抗拉强度设计值，N/mm²，按附表 1-2 采用；
　　　b——矩形截面的宽度或 T 形、I 形截面的腹板宽度，mm；
　　　h_0——截面有效高度，mm；
　　　f_{yv}——箍筋抗拉强度设计值，N/mm²，按附表 1-6 采用；
　　　A_{sv}——配置在同一截面内箍筋各肢的截面面积总和，mm²；
　　　s——箍筋间距，mm。

2. 弯起钢筋的受剪承载力 V_{sb}

弯起钢筋的受剪承载力是指通过破坏斜裂缝的斜筋所能承担的最大剪力，其值等于弯起钢筋所承受的拉力在垂直于梁轴线方向的分力（图 2-39），即

$$V_{sb} = f_y A_{sb} \sin\alpha_s \quad (2-32)$$

式中　A_{sb}——同一弯起平面内弯起钢筋的截面面积，mm²；
　　　α_s——斜截面上弯起钢筋与构件纵向轴线的夹角，(°)。

3. 斜截面受剪承载力计算表达式

如前所述，计算时一般是先配箍筋，必要时再配置弯起钢筋。因此，斜截面受剪承载力计算公式又可分为两种情况：

(1) 仅配箍筋的梁：

$$KV \leqslant V_{cs} \qquad (2-33)$$

(2) 同时配箍筋和弯起钢筋的梁：

$$KV \leqslant V_{cs} + V_{sb} \qquad (2-34)$$

（三）公式适用条件

斜截面受剪承载力计算公式，是根据有腹筋梁的剪压破坏特征建立的，因此，公式的适用条件是必须防止发生斜压破坏和斜拉破坏。

1. 防止发生斜压破坏的条件

当梁截面尺寸过小，配置的腹筋过多，剪力较大时，梁可能发生斜压破坏，这种破坏形态的构件的受剪承载力主要取决于混凝土的抗压强度及构件的截面尺寸，腹筋的应力达不到屈服强度而不能充分发挥作用。为了避免发生斜压破坏，构件的最小截面尺寸必须符合下列条件：

当 $\dfrac{h_w}{b} \leqslant 4.0$ 时，

$$KV \leqslant 0.25 f_c b h_0 \qquad (2-35)$$

当 $\dfrac{h_w}{b} \geqslant 6.0$ 时，

$$KV \leqslant 0.2 f_c b h_0 \qquad (2-36)$$

当 $4.0 < \dfrac{h_w}{b} < 6.0$ 时，按直线内插法取用。

式中　V——构件斜截面上最大剪力设计值，N；

　　　b——矩形截面的宽度，T形截面或I形截面的腹板宽度，mm；

　　　h_w——截面的腹板高度，mm，矩形截面取截面的有效高度，T形截面取截面有效高度减去翼缘高度，I形截面取腹板净高。

对截面高度较大，控制裂缝开展宽度要求较严的水工结构构件（例如混凝土渡槽槽身），即使 $\dfrac{h_w}{b} < 6.0$，其截面仍应符合式（2-36）的要求。对T形或I形的简支受弯构件，当有实践经验时，式（2-35）中的系数0.25可改为0.3。

在设计中，若不满足最小截面尺寸要求，应加大截面尺寸或提高混凝土强度等级。

2. 防止发生斜拉破坏的条件

上面讨论的腹筋抗剪作用的计算，只是在箍筋和弯起钢筋具有一定密度和一定数量时才有效。若腹筋配置得过少过稀，即使计算上满足要求，仍可能出现斜截面受剪承载力不足的情况。所以，为了防止发生斜拉破坏，必须满足箍筋的配箍率及腹筋间距的要求。

(1) 配箍率要求。箍筋配置过少，一旦斜裂缝出现，由于箍筋的抗剪作用不足以替代斜裂缝发生前混凝土原有的作用，就会发生突然性的斜拉破坏。为了防止发生这种破坏，当 $KV > V_c$ 时，箍筋的配置应满足它的最小配箍率 $\rho_{sv\min}$ 要求：

1) 对 HPB300 级钢筋

$$\rho_{sv} = \frac{A_{sv}}{bs} \geqslant \rho_{sv\min} = 0.12\% \qquad (2-37)$$

2) 对 HRB400 级钢筋

$$\rho_{sv} = \frac{A_{sv}}{bs} \geqslant \rho_{sv\min} = 0.10\% \qquad (2-38)$$

(2) 腹筋间距要求。腹筋间距过大，有可能在两根腹筋之间出现不与腹筋相交的斜裂缝，这时腹筋便无从发挥作用（图2-45），同时箍筋分布的疏密对斜裂缝开展宽度也有影响。因此，《水工混凝土结构设计规范》（SL 191—2008）对腹筋的最大间距 $s_{\max}$ 作了规定：在任何情况下，腹筋的间距 s 或 s_1 不得大于表2-4中的 $s_{\max}$ 数值。

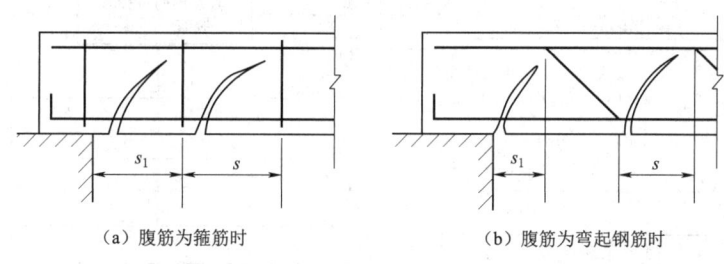

(a) 腹筋为箍筋时　　　　　(b) 腹筋为弯起钢筋时

图 2-45　腹筋间距过大时产生的影响
s_1—支座边缘第一根弯起钢筋或箍筋的距离；s—弯起钢筋或箍筋的间距

二、斜截面受剪承载力计算步骤和方法

斜截面受剪承载力计算步骤流程如图 2-46 所示。

（一）计算位置规定要求

在进行受剪承载力计算时，应先根据危险截面确定受剪承载力的计算位置，对于矩形、T 形和 I 形截面构件受剪承载力的计算位置（图 2-47）应按下列规定采用：

(1) 支座边缘处的截面 1—1。
(2) 受拉区弯起钢筋弯起点处的截面 2—2、截面 3—3。
(3) 箍筋截面面积或间距改变处的截面 4—4。
(4) 腹板宽度改变处的截面。

（二）剪力值取值要求

当计算梁的抗剪钢筋时，剪力设计值 V 按下列方法采用：当计算支座截面的箍筋和第一排（对支座而言）弯起钢筋时，取用支座边缘的剪力设计值，对于仅承受直接作用在构件顶面的分布荷载的梁，可取距离支座边缘为 $0.5h_0$ 处的剪力设计值；当计算以后的每一排弯起钢筋时，取前一排（对支座而言）弯起钢筋弯起点处的剪力设计值。弯起钢筋设置的排数，与剪力图形及 V_{cs}/K 值的大小有关。弯起钢筋的计算一直要进行到最后一排弯起钢筋的弯起点，进入 V_{cs}/K 所能控制区之内，如图 2-48 所示。

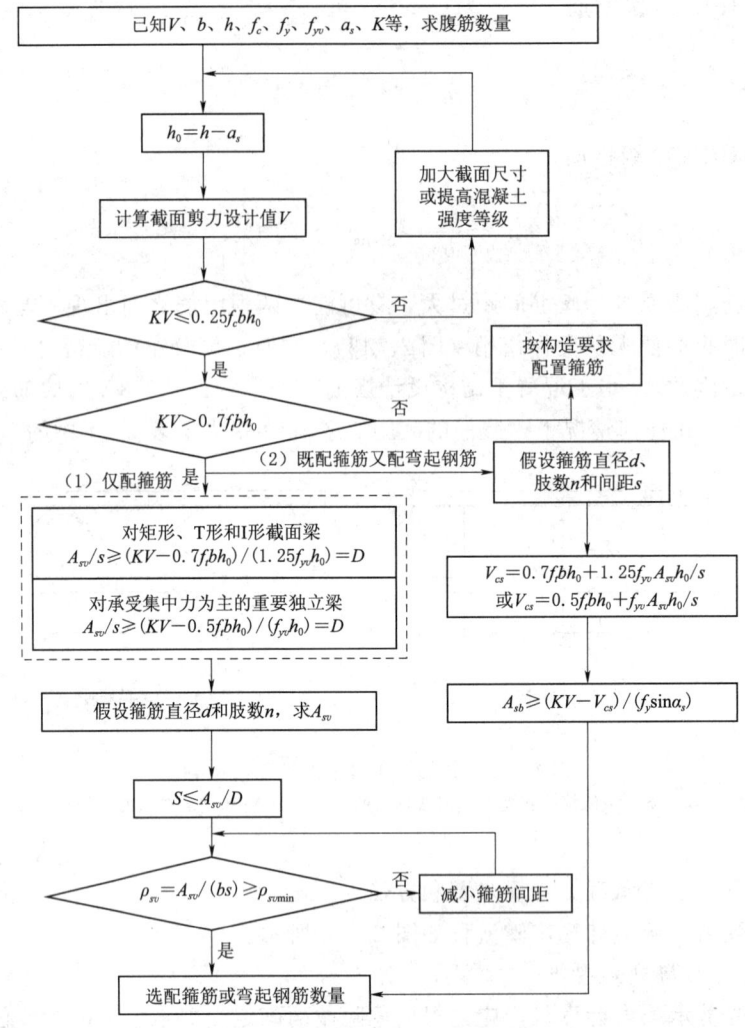

图 2-46 斜截面受剪承载力计算步骤流程图

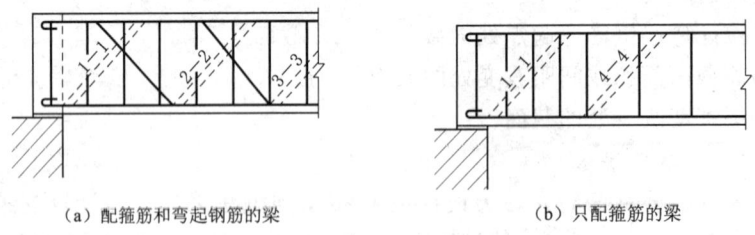

(a) 配箍筋和弯起钢筋的梁　　　　　　(b) 只配箍筋的梁

图 2-47 斜截面受剪承载力计算位置

在设计构件时，如能满足 $V \leqslant V_{cs}/K$，则表示构件所配的箍筋足以抵抗荷载引起的剪力。如果 $V > V_{cs}/K$，说明所配的箍筋不能满足抗剪要求，可以采用如下的解决办法：①将箍筋加密或加粗；②增大构件截面尺寸；③提高混凝土强度等级；④将纵向钢筋弯起成为斜筋或加焊斜筋以增加斜截面受剪承载力。在纵向钢筋有可能弯起的情况下，利用弯起的纵筋来抗剪可收到较好的经济效果。

（三）斜截面受剪承载力计算步骤和方法

斜截面受剪承载力计算，包括截面设计和承载力复核两个方面。截面设计是在正截面承载力计算完成之后，即在截面尺寸、材料强度、纵向受力钢筋已知的条件下，计算梁内腹筋。承载力复核是在已知截面尺寸和梁内腹筋的条件下，验算梁的抗剪承载力是否满足要求。

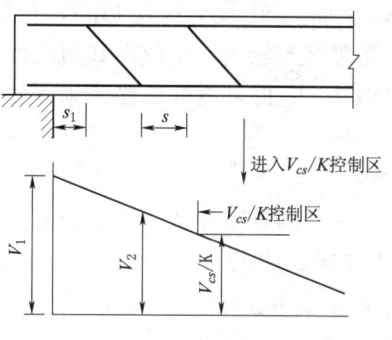

图 2-48 弯起钢筋的剪力计算值

1. 斜截面受剪承载力计算步骤

（1）作梁的剪力图并确定受剪承载力的计算位置。剪力设计值的计算跨度取构件的净跨度，即 $l_0 = l_n$，并按规定选取计算位置。

（2）截面尺寸验算。按式（2-35）或式（2-36）验算构件的截面尺寸，如不满足，则应加大截面尺寸或提高混凝土强度等级。

（3）验算是否按计算配置腹筋。当梁满足下列条件时，可不必进行抗剪计算，只需满足构造要求。

1）一般荷载作用下的矩形、T 形及 I 形截面的受弯构件，有

$$KV \leqslant 0.7 f_t b h_0 \tag{2-39}$$

2）对承受集中力为主的重要的独立梁，有

$$KV \leqslant 0.5 f_t b h_0 \tag{2-40}$$

（4）腹筋的计算。梁内腹筋通常有两类配置方法：一是仅配箍筋；二是既配箍筋又配弯起钢筋。至于采用哪一种方法，视构件具体情况、剪力的大小及纵向钢筋的数量而定。

1）仅配箍筋。当剪力完全由混凝土和箍筋承担时，箍筋按下列公式计算。

对矩形、T 形或 I 形截面的梁，由式（2-29）和式（2-30）可得

$$\frac{A_{sv}}{s} \geqslant \frac{KV - 0.7 f_t b h_0}{1.25 f_{yv} h_0} \tag{2-41}$$

对承受集中力为主的重要的独立梁，由式（2-29）和式（2-31）可得

$$\frac{A_{sv}}{s} \geqslant \frac{KV - 0.5 f_t b h_0}{f_{yv} h_0} \tag{2-42}$$

计算出 A_{sv}/s 后，可先确定箍筋的肢数（通常是双肢箍筋）和直径，再求出箍筋间距 s。选取箍筋直径和间距必须满足构造要求。

2）既配箍筋又配弯起钢筋。当需要配置弯起钢筋参与承受剪力时，一般先选定箍筋的直径、间距和肢数，然后按式（2-30）或式（2-31）计算出 V_{cs}，如果 $KV > V_{cs}$，则需按下式计算弯起钢筋的截面面积，即

$$A_{sb} \geqslant \frac{KV - V_{cs}}{f_y \sin \alpha_s} \tag{2-43}$$

第一排弯起钢筋上弯点距支座边缘的距离应满足 $50 \text{mm} \leqslant s_1 \leqslant s_{\max}$，习惯上一般

取 $s_1=50mm$ 或 $s_1=100mm$。弯起钢筋一般由梁中纵向受拉钢筋弯起而成。当纵向钢筋弯起不能满足正截面和斜截面受弯承载力要求时，可设置单独的仅作为受剪的弯起钢筋，这时，弯起钢筋应采用"吊筋"的形式，如图 2-10 (a) 所示。

(5) 配箍率验算。验算配箍率是否满足最小配箍率的要求，以防止发生斜拉破坏。

三、斜截面受剪承载力计算案例

【例 2-10】 某水电厂房 (2 级建筑物) 的钢筋混凝土简支梁 (图 2-49)，两端支承在 240mm 厚的砖墙上，该梁处于室内正常环境，梁净距 $l_n=3.56m$，梁截面尺寸 $b \times h=200 \times 500mm$，在正常使用期间承受永久荷载标准值 $g_k=20kN/m$ (包括自重)，可变均布荷载标准值 $q_k=29.8kN/m$，采用 C25 混凝土，箍筋为 HPB300 级。试配置抗剪箍筋 ($a_s=40mm$)。

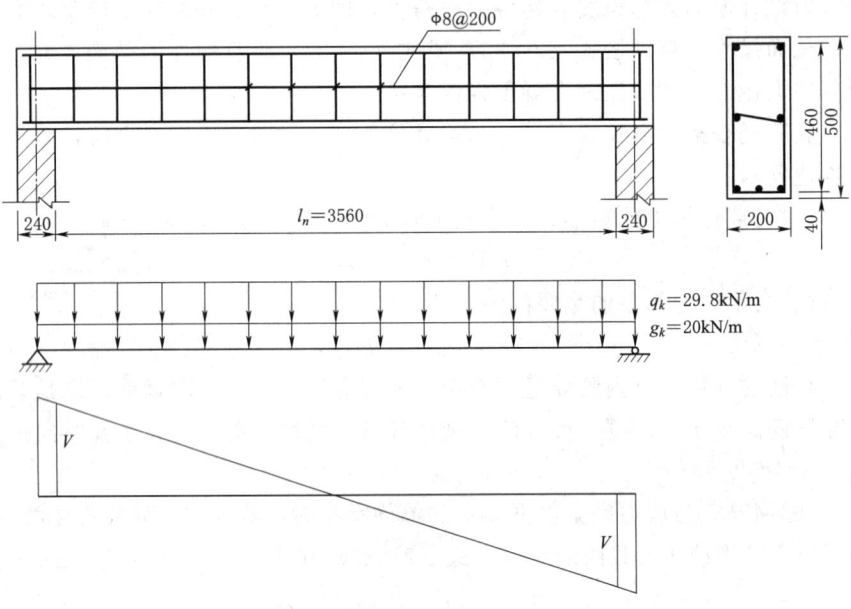

图 2-49 梁的剪力图及配筋图

解： 查附表可得：$K=1.20$，$f_c=11.9N/mm^2$，$f_t=1.27N/mm^2$，$f'_{yv}=270N/mm^2$。

(1) 计算剪力设计值。最危险的截面在支座边缘处，该处的剪力设计值为

$$V=(1.05g_k+1.20q_k)l_n/2=(1.05 \times 20+1.20 \times 29.8) \times 3.56/2=101.03(kN)$$

(2) 截面尺寸验算。

$$h_0=h-a_s=500-40=460(mm)$$
$$h_w=h_0=460(mm)$$
$$h_w/b=460/200=2.3<4.0$$
$$0.25f_cbh_0=0.25 \times 11.9 \times 200 \times 460=273.7 \times 10^3 N=273.7(kN)$$
$$KV=1.20 \times 101.03=121.24(kN)<0.25f_cbh_0=273.7(kN)$$

故截面尺寸满足抗剪条件。

(3) 验算是否需按计算配置箍筋。

$$V_c = 0.7 f_t b h_0 = 0.7 \times 1.27 \times 200 \times 460 = 81.79 (\text{kN}) < KV = 121.24 (\text{kN})$$

可见，需按计算配置筋。

(4) 仅配箍筋时箍筋数量的确定。

$$\frac{A_{sv}}{s} \geqslant \frac{KV - 0.7 f_t b h_0}{1.25 f_{yv} h_0} = \frac{1.20 \times 101.03 \times 10^3 - 0.7 \times 1.27 \times 200 \times 460}{1.25 \times 270 \times 460} = 0.254 (\text{mm}^2/\text{mm})$$

选用双肢ϕ8箍筋，$A_{sv} = 101 \text{mm}^2$，则

$$s \leqslant A_{sv}/0.254 = 101/0.254 = 397 (\text{mm})$$

$s_{\max} = 200\text{mm}$，取 $s = 200\text{mm}$，即箍筋采用ϕ8@200，沿全梁均匀布置。

(5) 验算最小配箍率。

$$\rho_{sv} = \frac{A_{sv}}{bs} = \frac{101}{200 \times 200} = 0.25\% > \rho_{sv\min} = 0.12\%$$

所选的箍筋满足要求。在梁的两侧应沿高度设置 2⏀12 纵向构造钢筋，并设置 ϕ8@600 的连系拉筋。

【例 2-11】 某水电站副厂房（3级建筑物），砖墙上支承简支梁，该梁处于二类环境条件。其跨长、截面尺寸如图 2-50 所示。承受的荷载为：均布荷载 $g_k = 20\text{kN/m}$（包括自重），$q_k = 15\text{kN/m}$，集中荷载 $G_k = 28\text{kN}$。采用 C25 混凝土，纵向受力钢筋为 HRB400 级钢筋，箍筋为 HPB300 级钢筋，梁正截面中已配有受拉钢筋 4⏀25（$A_s = 1964\text{mm}^2$），一排布置，$a_s = 50\text{mm}$。试配置抗剪腹筋。

解： 查附表可得：$f_c = 11.9 \text{N/mm}^2$，$f_y = 360 \text{N/mm}^2$，$f_{yv} = 270 \text{N/mm}^2$，$f_t = 1.27 \text{N/mm}^2$，$K = 1.20$，$c = 35\text{mm}$。

(1) 内力计算。支座边缘截面剪力计算值为

$$V_{\max} = (1.05 g_k + 1.20 q_k) l_n / 2 + 1.05 G_k = (1.05 \times 20 + 1.20 \times 15)$$
$$\times 5.6/2 + 1.05 \times 28 = 138.6 (\text{kN})$$

(2) 验算截面尺寸。取 $a_s = 50\text{mm}$，则 $h_0 = h - a_s = 550 - 50 = 500 (\text{mm})$，$h_w = h_0 = 500\text{mm}$。故

$$h_w/b = 500/250 = 2.0 < 4.0$$

$0.25 f_c b h_0 = 0.25 \times 11.9 \times 250 \times 500 = 371.88 (\text{kN}) > KV_{\max} = 1.20 \times 138.6 = 166.32 (\text{kN})$

故截面尺寸满足抗剪要求。

(3) 验算是否按计算配置腹筋。

$0.7 f_t b h_0 = 0.7 \times 1.27 \times 250 \times 500 = 111125 (\text{N}) = 111.13 \text{kN} < KV_{\max} = 166.32 \text{kN}$

故应按计算配置箍筋。

(4) 腹筋的计算。初选双肢箍筋ϕ6@150，$A_{sv} = 57\text{mm}^2$，$s = 150\text{mm} < s_{\max} = 250\text{mm}$。

$$\rho_{sv} = \frac{A_{sv}}{bs} = \frac{57}{250 \times 150} = 0.15\% > \rho_{sv\min} = 0.12\%$$

满足最小配箍率的要求。

$$V_{cs} = 0.7 f_t b h_0 + 1.25 f_{yv} A_{sv} h_0 / s$$
$$= 0.7 \times 1.27 \times 250 \times 500 + 1.25 \times 270 \times 57 \times 500 \div 150$$
$$= 175.25 (kN) > KV_{max} = 166.32 kN$$

故不需要配置弯起钢筋。

按构造要求,架立钢筋选用 2 ⊈ 12,腰筋选用 2 ⊈ 14,拉筋选用 Φ6@600。梁的配筋图如图 2-50 所示。

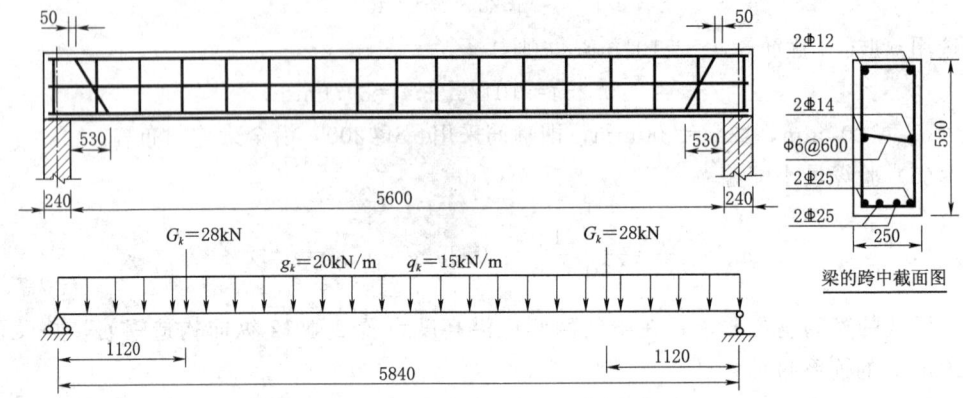

图 2-50 梁的计算简图及内力图

【例 2-12】 某电站厂房简支梁,建筑物级别为 2 级,承受均布荷载作用,处于一类环境条件。梁的截面尺寸 $b \times h = 200mm \times 400mm$,混凝土采用 C20,箍筋采用 HPB300 级钢筋,截面已配有双肢箍筋 Φ8@180。若支座边缘截面剪力设计值 $V = 85kN$,试求斜截面承载力,复核该梁是否安全。

解:查附表可得

$K = 1.20$,$f_c = 9.6 N/mm^2$,$f_t = 1.1 N/mm^2$,$f_{yv} = 270 N/mm^2$,$A_{sv} = 101 mm^2$,$s = 180 mm$,取 $a_s = 40 mm$,$h_0 = h - a_s = 400 - 40 = 360 (mm)$。

(1) 复核截面尺寸。
$$h_w = h_0 = 360 mm$$
$$h_w / b = 360 / 200 = 1.80 < 4.0$$
$0.25 f_c b h_0 = 0.25 \times 9.6 \times 200 \times 360 = 172.8 (kN) > KV = 1.20 \times 85 = 102 (kN)$
故截面尺寸满足抗剪条件。

(2) 复核配箍率。
$$s = 180 mm \leqslant s_{max} = 200 mm$$
$$\rho_{sv} = \frac{A_{sv}}{bs} = \frac{101}{200 \times 180} = 0.28\% > \rho_{sv\min} = 0.15\%$$

(3) 复核受剪承载力。
$$V_{cs} = 0.7 f_t b h_0 + 1.25 f_{yv} \frac{A_{sv}}{s} h_0 = 0.7 \times 1.1 \times 200 \times 360 + 1.25 \times 270 \times \frac{101}{180} \times 360$$
$$= 123.62 (kN) \geqslant KV = 102 kN$$
受剪承载力满足设计要求。

技能点三 斜截面受弯承载力计算

一、材料抵抗弯矩图的绘制

(一) 钢筋截断或弯起的原因

梁在设计时,纵向钢筋和箍筋通常都是由控制截面的内力根据正截面和斜截面的承载力计算公式确定。如果按最不利内力计算的纵筋既不弯起也不截断,沿梁通长布置,必然会满足任一截面上的承载力要求。这种纵筋沿梁通长布置的配筋方式,构造虽然简单,但钢筋强度没有得到充分利用,是不够经济的。

(二) 钢筋截断或弯起位置的确定方法 (抵抗弯矩图)

在实际工程中,为了节省钢材,常在弯矩较小的截面处将部分纵筋切断或弯起作抗剪钢筋用,因而梁就有可能沿着斜截面发生受弯破坏。图 2-51 为一均布荷载简支梁,当出现斜裂缝 AB 时,则斜截面的弯矩 $M_{AB}=M_A>M_B$,如果一部分纵筋在 B 截面之前被切断或弯起,B 截面所余的纵筋虽然能抵抗正截面的弯矩 M_B,但出现斜裂缝后,就有可能抵抗不了弯矩 M_{AB},而导致斜截面受弯破坏。那么纵筋在切断或弯起时,如何保证斜截面的受弯承载力?设计中一般是通过绘制正截面抵抗弯矩图的方法予以解决,根据正截面和斜截面的受弯承载力来确定纵筋的弯起点和截断点的位置。

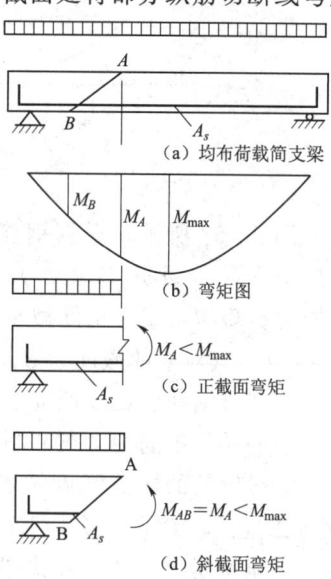

图 2-51 弯矩图与斜截面上的弯矩 M_{AB}

1. 材料抵抗弯矩图的含义

抵抗弯矩图,简称 M_R 图,它是按照梁内实配的纵筋数量计算并绘制出的各截面所能抵抗的弯矩图。作 M_R 图的过程也就是对钢筋布置进行图解设计的过程。抵抗弯矩可近似由下式求出,即

$$M_R = \frac{1}{K} f_y A_{s实} \left(h_0 - \frac{f_y A_{s实}}{2 f_c b} \right) \qquad (2-44)$$

式中 M_R——总的抵抗弯矩值,N·mm;

$A_{s实}$——实际配置的纵向受拉钢筋截面面积,mm²。

其中每根钢筋的抵抗弯矩值,可近似按相应的钢筋截面面积与总受拉钢筋面积比分配,即

$$M_{Ri} = A_{si} M_R / A_{s实} \qquad (2-45)$$

式中 A_{si}——任意一根纵筋的截面面积,mm²;

M_{Ri}——任意一根纵筋的抵抗弯矩值,N·mm。

2. 材料抵抗弯矩图的画法

图 2-46 所示为一承受均布荷载的简支梁,设计弯矩图为 aob,根据 o 点最大弯

矩计算所需纵向受拉钢筋 4 Φ 20。钢筋若是通长布置，则按照定义，抵抗弯矩图是矩形 $aa'b'b$。由图 2-52 可见，抵抗弯矩图完全包住了设计弯矩图，所以梁各截面正截面和斜截面受弯承载力都满足。显然在设计弯矩图与抵抗弯矩图之间钢筋强度有富余，且受力弯矩越小，钢筋强度富余就越多。为了节省钢材，可以将其中一部分纵向受拉钢筋在保证正截面和斜截面受弯承载力的条件下弯起或截断。

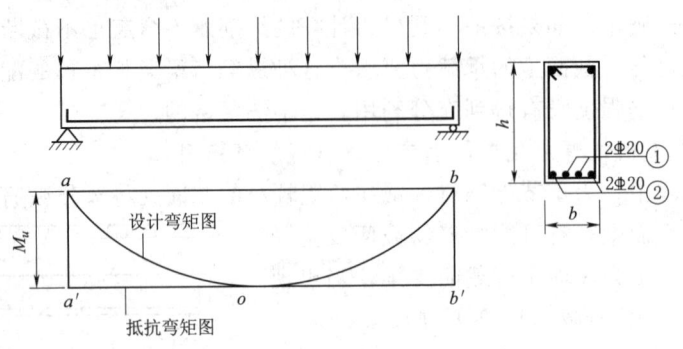

图 2-52 抵抗弯矩图

如图 2-53 所示，根据钢筋面积比划分出各钢筋所能抵抗的弯矩。分界点为 l 点，$l-n$ 是①号钢筋（2 Φ 20）所抵抗的弯矩值；$l-m$ 是②号钢筋（2 Φ 20）所抵抗的弯矩值。现拟将①号钢筋截断，首先过点 l 画一条水平线，该线与设计弯矩图的交点为 e、f，其对应的截面为 E、F，在 E、F 截面处为①号钢筋的"理论不需要点"，因为剩下②号钢筋已足以抵抗设计弯矩，e、f 称为①号钢筋的"理论截断点"。同时也是余下的②号钢筋的"充分利用点"，因为在 e、f 处的抵抗弯矩恰好与设计弯矩值相等，②号钢筋的抗拉强度被充分利用，值得注意的是，e、f 虽然为①号钢筋的"理论截断点"，实际上①号钢筋是不能在 e、f 点切断的，还必须再延伸一段锚固长度后，才能切断。而且一般在梁的下部受拉区是不切钢筋的。有关内容下面将重点介绍。

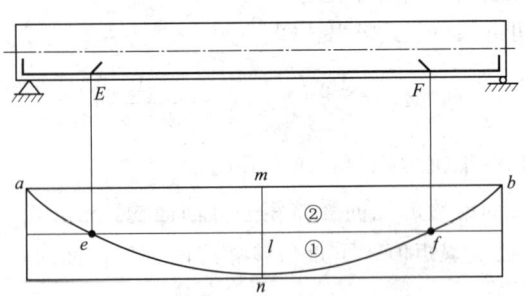

图 2-53 钢筋的"理论截断点""充分利用点"

若在 e、f 处将①号钢筋截断，则这两点抵抗弯矩发生突变，e、f 两点之外抵抗弯矩减少了 ge 和 hf。其抵抗弯矩图如图 2-54 所示。

如图 2-55 所示，若将①号钢筋在 K 和 L 截面处开始弯起，由于该钢筋是从弯起点开始逐渐由拉区进入压区，逐渐脱离受拉工作，所以其抵抗弯矩也是自弯起点逐

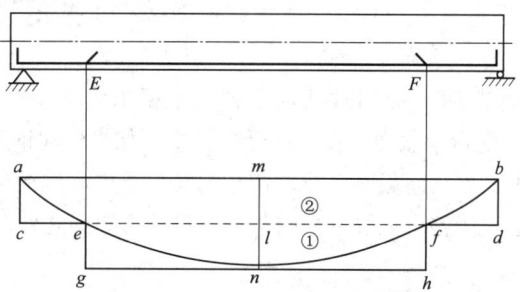

图 2-54 钢筋截断时的抵抗弯矩图的画法

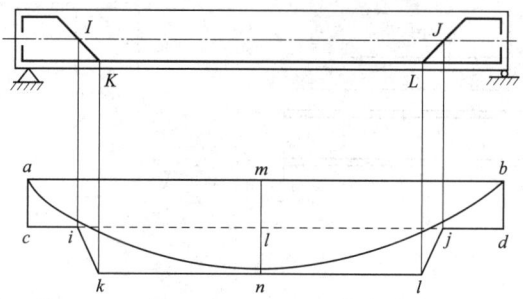

图 2-55 钢筋弯起时的抵抗弯矩图的画法

渐减小，直至弯起钢筋与梁轴线相交截面（I、J 截面）处，此时①号钢筋进入了受压区，其抵抗弯矩消失。故该钢筋在弯起部分的抵抗弯矩值成直线变化，即斜线段 ki 和 lj。在 i 点和 j 点之外，①号钢筋不再参加正截面受弯工作。其抵抗弯矩图如图 2-49 中 $aciknljdb$ 所示。

二、纵向受拉钢筋的截断与弯起位置的确定

（一）纵向受拉钢筋的截断位置确定

1. 梁跨中正弯矩钢筋截断位置的确定

为了保证斜截面的受弯承载力，梁内纵向受拉钢筋一般不宜在受拉区截断。因为截断处受力钢筋面积突然减小，引起混凝土拉应力突然增大，从而导致在纵筋的截断处过早出现裂缝，故对梁底承受正弯矩的钢筋不宜采取截断方式。将计算中不需要的钢筋弯起作为抗剪钢筋或作为承受支座负弯矩的钢筋，不弯起的钢筋则直接伸入支座内锚固。

2. 支座负弯矩钢筋截断位置的确定

对承受负弯矩的区段或焊接骨架中的钢筋，为节约材料可以截断，但截断长度必须符合以下规定：

（1）钢筋的实际截断点应伸过其理论切断点，延伸长度 l_w 应满足下列要求：当 $KV \leqslant V_c$ 时，$l_w \geqslant 20d$（d 为截断钢筋的直径）；当 $KV > V_c$ 时，$l_w \geqslant h_0$ 和 $l_w \geqslant 20d$。

（2）钢筋的充分利用点至该钢筋的实际截断点的距离 l_d 还应满足下列要求：当 $KV \leqslant V_c$ 时，$l_d \geqslant 1.2l_a$；当 $KV > V_c$ 时，$l_d \geqslant 1.2l_a + h_0$。其中，$l_a$ 为受拉钢筋的最小锚固长度，mm，按附表 3-2 采用。

在设计中必须同时满足 l_w 与 l_d 的要求,如图 2-56 所示。

(二) 纵向受拉钢筋的弯起位置确定

纵向受拉钢筋的弯起时,应同时满足下列两个要求。

(1) 保证正截面的受弯承载力。在梁的受拉区中,如果弯起钢筋的弯起点设在正截面的受弯承载力计算不需要该钢筋截面之前,弯起钢筋与梁中心线的交点就应在钢筋的"理论不需要点"之外,必须使整个抵抗弯矩图都包在设计弯矩图之外,如图 2-57 所示。

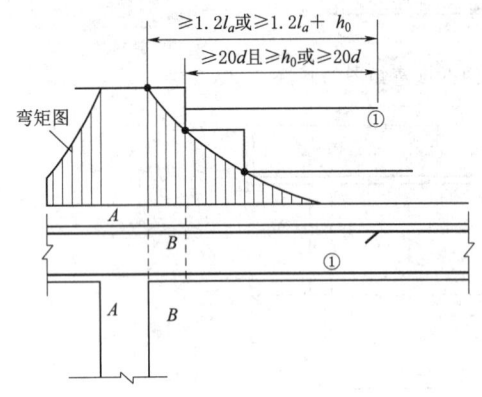

图 2-56 纵筋截断点及延伸长度要求
A—A:钢筋①的强度充分利用截面;
B—B:按计算不需要钢筋①的截面图

图 2-57 纵向受拉钢筋的弯起

(2) 保证斜截面的受弯承载力。截面 A 是钢筋①的充分作用点。在伸过截面 A 一段距离 a 以后,钢筋①被弯起。纵筋的弯起点与该钢筋"充分利用点"的距离应满足

$$a \geqslant 0.5h_0 \tag{2-46}$$

式中 a——弯起钢筋的弯起点到该钢筋充分利用点间的距离,mm;
h_0——截面的有效高度,mm。

以上要求可能与腹筋最大间距的限制条件相矛盾,尤其在承受负弯矩的支座附近容易出现这个问题,这是由于同一根弯筋同时抗弯又抗剪而引起的。腹筋最大间距的限制是为保证斜截面的受剪承载力,而 $a \geqslant 0.5h_0$ 的条件是为保证斜截面的受弯承载力。当两者发生矛盾时,只能考虑弯起钢筋的一种作用,一般为满足受弯要求而另加斜筋受剪。

任务三 钢筋混凝土梁施工图的识读及设计实例

想一想6

素质目标	(1) 培养独立分析与解决问题的能力。 (2) 强化钢筋混凝土梁施工图设计的实践应用与创新思维
知识目标	(1) 熟悉钢筋混凝土梁施工图的组成。 (2) 掌握钢筋表的计算规则
技能目标	能正确完成钢筋混凝土梁、板结构施工图的识读与绘制

任务三 钢筋混凝土梁施工图的识读及设计实例

一、钢筋混凝土梁施工图的识读

（一）模板图

模板图主要在于注明构件的外形尺寸，以制作模板之用，同时用它计算混凝土方量。模板图一般比较简单，所以比例尺不要太大，但尺寸一定要全。构件上的预埋铁件一般可表示在模板图上。简单的构件，模板图可与配筋图合并。

（二）配筋图

配筋图可表示钢筋骨架的形状及其在模板中的位置，主要用于绑扎骨架。凡规格、长度或形状不同的钢筋必须编以不同的编号，写在小圆圈内，并在编号引线旁注上这种钢筋的根数及直径。最好在每根钢筋的两端及中间都注上编号，以便于查清每根钢筋的来龙去脉。

（三）钢筋表

钢筋表表示构件中所有不同编号钢筋的种类、规格、形状、长度、根数、重量等，主要用于下料及加工成型，同时可用来计算钢筋用量。

编制钢筋表主要是计算钢筋的长度。下面以一简支梁为例介绍钢筋长度的计算方法，如图 2-58 所示。

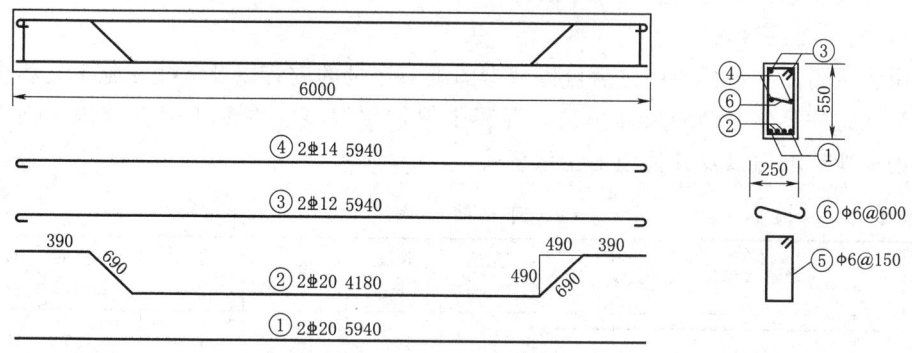

图 2-58 钢筋长度的计算

1. 直钢筋

图中的①、③、④号钢筋为直钢筋，其直段上所注长度为 l（构件长度）$-2c$（c 为混凝土保护层），此长度再加上两端弯钩长即为钢筋全长。一般每个弯钩长度为 $6.25d$。①号受力钢筋是 HRB400 级，它的全长为 $6000-2\times30=5940(\text{mm})$。③号架立钢筋和④号腰筋都是 HPB300 级钢筋，③号全长为 $6000-2\times30+2\times6.25\times12=6090(\text{mm})$，④号全长为 $6000-2\times30+2\times6.25\times14=6115(\text{mm})$。

2. 弯起钢筋

图 2-25 中钢筋②的弯起部分的高度是以钢筋外皮计算的，由梁高 550mm 减去上下混凝土保护层，即 $550-60=490(\text{mm})$。由于弯折角等于 45°，故弯起部分的底宽及斜边分别为 490mm 及 690mm。弯起后的水平直段长度由抗剪计算为 390mm。钢筋②的中间水平直段长由计算得出，即 $6000-2\times30-2\times390-2\times490=4180(\text{mm})$，最后可得②的全长为 $4180+2\times690+2\times390=6340(\text{mm})$。

3. 箍筋和拉筋

箍筋尺寸一般标注内口尺寸,即构件截面外形尺寸减去主筋混凝土保护层。在注箍筋尺寸时,要注明所注尺寸是内口。

箍筋的弯钩大小与主筋的粗细有关,根据箍筋与主筋直径的不同,箍筋两个弯钩的增加长度见表2-8。

表2-8 　　　　　　　　箍筋两个弯钩的增加长度 　　　　　　　　单位：mm

主筋直径	箍筋直径				
	5	6	8	10	12
10～25	80	100	120	140	180
28～32		120	140	160	210

图2-58中箍筋⑤的长度为 2×(490+190)+100=1460（mm）（内口）。

图2-58中拉筋⑥的长度为 250-2×30+4×6=214（mm）。

此简支梁的钢筋表见表2-9。

必须注意,钢筋表内的钢筋长度不是钢筋加工时的断料长度。由于钢筋在弯折及弯钩时要伸长一些,因此断料长度应等于计算长度扣除钢筋伸长值。伸长值和弯折角度大小等有关数据,可参阅施工手册。

（四）说明或附注

说明或附注中包括说明之后可以减少图纸工作量的内容以及一些在施工过程中必须引起注意的事项,例如尺寸单位、混凝土保护层厚度、混凝土强度等级、钢筋级别、钢筋弯钩取值以及其他施工注意事项。

表2-9 　　　　　　　　　　　钢　筋　表

编号	形状（单位：mm）	直径/mm	长度/mm	根数	总长/m	每米质量/(kg/m)	质量/kg
①	5940	20	5940	2	11.88	2.470	29.34
②	390 690 4180 690 390	20	6340	2	12.68	2.470	31.32
③	5940	12	6090	2	12.18	0.888	10.82
④	5940	14	6115	2	12.23	1.210	14.80
⑤	540 / 190 240（内口）/ 490	6	1460	41	59.86	0.222	13.29
⑥	214	6	289	11	3.18	0.222	0.71
				总质量/kg			100.28

二、钢筋混凝土外伸梁设计实例

【例2-13】 某水电站副厂房砖墙上承受均布荷载作用的外伸梁,该梁处于一类环境条件。其跨长、截面尺寸如图2-59所示。水工建筑物级别为2级,在正常使用

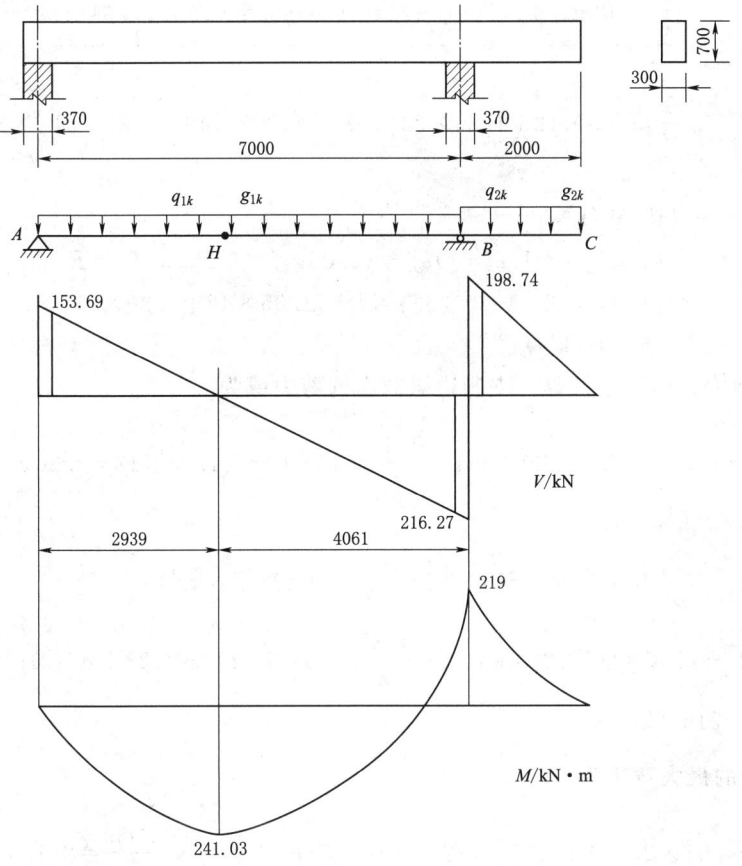

图 2-59 梁的计算简图及内力图

期间承受永久荷载标准值 $g_{1k}=12\text{kN/m}$、$g_{2k}=46\text{kN/m}$（包括自重），可变均布荷载标准值 $q_{1k}=36\text{kN/m}$、$q_{2k}=51\text{kN/m}$，采用 C20 混凝土，纵向钢筋为 HRB400 级，箍筋为 HPB300 级。试设计此梁，并绘制配筋图。

1. 基本资料

(1) 材料强度：可查附表得 C20 混凝土，$f_c=9.6\text{N/mm}^2$，$f_t=1.1\text{N/mm}^2$；纵筋 HRB400 级，$f_y=360\text{N/mm}^2$；箍筋 HPB300 级，$f_{yv}=270\text{N/mm}^2$。

(2) 截面尺寸：$b=300\text{mm}$，$h=700\text{mm}$。

(3) 计算参数：$K=1.20$，$c=30\text{mm}$。

2. 内力计算

(1) 计算跨度：

简支段　$l_{01}=7\text{m}$

悬臂段　$l_{02}=2\text{m}$

(2) 支座反力 R_A、R_B：

$$R_B=\frac{\frac{1}{2}(1.05g_{1k}+1.20q_{1k})l_{01}^2+(1.05g_{2k}+1.20q_{2k})l_{02}(l_{01}+\frac{l_{02}}{2})}{l_{01}}$$

$$=\frac{\frac{1}{2}(1.05\times12+1.20\times36)\times7^2+(1.05\times46+1.20\times51)\times2\times(7+\frac{2}{2})}{7}$$

$$=445.59(\text{kN})$$

$$R_A=(1.05g_{1k}+1.20q_{1k})l_{01}+(1.05g_{2k}+1.20q_{2k})l_{02}-R_B$$

$$=(1.05\times12+1.20\times36)\times7+(1.05\times46+1.20\times51)\times2-445.59$$

$$=164.01(\text{kN})$$

(3) 剪力、弯矩值计算。支座边缘截面的剪力值为

$$V_A=R_A-(1.05\times12+1.20\times36)\times\frac{0.37}{2}=164.01-(1.05\times12+1.20\times36)\times\frac{0.37}{2}$$

$$=153.69(\text{kN})$$

$$V_B^r=(1.05\times46+1.20\times51)\times\left(2-\frac{0.37}{2}\right)=198.74(\text{kN})$$

$$V_B^l=R_A-(1.05\times12+1.20\times36)\times(7-\frac{0.37}{2})=164.01-(1.05\times12+1.20\times36)\times\left(7-\frac{0.37}{2}\right)$$

$$=-216.27(\text{kN})$$

AB 跨的最大弯矩为

$$M_{\max}=164.01\times2.939-(1.05\times12+1.20\times36)\times2.939\times\frac{2.939}{2}=241.03(\text{kN}\cdot\text{m})$$

B 支座截面弯矩为

$$M_B=-(1.05\times46+1.20\times51)\times2\times\frac{2}{2}=-219\ (\text{kN}\cdot\text{m})$$

作此梁在荷载作用下的内力图如图 2-60 所示。

3. 验算截面尺寸

估计纵筋排一排，取 $a_s=45\text{mm}$，则

$$h_0=h-a_s=700-45=655(\text{mm})$$

$$h_w=h_0=655\text{mm}$$

$$h_w/b=655/300=2.18<4.0$$

$$0.25f_cbh_0=0.25\times9.6\times300\times655=4.716\times10^5(\text{N})=471.6\text{kN}$$

$$>KV_{\max}=1.20\times216.27=259.52(\text{kN})$$

故截面尺寸满足抗剪要求。

4. 计算纵向钢筋

计算过程及结果见表 2-10，配筋如图 2-54 所示。

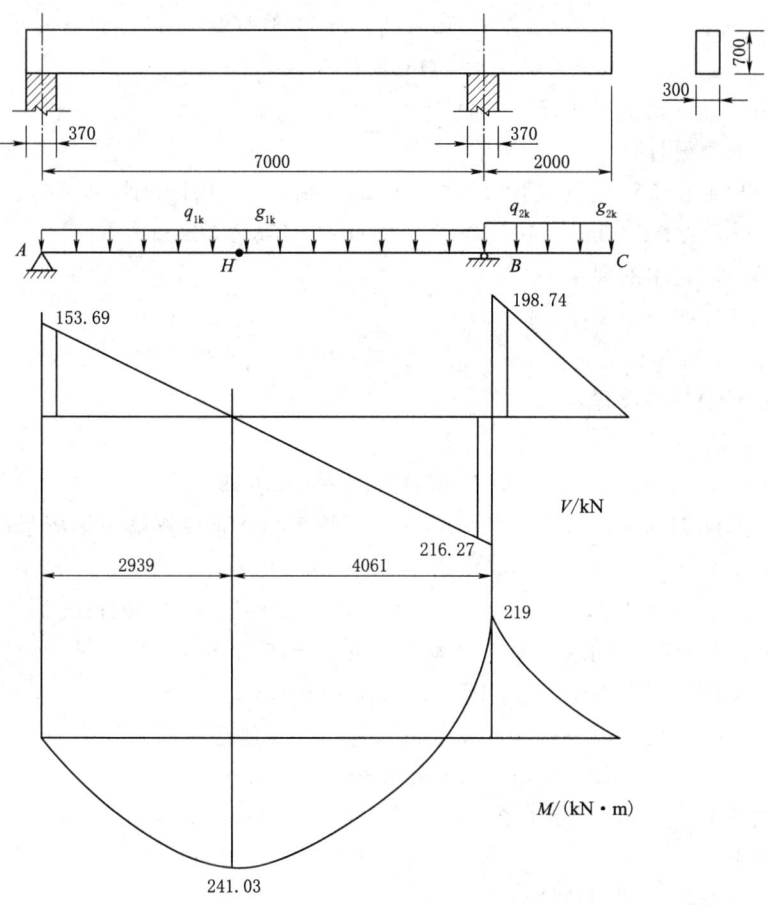

图 2-60 梁的计算简图及内力图

表 2-10 纵向受拉钢筋计算表

计算内容	跨中 H 截面	支座 B 截面
$M/(kN \cdot m)$	241.03	219
$KM/(kN \cdot m)$	289.24	262.8
$\alpha_s = \dfrac{KM}{f_c b h_0^2}$	0.234	0.213
$\xi = 1 - \sqrt{1-2\alpha_s} \leqslant 0.85\xi_b = 0.468$	0.271	0.242
$A_s = \dfrac{f_c b \xi h_0}{f_y}/mm^2$	1704	1522
选配钢筋	2 ⌽ 22 + 2 ⌽ 25	4 ⌽ 22
实配钢筋面积 $A_{s实}/mm^2$	1742	1520
$\rho = \dfrac{A_{s实}}{bh_0} \geqslant \rho_{min} = 0.15\%$	0.89%	0.77%

5. 计算抗剪钢筋

（1）验算是否按计算配置钢筋。

$0.7f_tbh_0=0.7\times1.1\times300\times655=151.305\times10^3(\text{N})=151.31\text{kN}<KV_{\min}$
$=1.20\times153.69=184.43(\text{kN})$

必须由计算确定抗剪腹筋。

(2) 受剪箍筋计算。

按构造规定在全梁配置双肢箍筋Φ8@220，则 $A_{sv}=101\text{mm}^2$，$s<s_{\max}=250\text{mm}$。
$$\rho_{sv}=A_{sv}/(bs)=101/(300\times220)=0.153\%>\rho_{sv\min}=0.12\%$$

满足最小配箍率的要求。

$V_{cs}=0.7f_tbh_0+1.25f_{yv}A_{sv}h_0/s$
$=0.7\times1.1\times300\times655+1.25\times270\times101\times655/220=252.79(\text{kN})$

(3) 弯起钢筋的设置。

1) 支座 B 左侧：

$KV_B^l=1.20\times216.27=259.52(\text{kN})>V_{cs}=252.79\text{kN}$。

需加配弯起钢筋帮助抗剪。取 $\alpha=45°$，并取 $V_1=V_B^l$ 计算第一排弯起钢筋：

$A_{sb1}=(KV_1-V_{cs})/(f_y\sin45°)$
$=(1.20\times216.27-252.79)\times10^3/(360\times0.707)=26.36(\text{mm}^2)$

由支座承担负弯矩的纵筋弯下 2Φ22（$A_{sb1}=760\text{mm}^2$）。第一排弯起钢筋的上弯点安排在离支座边缘 250mm 处，即 $s_1=s_{\max}=250\text{mm}$。

由图 2-54 可见，第一排弯起钢筋的下弯点离支座边缘的距离为
$$250+(700-2\times30)=890(\text{mm})$$

该处的 $KV_2=1.20\times[216.27-(1.05\times12+1.20\times36)\times0.89]=199.93(\text{kN})<V_{cs}=252.79\text{kN}$

故不需弯起第二排钢筋抗剪。

2) 支座 B 右侧：
$$KV_B^r=1.20\times198.74=238.49(\text{kN})>V_{cs}=252.79\text{kN}$$

3) 支座 A：

$KV_A=1.20\times153.69=184.43(\text{kN})<V_{cs}=252.79\text{kN}$

但为了加强梁的受剪承载力，仍由跨中弯起 2Φ22 至梁顶再伸入支座。第一排弯起钢筋的上弯点安排在离支座边缘 100mm 处，$s=100\text{mm}<s_{\max}=250\text{mm}$。则第一排弯起钢筋的下弯点离支座边缘的距离为 $100+(700-2\times30)=740(\text{mm})$。

6. 钢筋的布置设计

钢筋的布置设计要利用抵抗弯矩图（M_R 图）进行图解。为此，先将弯矩图（M 图）、梁的纵剖面图按比例画出（图 2-54），再在 M 图上作 M_R 图。

(1) 跨中正弯矩的 M_R 图。跨中 $M_{\max}$ 为 241.03kN·m，需配 $A_s=1420\text{mm}^2$ 的纵筋，现实配 2Φ22+2Φ25（$A_s=1742\text{mm}^2$），因两者钢筋截面积相近，故可直接在 M 图上 $M_{\max}$ 处，按各钢筋面积的比例划分出 2Φ25 及 2Φ22 钢筋能抵抗的弯矩值，这就可确定出各根钢筋各自的充分利用点和理论切断点。按预先布置，要从跨中弯起钢筋②至支座 B 和支座 A，钢筋①将直通而不再弯起。由图 2-54 可以看出跨中钢筋的弯起点至充分利用点的距离 a 均符合大于 $0.5h_0=328\text{mm}$ 的条件。

(2) 支座 B 负弯矩区的 M_R 图。支座 B 需配纵筋 1268mm^2，实配 4⊈22（$A_s=1520\text{mm}^2$），两者钢筋截面积也相近，故可直接在 M 图上的支座 B 处四等分，每一等分即为 1⊈22 所能承担的弯矩。在支座 B 左侧要弯下 2⊈22（钢筋②）；另两根放在角隅的钢筋③因要绑扎箍筋形成骨架，兼作架立钢筋，必须全梁直通。在支座 B 右侧只需弯下 2⊈22。

在梁的两侧应沿高度设置两排 2⊈12 纵向构造钢筋，并设置 Φ8@660 的连系拉筋。

7. 施工图绘制

梁的抵抗弯矩图及配筋图如图 2-54 所示。钢筋表见表 2-11。

表 2-11　　　　　　　　　钢　筋　表

编号	形状（单位：mm）	直径/mm	长度/mm	根数	总长/m	每米质量/(kg/m)	质量/kg
①	9125	25	9125	2	18.25	3.850	70.26
②	440 905 5000 905 870 905 220 640 640 640	22	9245	2	18.49	2.980	55.10
③	150 9125 440	22	9715	2	19.43	2.980	57.90
④	300 640 700（内口） 240	8	1880	43	80.84	0.395	31.93
⑤	9125	12	9125	4	36.5	0.888	32.41
⑥	272	8	372	15	5.58	0.395	2.20
	总质量/kg						249.80

随堂测

钢筋混凝土梁、板设计小结

钢筋混凝土梁、板设计小测

知识拓展

生活小常识、力学大道理

习　题

一、思考题

1. 钢筋混凝土梁中一般配置几种钢筋？这些钢筋各起什么作用？钢筋为什么要有混凝土保护层？梁和板中混凝土保护层厚度如何确定？

2. 适筋截面的受力全过程可以分成哪几个阶段？各阶段的主要特点是什么？这类特点各是哪些计算内容的计算依据？

3. 何为单筋截面？何为双筋截面？两者区别的关键是什么？

4. 受弯构件正截面破坏有哪几种形态？其特点是什么？设计中如何防止这些破坏的发生？

5. 什么是平截面假定？这个假定适用于钢筋混凝土梁的某一截面还是某一范围？为什么？

6. 受弯构件受压区的应力分布图形是如何确定的？按什么原则将其转化成等效矩形应力图形？

7. 分析影响单筋矩形截面梁受弯承载力的因素，如果各因素分别按等比例增加，试证明哪个因素影响最大、哪个因素影响其次、哪个因素影响最小。

8. 单筋矩形截面梁的最大承载力为多少？过多配置受拉钢筋为什么不能提高梁的承载能力？

9. 在何种情况下采用双筋截面梁？为什么在一般条件下采用双筋截面梁是不经济的？

10. 在双筋截面梁设计中要限制 $\xi \leqslant 0.85\xi_b$ 和 $2a_s' \leqslant x$，作这一限制的目的是什么？当 $x < 2a_s'$ 时，双筋截面梁应如何设计？这样设计是否考虑了受压钢筋的作用？

11. 在双筋截面梁设计中，相关规范规定 HPB300 及 HRB400 钢筋的抗压强度可以取其屈服强度，而热处理钢筋的抗压强度取值则小于其抗压屈服强度，为什么？

12. 梁的截面类型（T形、I形、倒L形）是依据什么条件确定的？梁的截面类型与受拉区还是受压区有关？

13. 第一类T形截面梁与第二类T形截面梁的判别条件是什么？设计和校核中的判别条件有什么不同之处？

14. 某T形截面尺寸已定，钢筋数量不限，试列出其最大承载力表达式。

15. 如图2-61所示的各类梁截面，当 M、f_c、f_y、b、h 均一样时，哪个截面的钢筋用量最大？哪个截面的钢筋用量最小？

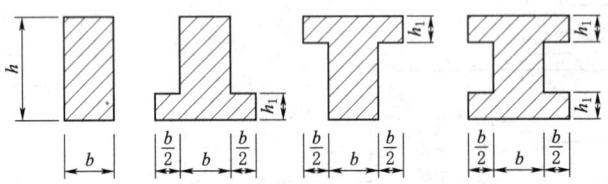

图2-61 思考习题15题图

16. 钢筋混凝土梁的斜截面破坏形态主要有哪三种？其破坏特征各是什么？

17. 影响斜截面抗剪承载力的主要因素有哪些？

18. 有腹筋梁斜截面受剪承载计算公式是由哪种破坏形态建立起来的？该公式的适用条件是什么？

19. 在梁的斜截面承载力计算中，若计算结果不需要配置腹筋，那么该梁是否仍需配置箍筋和弯起钢筋？若需要，应如何确定？

20. 在斜截面受剪承载力计算时，为什么要验算截面尺寸和最小配箍率？

21. 什么是抵抗弯矩图（M_R图）？当纵向受拉钢筋截断或弯起时，M_R图上有什么变化？

22. 在绘制 M_R 图时，如何确定每一根钢筋所抵抗的弯矩？其理论截断点或充分利用点又是如何确定的？

23. 梁中纵向钢筋的弯起与截断应满足哪些要求？

24. 斜截面受剪承载力的计算位置如何确定？在计算弯起钢筋时，剪力值如何确定？

25. 箍筋的最小直径和箍筋的最大间距分别与什么有关？

26. 当受力钢筋伸入支座的锚固长度不满足要求时，可采用哪些措施？

27. 架立钢筋的直径大小与什么有关？当截面的腹板高度超过多少时需设置腰筋和拉筋？

二、选择题

1. 在受弯构件正截面计算中，要求 $\rho_{min} \leqslant \rho \leqslant \rho_{max}$，$\rho$ 的计算是以（　　）的梁为依据的。

   A. 单筋矩形截面　B. 双筋矩形截面　C. 第一类 T 形截面　D. 第二类 T 形截面

2. 钢筋混凝土梁抗裂验算时截面的应力阶段是（　　）。

   A. 第Ⅱ阶段　B. 第Ⅰ阶段末尾　C. 第Ⅲ阶段开始　D. 第Ⅲ阶段末尾

3. 对钢筋混凝土适筋梁正截面破坏特征的描述，下面叙述中，正确的是（　　）。

   A. 受拉钢筋首先屈服，然后受压区混凝土被破坏

   B. 受拉钢筋被拉断，但受压区混凝土并未达到其抗压强度

   C. 受压区混凝土先被破坏，然后受拉区钢筋达到其屈服强度

   D. 受压区混凝土先被破坏

4. 甲、乙两人设计同一根屋面大梁。甲设计的大梁出现了多条裂缝，最大裂缝宽度约为 0.15mm；乙设计的大梁只出现了一条裂缝，但最大裂缝宽度达到 0.43mm。你认为（　　）。

   A. 甲的设计比较差　　　　　　B. 甲的设计比较好

   C. 两人的设计各有优劣　　　　D. 两人的设计都不好

5. 进行受弯构件截面设计时，若按初选截面计算的配筋率大于最大配筋率，说明（　　）。

   A. 配筋过少　B. 初选截面过小　C. 初选截面过大　D. 钢筋强度过高

6. 双筋矩形截面受弯承载力计算，受压钢筋设计强度规定不超过 $400N/mm^2$，因为（　　）。

   A. 受压混凝土强度不够

   B. 结构延性

   C. 混凝土受压边缘此时已达到混凝土的极限压应变

   D. 以上答案均不正确

7. 有两根条件相同的受弯构件，但正截面受拉区受拉钢筋的配筋率 ρ 不同，一根 ρ 大，另一根 ρ 小，设 M_{cr} 是正截面开裂弯矩，M_u 是极限弯矩，则 ρ 与 M_{cr}/M_u 的关系是（　　）。

   A. ρ 大的，M_{cr}/M_u 大　　　　B. ρ 小的，M_{cr}/M_u 大

   C. M_{cr}/M_u 相同　　　　　　　　D. 无明显关系

8. 梁的截面有效高度是指（　　）。

A. 梁的全高

B. 梁截面受压区的外边缘至受拉钢筋合力重心的距离

C. 梁的截面高度减去受拉钢筋的混凝土保护层厚度

D. 梁高的一半

9. 提高受弯构件正截面受弯能力最有效的方法有（　　）。

A. 提高混凝土强度等级　　　　B. 增加保护层厚度

C. 增加截面高度　　　　　　　D. 增加截面宽度

10. 在梁的配筋率不变的条件下，梁高 h 与梁宽 b 相比，对 KM 的影响（　　）。

A. h 影响小　　B. 两者相当　　C. h 影响大　　D. 不一定

11. 某简支梁截面为倒 T 形，其正截面承载力计算应按（　　）计算。

A. 第一类 T 形截面　　　　　　B. 第二类 T 形截面

C. 矩形截面　　　　　　　　　D. T 形截面

12. 界限相对受压区高度是（　　）。

A. 少筋与适筋的界限　　　　　B. 适筋与超筋的界限

C. 少筋与超筋的界限　　　　　D. 以上均不正确

13. 有腹筋梁抗剪力计算公式中的 $0.7f_tbh_0$ 是代表（　　）抗剪能力。

A. 混凝土的　　　　　　　　　B. 不仅是混凝土的

C. 纵筋与混凝土的　　　　　　D. 纵筋的

14. 箍筋对斜裂缝的出现（　　）。

A. 影响很大　　B. 不如纵筋大　　C. 无影响　　D. 影响不大

15. 抗剪公式适用的上限值，是为了保证（　　）。

A. 构件不发生斜压破坏　　　　B. 构件不发生剪压破坏

C. 构件不发生斜拉破坏　　　　D. 箍筋不致配的太多

16. 在下列情况下，梁斜截面宜设置弯起钢筋。（　　）

A. 梁剪力小

B. 剪力很大，仅配箍筋不足时（箍筋直径过小或间距过大）

C. 跨中梁下部具有较多的 $+M$ 纵筋，而支座 $-M$ 小

D. 为使纵筋强度得以充分利用来承受 $-M$

17. 为了保证梁正截面及斜截面的抗弯强度，在作弯矩抵抗图时，应当保证（　　）。

A. 弯起点距该根钢筋的充分利用点的距离 $\geqslant h_0/2$

B. 弯起点距该根钢筋的充分利用点距离 $<h_0/2$

C. 弯起点距该根钢筋的充分利用点距离 $\geqslant h_0/2$，且弯矩抵抗图不进入弯矩图中

D. 弯起点距该根钢筋的充分利用点距离 $<h_0/2$，且弯矩抵抗图不进入弯矩图中

18. 限制梁的最小配箍率是防止梁发生（　　）破坏。

A. 斜拉　　　B. 少筋　　　C. 斜压　　　D. 剪压

19. 限制梁中箍筋最大间距是为了防止（　　）。

A. 箍筋配置过少，出现斜拉破坏

B. 斜裂缝不与箍筋相交

C. 箍筋对混凝土的约束能力降低

D. 箍筋配置过少，出现斜压破坏

20. 已知某2级建筑物中的矩形截面梁，$b \times h = 200mm \times 550mm$，承受均布荷载作用，配有双肢φ6@200箍筋。混凝土强度等级为C20，箍筋采用HPB300级。$a = 45mm$ 时，该梁能承担的剪力计算值为（　　）。

A. 85kN　　　　　B. 91kN　　　　　C. 95kN　　　　　D. 98kN

21. 提高梁的斜截面受剪承载力最有效的措施是（　　）。

A. 提高混凝土强度等级　　　　　B. 加大截面宽度

C. 加大截面高度　　　　　　　　D. 增加箍筋或弯起钢筋

22. 关于受拉钢筋锚固长度 l_a 说法正确的是（　　）。

A. 随混凝土强度等级的提高而增大

B. 钢筋直径的增大而减小

C. 随钢筋等级提高而提高

D. 条件相同，光圆钢筋的锚固长度小于变形钢筋

三、计算题

1. 矩形截面梁，截面尺寸 $b \times h = 250mm \times 500mm$，承受弯矩设计值 $M = 160kN \cdot m$，纵向受拉钢筋为HRB400级，混凝土强度等级为C25，环境类别为一类，试求纵向受拉钢筋截面面积 A_s。

2. 某3级水工建筑物的现浇钢筋混凝土板，一类环境条件，计算跨度 $l_0 = 2760mm$，板上作用均布可变荷载标准值 $q_k = 2.6kN/m$，水磨石地面及细石混凝土垫层厚度为25mm（重度为22kN/m³），板底粉刷白灰浆厚度为12mm（重度为17kN/m³），混凝土强度等级为C20，采用HRB400级钢筋。试确定板厚 h（必须满足 $h_0 \geqslant l_0/35$）和受拉钢筋截面面积 A_s。

3. 已知矩形截面简支梁（2级水工建筑物），截面尺寸 $b \times h = 250mm \times 550mm$，二类环境条件，混凝土强度等级为C25，采用HRB400级钢筋，跨中承受弯矩设计值 $M = 135kN \cdot m$，试求钢筋截面面积 A_s。

4. 计算表2-12中各梁所能承受的弯矩，根据计算结果分析各个因素对承载力的影响程度。

表2-12　　　　　　　　　　计算题4题表

序号	影响因素	梁高/mm	梁宽/mm	钢筋面积/mm²	钢筋等级	混凝土强度等级	$M/(kN \cdot m)$
1	初始情况	500	200	940	HPB300	C20	
2	混凝土等级	500	200	940	HPB300	C25	
3	钢筋等级	500	200	940	HRB400	C20	
4	截面高度	60	20	940	HPB300	C20	
5	截面宽度	500	250	940	HPB300	C20	

5. 一钢筋混凝土矩形截面板 $h=70$mm，混凝土强度等级为 C20，采用 HPB300 级钢筋，在宽度 1000mm 范围内配置 $6\phi 8$ 钢筋，保护层厚度 $c=20$mm。求截面所能承受的极限弯矩 Mu。

6. 已知 3 级水工建筑物的矩形截面简支梁，截面尺寸 $b\times h=250\text{mm}\times 550\text{mm}$，一类环境，混凝土强度等级为 C20，采用 HRB335 级钢筋。承受弯矩设计值 $M=205$kN·m。试计算：

(1) 该正截面所需要的受力钢筋截面面积。

(2) 在受压区已配置 3⏀22 时，计算受拉钢筋截面面积。

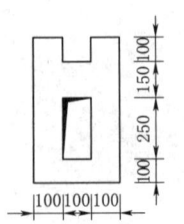

图 2-62 计算题第 7 题图

7. 梁截面形状和尺寸如图 2-62 所示，采用 C20 混凝土、HRB400 级钢筋；承受弯矩设计值分别为 225kN·m、200kN·m、80kN·m，2 级水工建筑物，环境类别为一类，试求各弯矩下纵向受拉钢筋截面面积。

8. 某水电站厂房（2 级水工建筑物）的简支梁的计算跨度 $l_0=5800$mm，截面尺寸为 $b\times h=250\text{mm}\times 550\text{mm}$，配置受拉钢筋 6⏀22$(a_s=75\text{mm})$ 及受压钢筋 3⏀18$(a_s'=45\text{mm})$，采用强度等级 C25 混凝土、HRB400 级钢筋。现因为检修设备需临时在跨中承受一集中荷载 $Q_k=70$kN，同时承受梁与铺板自重产生的均布荷载值 $q_k=15$kN/m。试复核次梁正截面在检修期间是否安全。

9. 某钢筋混凝土矩形梁的截面尺寸 $b\times h=250\text{mm}\times 600\text{mm}$，采用 C30 混凝土、HRB400 级钢筋，受拉钢筋为 4⏀20，受压区钢筋为 2⏀18，承受的弯矩设计值 $M=200$kN·m。环境类别为一类，试验算此截面的正截面承载力是否足够。

10. 某 2 级水工建筑物的双筋截面梁尺寸 $b\times h=250\text{mm}\times 500\text{mm}$，承受弯矩设计值 $M=160$kN·m，采用混凝土强度等级为 C20，受压钢筋为 2⏀16；受拉纵筋采用 4⏀20 和 3⏀25 两种配置。试复核在上述两种配筋情况下，此梁正截面是否安全。

11. 某 T 形截面梁，$b_f'=650$mm，$h_f'=100$mm，$b=250$mm，$h=700$mm，采用 C20 混凝土、HRB400 级钢筋，承受弯矩设计值 $M=500$kN·m，环境类别为一类。求受拉钢筋所需截面面积。

12. 现浇混凝土肋形楼盖的次梁，如图 2-63 所示。2 级水工建筑物，一类环境，计算跨度 $l_0=7500$mm，间距为 2.4m，现浇板厚为 100mm，梁高 550mm，梁肋宽 200mm。在使用阶段，梁跨中承受弯矩设计值 $M=109$kN·m，采用 C20 混凝土、HRB400 级钢筋，试计算次梁跨中截面受拉钢筋面积 A_s。

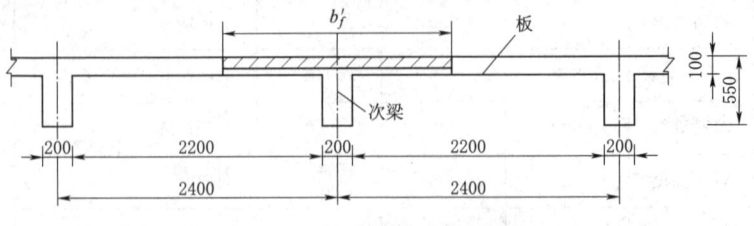

图 2-63 计算题第 12 题图

13. 某钢筋混凝土简支梁,一类环境条件,水工建筑物级别为 2 级,截面尺寸 $b \times h = 250\text{mm} \times 550\text{mm}$,梁的净跨 $l_n = 4.76\text{m}$,承受永久荷载标准值 $g_k = 20\text{kN/m}$(包括自重),可变均布荷载标准值 $q_k = 30\text{kN/m}$;采用 C25 混凝土、HPB300 级箍筋,取 $a_s = 45\text{mm}$。试为该梁配置箍筋。

14. 某建筑物级别为 2 级的钢筋混凝土梁截面尺寸 $b \times h = 250\text{mm} \times 500\text{mm}$,在均布荷载作用下,产生的最大剪力设计值 $V = 198\text{kN}$。采用 C25 混凝土、HPB300 级箍筋,取 $a_s = 45\text{mm}$。试进行箍筋计算。

15. 一建筑物级别为 2 级的矩形截面简支梁,梁的净跨 $l_n = 5\text{m}$,截面尺寸 $b \times h = 200\text{mm} \times 500\text{mm}$,梁承受的最大剪力设计值 $V = 150\text{kN}$,采用 C25 混凝土,配置 4 Φ 20 的 HRB400 级纵筋、HPB300 级箍筋,取 $a_s = 45\text{mm}$。试计算腹筋数量。

16. 某承受均布荷载的楼板连续次梁,建筑物级别为 3 级。截面尺寸 $b = 250\text{mm}$, $h = 600\text{mm}$, $b_f' = 1600\text{mm}$, $h_f' = 80\text{mm}$;承受剪力设计值 $V = 168\text{kN}$;采用 C25 混凝土、HRB400 级纵筋、HPB300 级箍筋,取 $a_s = 45\text{mm}$。试配置腹筋。

17. 已知矩形截面梁,建筑物级别为 2 级。截面尺寸 $b \times h = 200\text{mm} \times 550\text{mm}$,承受均布荷载作用,配有双肢$\Phi$8@200 箍筋。采用 C20 混凝土,箍筋采用 HPB300 级钢筋。若支座边缘截面剪力设计值 $V = 112\text{kN}$,取 $a_s = 45\text{mm}$,试按斜截面承载力复核该梁是否安全。

18. 某支承在砖墙上的钢筋混凝土矩形截面外伸梁,截面尺寸 $b \times h = 250\text{mm} \times 600\text{mm}$,其跨度 $l_1 = 7.0\text{m}$,外伸臂长度 $l_2 = 1.82\text{m}$,如图 2-64 所示。该梁处于一类环境条件,水工建筑物级别为 2 级,在正常使用期间承受永久荷载标准值 $g_{1k} = 20\text{kN/m}$、$g_{2k} = 22\text{kN/m}$(包括自重),可变均布荷载标准值 $q_{1k} = 15\text{kN/m}$、$q_{2k} = 45\text{kN/m}$,采用 C20 混凝土,纵向钢筋为 HRB400 级,箍筋为 HPB300 级。试设计此梁,设计内容如下:

(1) 梁的内力计算,并绘出弯矩图和剪力图。
(2) 截面尺寸复核。
(3) 根据正截面承载力要求,确定纵向钢筋的用量。
(4) 根据斜截面承载力要求,确定腹筋的用量。
(5) 绘制梁的抵抗弯矩图(M_R 图)。
(6) 绘制梁的施工图。

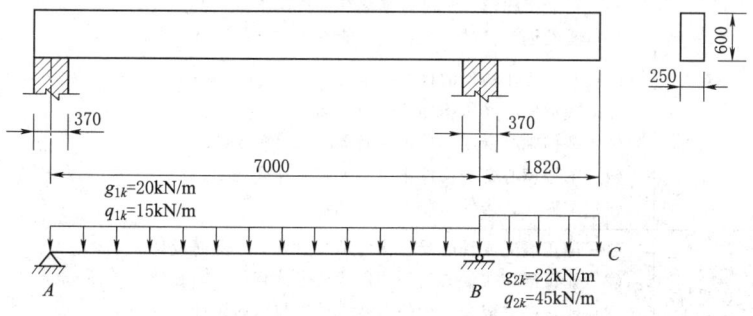

图 2-64 计算题第 18 题

项目三　钢筋混凝土柱的设计

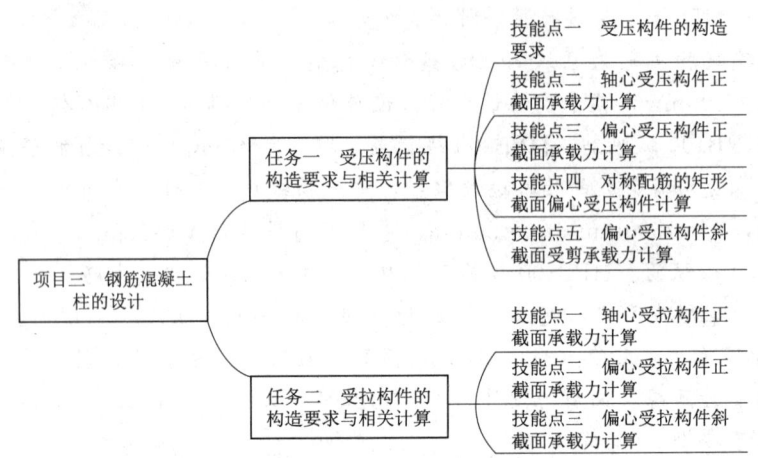

	项目任务书	
项目名称	钢筋混凝土柱的设计	
项目任务	任务一　受压构件的构造要求与相关计算 任务二　受拉构件的构造要求与相关计算	
教学内容	(1) 受压构件的构造要求。 (2) 轴心受压构件正截面承载力计算。 (3) 偏心受压构件正截面承载力计算。 (4) 对称配筋的矩形截面偏心受压构件计算。 (5) 偏心受压构件斜截面受剪承载力计算。 (6) 轴心受拉构件正截面承载力计算。 (7) 偏心受拉构件斜截面受剪承载力计算。 (8) 偏心受拉构件斜截面承载力计算	
教学目标	素质目标	(1) 培养规范意识、安全意识。 (2) 树立可持续发展理念，提升学生环境保护意识。 (3) 树立工程伦理观念，强化社会责任感。 (4) 激发创新精神，培养实践能力
	知识目标	(1) 掌握受压构件的构造规定。 (2) 理解轴心受压构件的受力破坏过程。 (3) 掌握轴心受压构件正截面承载力计算规则。 (4) 掌握偏心受压构件正截面承载力计算规则。 (5) 掌握受拉构件承载力计算规则
	技能目标	(1) 能正确完成轴心受压构件承载力计算与配筋设计。 (2) 能正确完成偏心受压构件承载力计算与配筋设计。 (3) 能正确完成受拉构件承载力计算与配筋设计。 (4) 能准确完成钢筋混凝土柱结构施工图的识读与绘制

续表

教学实施	案例导入→原理分析→方案设计→模拟实验→成果展示
项目成果	钢筋混凝土柱设计计算书
技术规范参考资料	《水工混凝土结构设计规范》（SL 191—2008） 《水工混凝土结构设计规范》（NB/T 11011—2022）

任务一　受压构件的构造要求与相关计算

素质目标	(1) 培养规范意识、安全意识。 (2) 树立可持续发展理念，提升学生环境保护意识
知识目标	(1) 掌握受压构件的构造规定。 (2) 理解轴心受压构件的受力破坏过程。 (3) 掌握轴心受压构件正截面承载力计算规则。 (4) 掌握偏心受压构件正截面承载力计算规则
技能目标	(1) 能正确完成轴心受压构件承载力计算与配筋设计。 (2) 能正确完成偏心受压构件承载力计算与配筋设计

想一想7

受压构件是以承受轴向压力为主的构件，其在钢筋混凝土结构中应用非常广泛，常以柱的形式出现。在建筑结构中，柱子作为竖向主要承重构件，支承水平结构构件形成空间，并逐层将结构的上部荷载传至基础。如水闸工作桥立柱、渡槽的支承刚架立柱、水电站厂房立柱等均属于受压构件。

受压构件按轴向压力作用的位置不同，可以分为轴心受压构件和偏心受压构件两类。轴心受压构件指的是轴向压力作用线与构件的重心轴重合的构件，此时柱截面全部受压；偏心受压构件即是轴向压力作用线与构件重心轴不重合的构件，有偏心距的存在，此时柱截面全部受压或者部分受压。偏心受压构件又可分为单向偏心受压构件和双向偏心受压构件，当轴向压力的作用点只对构件正截面的一个主轴有偏心距时，为单向偏心受压构件；当轴向压力的作用点对构件正截面的两个主轴都有偏心距时，为双向偏心受压构件。本书主要讲述轴心受压构件和单向偏心受压构件的承载力计算。

受压构件的概念和分类

常见受压构件

根据工程力学知识，轴向压力 N 和弯矩 M 共同作用，与偏心距为 e_0（$e_0 = M/N$）的轴向压力 N 作用是等效的，因此，同时承受轴向压力 N 和弯矩 M 作用的构件也是偏心受压构件，如图 3-1 所示。偏心受压构件在实际工程中非常常见，比如单层厂房柱子、多层框架结构的边柱等都属于偏心受压构件。

轴心受压和偏心受压构件的区分

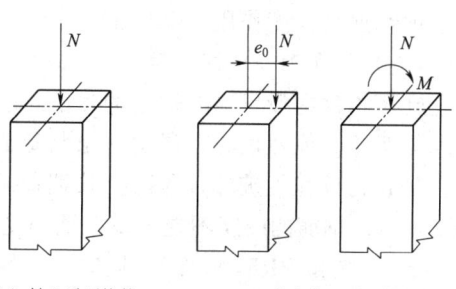

(a) 轴心受压构件　　(b) 单向偏心受压构件

图 3-1　受压构件

普通箍筋柱螺旋箍筋柱

在实际工程中，由于混凝土材料的非均匀性、钢筋的不对称布置、施工时钢筋位置和截面几何尺寸的误差，实际荷载合力对构件截面重心来说不可避免会存在偏心矩，故真正的轴心受压构件几乎不存在。但是，有些构件可看作是轴心受压构件，如荷载作用

受压构件的构造要求

较大的等跨多层房屋的中间柱子、桁架的受压腹杆等构件，因为承受的轴向压力很大，弯矩很小，一般可以忽略弯矩的影响，可近似地按照轴心受压构件来设计。

一般把钢筋混凝土柱按照箍筋的作用及配置方式的不同分为两类：配有纵向钢筋的普通箍筋柱和配有纵筋和螺旋式（或焊接环式）箍筋的螺旋箍筋柱。

技能点一 受压构件的构造要求

一、截面形式和尺寸

为了方便施工制作模板，轴心受压构件一般采用矩形、正方形，有时也采用圆形和多边形。偏心受压构件一般采用矩形，为了抵抗弯矩作用，长边布置在弯矩作用平面方向，短边布置在垂直于弯矩作用平面，长短边尺寸之比一般为 1.5～2.5。为了节省混凝土用量和减轻构件自重，特别是在装配式柱中，大尺寸的柱子常常采用工字形截面。此外，电杆以及烟囱和水塔支筒等常采用环形截面。

受压构件截面形式

受压构件的截面尺寸与构件的计算长度相比不宜过小，因构件越细长，承载力降低越多，不能充分利用材料强度，受压构件越细长构件越容易发生失稳现象。水工建筑物中，现浇立柱的边长不宜小于 300mm。为了避免构件长细比过大，承载力降低太多，通常柱子的计算长度 l_0 与构件的长边 h 和构件的短边 b 的比值，常取 $l_0/h \leqslant 25$ 及 $l_0/b \leqslant 30$。此外，为了施工支模方便，截面尺寸应符合模数要求，宜使用整数，边长在 800mm 及以下的，宜取 50mm 的整数倍，边长在 800mm 以上的，可取 100mm 的整数倍。

二、混凝土材料

与受弯构件不同，混凝土的强度等级对受压构件的承载力影响很大，取用较高强度等级的混凝土是经济合理的。为了减小截面尺寸和减少构件的配筋，节约材料，宜采用强度等级较高的混凝土，一般采用 C25～C40，对于高层水工建筑物的底层柱子，必要时可以采用高强度等级的混凝土。

三、纵向钢筋

（一）纵筋的强度

纵向受力钢筋一般选、HRB400 和 RRB400 级钢筋，不宜采用高强度的钢筋，原因是钢筋和混凝土共同受力，钢筋的抗压强度受到混凝土极限压应变的限制，不能充分发挥钢筋高强度作用。

（二）纵向钢筋的配筋率

受压构件内设置纵向钢筋的目的：①提高柱的承载力，以减小构件的截面尺寸；②承受弯矩、偶然偏心、温度变化混凝土收缩产生的拉应力；③改善构件破坏时的延性，防止构件脆性破坏；④防止长期荷载作用下，混凝土的徐变引起钢筋过早屈服。为此，纵向钢筋的配筋不能过少，轴心受压柱全部纵向钢筋的配筋率不应小于 0.55%（HRB400 级和 RRB400 级）；同时，一侧钢筋的配筋率不应小于 0.2%。偏心受压柱的受压钢筋和受拉钢筋的配筋率均不得小于 0.2%（HRB400 和 RRB400 级）。

同时，纵向钢筋配置不宜过多，配筋过多既不经济也不便于施工，要求柱中全部纵筋配筋率不宜超过 5%，经济配筋率为 0.8%～2%。

柱中纵筋的布置要求

（三）纵筋的布置要求

轴心受压柱纵向受力钢筋沿着截面周边均匀对称布置，偏心受压柱的纵筋沿着垂直于弯矩作用平面的两个侧面布置钢筋，柱截面的每个角部必须要有 1 根钢筋，故正方形和矩形柱中纵向钢筋的根数不应少于 4 根，每边不得少于 2 根；圆形柱中纵向钢筋沿着圆截面周边均匀布置，根数不应少于 6 根，不宜少于 8 根。

纵向受力钢筋的直径不宜小于 12mm，钢筋直径过小则钢筋骨架柔性大，施工不便。为了减少钢筋在施工时可能产生的纵向弯曲，宜采用较粗直径的钢筋。

受压柱的纵向受力钢筋间距中的中距不应大于 350mm，现浇钢筋混凝土柱的纵向钢筋的净距不应小于 50mm。柱内纵向钢筋的净距不应小于 50mm；在水平位置上浇筑的装配式柱，其纵向钢筋的最小净距可参照梁的规定。

当偏心受压柱的截面高度 $h \geqslant 600mm$ 时，在侧面应设置直径为 10～16mm 的纵向构造钢筋，其间距不大于 400mm，并相应地设置复合箍筋或连系拉筋。

（四）纵向钢筋混凝土保护层厚度

纵向钢筋混凝土保护层厚度按照结构所处的环境类别来取值，与梁取值相同。

四、箍筋

（一）箍筋的作用、级别与形状

柱内设置普通箍筋的作用是：①与纵筋形成钢筋骨架；②防止纵筋受压屈服；③承受横向荷载引起的剪力；④围箍约束核心部位混凝土，改善柱的受力性能和增强抗力的作用，提高柱子的延性。所以柱子需设置箍筋，一般采用 HPB300 级或 HRB400 级箍筋，且柱中箍筋应做成封闭式，与纵筋绑扎或者焊接形成整体骨架。

（二）箍筋的直径和间距要求

封闭式箍筋

箍筋直径不应小于 0.25 倍纵向钢筋的最大直径，亦不小于 6mm。箍筋的间距不应大于 400mm，亦不大于构件截面的短边尺寸；同时，在绑扎骨架中不应大于 15d；在焊接骨架中不应大于 20d（d 为纵向钢筋的最小直径）。

柱的绑扎骨架中，在绑扎接头的搭接长度范围内，当钢筋受拉时，其箍筋间距不应大于 5d，且不大于 100mm；当钢筋受压时，箍筋间距不应大于 10d（d 为搭接钢筋中的最小直径），且不大于 200mm。

当柱中全部纵向受力钢筋的配筋率超过 3% 时，则箍筋直径不宜小于 8mm；间距不应大于 10d（d 为纵向钢筋的最小直径），且不应大于 200mm；箍筋末端应做成 135°弯钩且弯钩末端水平直段长度不应小于箍筋直径的 10 倍；箍筋也可焊成封闭环式箍筋。

（三）复合箍筋

当柱截面短边尺寸大于 400mm 且各边纵向钢筋多于 3 根，或者当柱截面短边不大于 400mm 但各边纵向钢筋多于 4 根时，应设置复合箍筋。复合箍筋的布置原则是尽可能使得每根箍筋位于估计的转角处，若纵筋根数较多，可间隔 1 根位于箍筋的转角处，以使纵筋在两个方向受到固定。轴心受压柱的复合箍筋布置如图 3-2 所示，偏心受压柱的复合箍筋布置如图 3-3 所示。

当柱中纵向钢筋按构造配置，钢筋强度未充分利用时，箍筋的配置要求，可适当放宽。

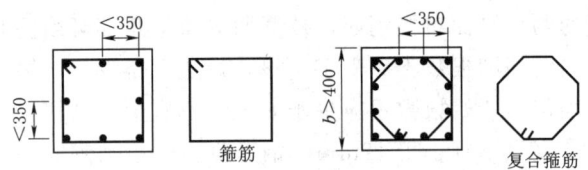

图 3-2 轴心受压柱基本箍筋和复合箍筋布置

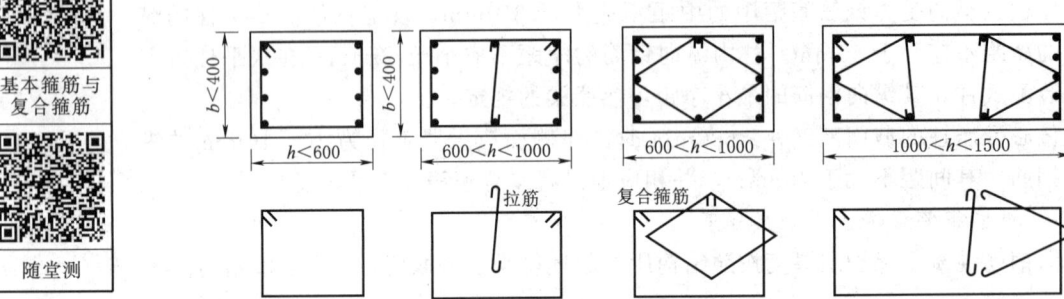

图 3-3 偏心受压柱基本箍筋和复合箍筋布置

技能点二 轴心受压构件正截面承载力计算

一、试验分析

钢筋混凝土轴心受压柱按箍筋配置方式不同，可分为配有纵筋和普通箍筋的普通箍筋柱、配有纵筋和螺旋式或焊接环式箍筋的螺旋箍筋柱。

柱承载力计算理论也是建立在试验基础上的。试验表明，柱的长细比对柱的承载力影响较大。轴心受压柱的长细比是指柱计算长度 l_0 与截面最小回转半径 i 或矩形截面的短边尺寸 b 之比。当 $l_0/i \leqslant 28$ 或者 $l_0/b \leqslant 8$ 时，为短柱；当 $l_0/i > 28$ 或者 $l_0/b > 8$ 时，为长柱。

（一）短柱破坏试验

配有纵筋和箍筋的短柱，在轴心压力作用下，短柱全截面受压。当荷载较小时，由于钢筋与混凝土之间存在黏结力，材料处于弹性状态，混凝土与钢筋始终保持共同变形，两者压应变始终保持一致，整个截面的压应变是均匀分布的，混凝土与钢筋的应力比值基本上等于两者弹性模量之比。

图 3-4 轴心受压短柱的破坏形态

随着荷载逐渐增大，混凝土塑性变形开始发展，压缩变形增加的速度快于荷载增长速度，纵向钢筋配筋率越小，这个现象越为显著。同时，在相同荷载增量下，钢筋的压应力比混凝土的压应力增加得快，随着荷载长期持续作用，混凝土将发生徐变，钢筋与混凝土之间会产生应力重分配，使混凝土的应力有所降低，钢筋的应力有所增加。

荷载持续增加，柱中开始出现细微裂缝，在临近破坏荷载的时候，柱子由于横向变形达到极限而出现与压力方向平行的纵向裂缝，混凝土保护层剥落，最后，箍筋间的纵向钢筋发生压屈，向外凸出，混凝土被压碎，柱子发生破坏，轴心受压短柱的破坏形态如图 3-4 所示。

试验表明,素混凝土棱柱体达到最大压应力值时的压应变值约为0.0015~0.002,钢筋混凝土短柱达到应力峰值时的压应变一般在0.0025~0.0035之间。主要原因是柱中纵筋发挥了调整混凝土应力的作用,改善了受压破坏的脆性特征。破坏时,一般是纵筋先达到屈服强度,此时还可以增加一些荷载,最后混凝土达到极限压应变值,构件破坏。箍筋的存在,使混凝土能比较好地发挥其塑性性能,改善了受压脆性破坏性质。采用高强钢筋,在混凝土达到极限应力时,钢筋没有达到屈服强度,在继续变形一段后,构件破坏。因此,在柱内采用高强钢筋作为受压钢筋时,不能充分发挥其高强度的作用,是不经济的。

同时,柱子延性的好坏主要取决于箍筋的数量和形式。箍筋数量越多,对柱子的侧向约束程度越大,柱子的延性就越好。特别是螺旋箍筋,对增加延性的效果更有效。

(二)长柱破坏试验

长柱在轴向力作用下,不仅发生压缩变形,同时还发生纵向弯曲,产生横向挠度。在荷载不大时,长柱全截面受压,但由于发生弯曲,内凹一侧的压应力比外凸一侧的压应力大。随着荷载的增加,凸侧由受压突然转变为受拉,出现水平的受拉裂缝。破坏前,横向挠度增加得很快,使长柱的破坏比较突然;破坏时,凹侧混凝土被压碎,纵向钢筋被压弯而向外凸出。轴心受压长柱的破坏形态如图3-5所示。

图3-5 轴心受压长柱的破坏形态

工程中的轴心受压柱都存在初始偏心距。初始偏心距对短柱的影响可以忽略不计,而对长柱的影响较大。长柱在荷载作用下,初始偏心距产生附加弯矩,附加弯矩产生的横向挠度又加大了偏心距,相互影响的结果使长柱最终在轴向压力和弯矩的共同作用下发生破坏。很细长的长柱还有可能发生失稳破坏。

将截面尺寸、混凝土强度等级和配筋面积相同的长柱与短柱比较,发现长柱的承载力小于短柱,因此,设计中必须考虑长细比对承载力降低的影响,常用稳定系数 φ 表示长柱承载力较短柱降低的程度。

试验表明,影响 φ 值的主要因素是柱的长细比。当 $l_0/i \leqslant 28$ 或者 $l_0/b \leqslant 8$ 时,为短柱,可不考虑纵向弯曲的影响(侧向挠度很小不影响构件的承载能力),取 $\varphi=1$;当 $l_0/i>28$ 或者 $l_0/b>8$ 时,为长柱,φ 值随着长细比的增大而减小。φ 值和长细比的关系见表3-1。轴心受压构件的长细比超过一定数值后,构件可能发生失稳破坏,因此对一般建筑物的柱子,常限制长细比 $l_0/b \leqslant 30$ 及 $l_0/h \leqslant 25$ (b 为截面短边尺寸,h 为长边尺寸)。

表3-1 钢筋混凝土轴心受压柱的稳定系数 φ

l_0/b	≤8	10	12	14	16	18	20	22	24	26	28
l_0/i	≤28	35	42	48	55	62	69	76	83	90	97
φ	1.0	0.98	0.95	0.92	0.87	0.81	0.75	0.70	0.65	0.60	0.56
l_0/b	30	32	34	36	38	40	42	44	46	48	50
l_0/i	104	111	118	125	132	139	146	153	160	167	174
φ	0.52	0.48	0.44	0.40	0.36	0.32	0.29	0.26	0.23	0.21	0.19

注 表中 l_0 为柱的计算长度,按照表3-2取用;b 为矩形截面短边尺寸;i 为截面最小回转半径。

柱的计算长度 l_0 与构件的两端支承情况有关，可查表 3-2。在实际工程中，支座情况并非理想的完全固定或完全铰接，应根据具体情况按照规范规定确定柱的计算长度。

二、普通箍筋柱的计算

（一）计算公式

根据普通箍筋柱的破坏试验分析，轴心受压柱正截面受压承载力计算简图如图 3-6 所示。根据计算简图和内力平衡条件，并满足承载力极限状态设计表达式的要求，可得轴心受压普通箍筋柱正截面受压承载力计算公式：

表 3-2　　　　　　　　　构件的计算长度 l_0

杆件	构件及两端约束情况	计算长度 l_0
直杆	两端固定	$0.5l$
	一端固定，另一端为不移动的铰	$0.7l$
	两端均为不移动的铰	$1.0l$
	一端固定，另一端自由	$2.0l$
拱	三铰拱	$0.58S$
	双铰拱	$0.54S$
	无铰拱	$0.36S$

注　l 为构件支点间的长度，S 为拱轴线长度。

轴心受压柱的截面设计

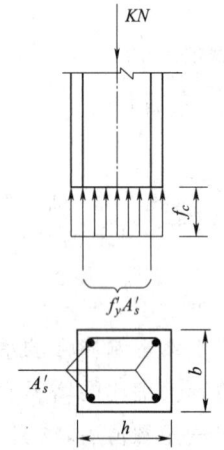

图 3-6　轴心受压柱正截面受压承载力计算简图

$$KN \leqslant \varphi(f_c A + f_y' A_s') \qquad (3-1)$$

式中　K——承载力安全系数；

　　　N——轴向压力设计值，N；

　　　φ——钢筋混凝土轴心受压柱稳定系数，查表 3-1；

　　　f_c——混凝土轴心抗压强度设计值，N/mm²；

　　　A——构件截面面积，mm²，当纵向钢筋配筋率大于 3% 时，式中 A 应扣除钢筋的截面面积，取混凝土净截面面积 A_n，$A_n = A - A_s'$；

　　　f_y'——纵向受力钢筋的抗压强度设计值，N/mm²；

　　　A_s'——全部纵向钢筋的截面面积，mm²。

（二）截面设计

已知柱的轴向压力设计值、材料强度及安全系数，求柱子的配筋即为截面设计。柱的截面尺寸未知的情况下可以根据构造要求初步确定，然后根据构件的长细比由表 3-1 查出稳定系数 φ 值，然后通过下列公式计算受压钢筋的截面面积：

$$A_s' = \frac{KN - \varphi f_c A}{\varphi f_y'} \qquad (3-2)$$

通过式（3-2）计算出纵向受压钢筋的截面面积，然后验算配值筋是否满足最小配筋率和最大配筋率的要求，并在经济配筋率范围之间。如果纵向受压钢筋配筋率过小，说明初始选定的柱截面尺寸过大，应减小截面尺寸重新计算；反之，如果受压钢筋纵向配筋率过大，说明初始选定的柱截面尺寸过小，应加大截面尺寸重新计算，直至得到合适的结果。

（三）承载力复核

承载力复核即是在构件的计算长度、截面尺寸、材料强度、纵向钢筋截面面积均已知的情况下，复核截面承载力是否满足要求。

【例 3-1】 某 2 级建筑物中的现浇轴心受压柱，柱底固定，顶部为不移动铰接，柱高 $l=7.5\text{m}$，在基本组合时，柱底截面承受的轴心压力设计值 $N=1999\text{kN}$，采用 C25 的混凝土及 HRB400 级钢筋，试设计截面并选配钢筋。

解：查表得 $K=1.20$，$f_c=11.9\text{N/mm}^2$，$f'_y=360\text{N/mm}^2$。拟定截面尺寸为 400mm 的正方形柱子。

(1) 确定稳定系数 φ。

由表 3-2 知：$l_0=0.7l=0.7\times 7.5=5.25(\text{m})=5250\text{mm}$。$l_0/b=5250/400=13.125$，属于长柱，由表 3-1 查得 $\varphi=0.933$。

(2) 计算 A'_s。

$$A'_s=\frac{KN-\varphi f_c A}{\varphi f'_y}=\frac{1.2\times 1999\times 10^3-0.933\times 11.9\times 400^2}{0.933\times 360}$$
$$=1852.95(\text{mm}^2)$$

$\rho'=\dfrac{A'_s}{A}=\dfrac{1852.95}{400\times 400}\times 100\%=1.16\%$，$\rho'$ 在经济配筋率范围（0.8%～2%）内，拟定的截面尺寸合理。

(3) 选配钢筋。受压钢筋选用 4 ⌀ 20（角筋）+4 ⌀ 18（中间钢筋），实配截面面积 $A'_s=2273\text{mm}^2$，箍筋选用 φ6 @250，配筋图如图 3-7 所示。

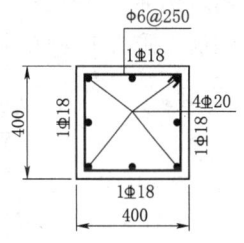

图 3-7 柱截面配筋图

随堂测

技能点三 偏心受压构件正截面承载力计算

一、偏心受压构件破坏试验分析

按截面破坏特征不同，偏心受压构件破坏划分为大偏心受压破坏和小偏心受压破坏两类。

（一）大偏心受压破坏

当轴向力的偏心距较大时，截面部分受拉、部分受压，如果受拉区配置的受拉钢筋数量适当，则构件在受力后，首先在受拉区产生横向裂缝。随着荷载不断增加，裂缝将不断开展延伸，受拉钢筋应力首先达到受拉屈服强度；随着钢筋塑性的增加，中和轴向受压区移动，受压区高度迅速减小，压应变急剧增加；最后混凝土达到极限压应变而被压碎，构件破坏。破坏时受压钢筋应力达到抗压屈服强度。由于这种破坏发生于轴向力偏心距较大的情况，因此称为"大偏心受压破坏"。其破坏过程类似于配有受压钢筋的适筋梁。由于破坏是从受拉区开始的，故这种破坏又称为"受拉破坏"。大偏心受压破坏前具有明显的预兆，钢筋屈服后构件的变形急剧增大，裂缝显著开展，属于延性破坏。当截面给定时，其承载能力主要取决于受拉钢筋。形成受拉破坏的条件

大小偏心受压柱的破坏类型

大偏心受压构件受力破坏实验

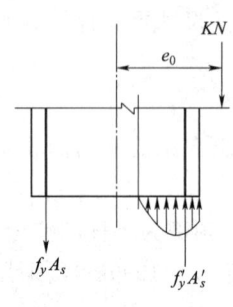

图 3-8 大偏心受压破坏截面应力图形

是：偏心距较大，同时受拉钢筋数量适当。图 3-8 为大偏心受压破坏截面应力图形。

（二）小偏心受压破坏

小偏心受压破坏分 3 种情况：

（1）偏心距很小时，截面全部受压，如图 3-9（a）所示。

（2）偏心距较小，截面大部分受压，小部分受拉，如图 3-9（b）所示。

（3）偏心距较大，但是受拉区配置纵向钢筋过多，截面部分受拉部分受压，如图 3-9（c）所示。

上述 3 种情况，尽管破坏时应力状态有所不同，但破坏特征是相似的，即靠近轴向压力一侧的受压混凝土首先被压碎，与此同时，这一侧的纵向受压钢筋应力也达到抗压屈服强度；而远离轴向压力一侧的纵向钢筋，不论是受压还是受拉，一般不会屈服。由于上述 3 种破坏情况中的前两种是在偏心距较小的时候发生，故统称为"小偏心受压破坏"。小偏心受压破坏前变形没有急剧的增长，且没有明显预兆，属于脆性破坏。当截面给定时，其承载力主要取决于受压区混凝土及受压钢筋。形成这种破坏的条件是：偏心距较小，或者偏心距较大但受拉钢筋数量过多。

小偏心受压构件受力破坏实验

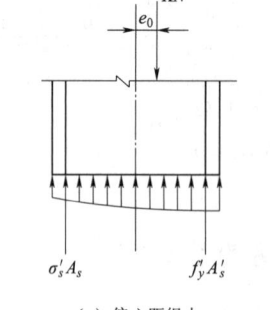
（a）偏心距很小

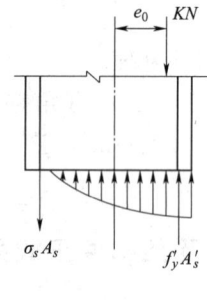
（b）偏心距较小

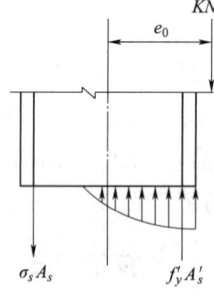
（c）偏心距较大

图 3-9 小偏心受压破坏截面应力图形

二、大小偏心受压破坏界限

由于大、小偏心受压的破坏特征分别与配有受压钢筋的适筋梁和超筋梁的破坏特征相同，因此，大、小偏心受压破坏的界限条件与上述适筋梁和超筋梁破坏的界限条件相似，即在受拉侧钢筋应力达到屈服的同时，受压区混凝土恰好达到极限压应变而破坏，这种破坏为大、小偏心受压的界限破坏。界限破坏时的界限相对受压区高度 ξ_b 的计算与梁相同。当 $\xi \leqslant \xi_b$，截面破坏时受拉钢筋屈服，属于大偏心受压；当 $\xi > \xi_b$，截面破坏时受拉钢筋未达到屈服，属于小偏心受压。

三、偏心受压构件二阶效应的影响

试验表明，相同截面尺寸和配筋数量及偏心距相同的偏心受压长柱与偏心受压短柱相比，前者承载力低于后者。这是因为在偏心轴向压力 N 作用下，细长的构件会

产生附加挠度 f，以致轴向力 N 对长柱跨中截面重心的实际偏心距从初始的偏心距 e_0 增大到 e_0+f，偏心距的增大，使得作用在截面上的弯矩也随之增大，Nf 即为产生的二阶弯矩，从而导致构件承载力降低。偏心受压长柱纵向弯曲变形如图 3-10 所示。显然，长细比越大，偏心受压长柱在轴向力和弯矩共同作用下的压弯效应也越大，产生的附加挠度也越大，承载力降低也越多。长柱在二阶弯矩影响下承载力降低的现象称为二阶效应。偏心受压构件在二阶效应的影响下会产生材料破坏和失稳破坏，材料破坏即为构件临界截面上的材料达到其极限强度而发生破坏，失稳破坏则是构件纵向弯曲失去平衡而引起的破坏，这时材料并未达到其极限强度。对于短柱和中长柱，构件的破坏为材料破坏；对于细长柱子，则会发生失稳破坏。

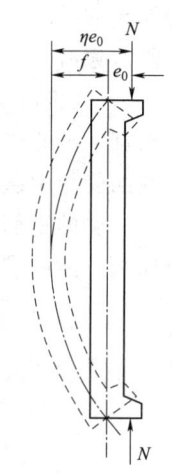

图 3-10 偏心受压长柱纵向弯曲变形

因此，钢筋混凝土偏心受压长柱的承载力计算应考虑长细比对承载力降低的影响，将初始偏心距乘以一个大于 1 的偏心距增大系数 η，即

$$e_0+f=(1+f/e_0)e_0=\eta e_0 \tag{3-3}$$

f 长柱纵向弯曲后产生侧向最大挠度值。

计算偏心受压构件时，应考虑构件在弯矩作用平面内横向弯曲对轴向力偏心距的影响，此时，应将轴向力对截面重心的偏心距 e_0 乘以偏心距增大系数 η。

η 值可按下列公式计算：

$$\eta=1+\frac{1}{1400\dfrac{e_0}{h_0}}\left(\frac{l_0}{h}\right)^2\zeta_1\zeta_2 \tag{3-4}$$

其中

$$\zeta_1=\frac{0.5f_cA}{KN} \tag{3-5}$$

$$\zeta_2=1.15-0.01\frac{l_0}{h} \tag{3-6}$$

式中 e_0——轴向力对截面重心的偏心距，mm，当 $e_0<h_0/30$ 时，取 $e_0=h_0/30$；

l_0——构件的计算长度，mm；

h——截面高度，mm；

h_0——截面的有效高度，mm；

A——构件的截面面积，mm^2；

ζ_1——考虑截面应变对截面曲率的影响系数，当 $\zeta_1>1.0$ 时，取 $\zeta_1=1.0$；

ζ_2——考虑构件长细比对截面曲率的影响系数，当 $l_0/h<15.0$ 时，取 $\zeta_2=1.0$。

当构件长细比 $l_0/h\leqslant 8$ 时，属于短柱，可不考虑挠曲对偏心距的影响，取 $\eta=1$；当构件长细比 $8<l_0/h\leqslant 30$ 时，属于中长柱，按照式（3-4）计算；当构件长细比 $l_0/h>30$ 时，属于细长柱，构件可能引起失稳破坏，应避免。

钢筋混凝土矩形截面偏心受压构件的正截面受压承载力计算采用的基本假定与受

弯构件相同。

四、偏心受压构件正截面承载力计算的基本公式

（一）大偏心受压构件

根据大偏心受压破坏时的截面应力图形（图3-8）和基本假定，大偏心受压构件的正截面受压承载力计算简图如图3-11所示，靠近轴向力一侧的钢筋为A_s'，远离轴向力一侧的钢筋为A_s，近侧钢筋受压，远侧钢筋受拉，并且破坏时，远侧钢筋先受拉屈服，然后是近侧混凝土压碎和受压钢筋屈服。

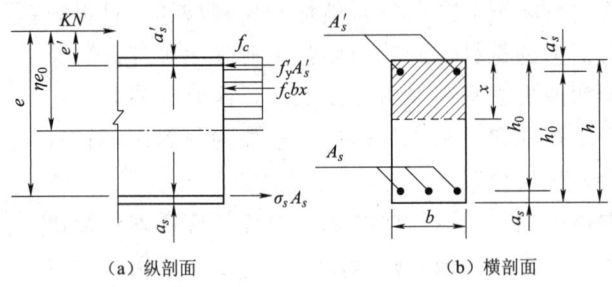

图3-11 大偏心受压构件正截面受压承载力计算简图（矩形截面，$\sigma_s = f_y$）

根据承载力计算简图、截面内力平衡条件及力矩平衡条件，在满足承载能力极限状态设计表达式的要求时，可建立大偏心受压构件正截面受压承载力计算基本公式如下：

$$KN \leqslant f_c b x + f_y' A_s' - f_y A_s \tag{3-7}$$

$$KNe \leqslant f_c b x (h_0 - 0.5x) + f_y' A_s' (h_0 - a_s') \tag{3-8}$$

式中 A_s、A_s'——配置在远离或靠近轴向压力一侧的钢筋截面面积，mm^2；

e——轴向压力作用点至受拉钢筋A_s合力点之间的距离，mm，$e = \eta e_0 + h/2 - a_s$；

η——考虑挠曲影响的轴向力偏心距增大系数，按式（3-4）计算；

e_0——轴向力对截面重心的偏心距，mm，$e_0 = M/N$；

f_c——混凝土的抗压强度设计值，N/mm^2；

f_y、f_y'——纵向受拉、受压钢筋的强度设计值，N/mm^2；

a_s——受拉区钢筋合力点至受拉区边缘的距离，mm；

a_s'——受压区钢筋合力点至受压区边缘的距离，mm；

x——混凝土受压区计算高度，mm。

为了计算方便，将$x = \xi h_0$代入基本公式（3-8），并令$\alpha_s = \xi(1-0.5\xi)$，则可以得到以下公式：

$$KN \leqslant f_c b \xi h_0 + f_y' A_s' - f_y A_s \tag{3-9}$$

$$KNe \leqslant \alpha_s f_c b h_0^2 + f_y' A_s' (h_0 - a_s') \tag{3-10}$$

基本公式适用条件：

（1）$\xi \leqslant \xi_b$，$x \leqslant \xi_b h_0$，为了保证是大偏心受压破坏，远侧受拉钢筋能达到屈服强度。其中，ξ_b为界限相对受压区计算高度，与受弯构件取值相同，根据钢筋级别而定。

(2) 当 $x \geqslant 2a'_s$ 时，为了构件破坏时，受压钢筋应力达到屈服强度，与双筋受弯构件相同。当 $x < 2a'_s$ 时，受压钢筋达不到屈服强度，偏安全考虑，取 $x = 2a'_s$，对受压钢筋 A'_s 合力点求矩，得到计算公式：

$$KNe' \leqslant f_y A_s (h_0 - a'_s) \tag{3-11}$$

式中　e'——轴向压力作用点至受压钢筋合力点之间的距离，$e' = \eta e_0 - h/2 + a_s$。

小偏心受压柱的截面设计

（二）小偏心受压构件

根据小偏心受压破坏特征，受压区混凝土被压碎，受压钢筋的应力达到屈服强度，而远侧的钢筋不管是受拉还是受压但都不屈服（图3-12），受压区的混凝土曲线压应力图仍用等效矩形图来替代，根据力的平衡和力矩平衡条件，在满足承载能力极限状态设计表达式的要求时，得到公式：

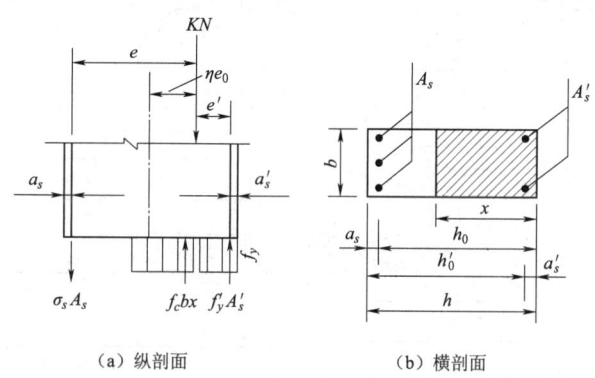

(a) 纵剖面　　　　(b) 横剖面

图 3-12　小偏心受压构件正截面受压承载力计算简图（矩形截面）

$$KN \leqslant f_c bx + f'_y A'_s - \sigma_s A_s \tag{3-12}$$

$$KNe \leqslant f_c bx(h_0 - 0.5x) + f'_y A'_s (h_0 - a'_s) \tag{3-13}$$

式中　e——轴向压力作用点至钢筋 A_s 合力点之间的距离，mm，$e = \eta e_0 + h/2 - a_s$。

远离轴向力一侧的钢筋 A_s，无论是受拉还是受压，构件破坏是均没有达到屈服强度，其应力 σ_s 随着 ξ 变化而成线性变化，可近似按照下列公式计算：

$$\sigma_s = \frac{\xi - 0.8}{\xi_b - 0.8} f_y \tag{3-14}$$

当 $KN > f_c bh$ 时，由于偏心距很小而轴向力很大，构件全截面受压，且近侧钢筋截面面积 A'_s 配置比远侧钢筋截面面积 A_s 大很多，也有可能离轴向力较远一侧混凝土先被压碎，钢筋 A_s 也同时达到屈服强度，称为"反向破坏"。为了防止这种情况的发生，小偏心受压破坏除按上述式子计算外，还应满足下列条件：

$$KNe' \leqslant f_c bh(h'_0 - 0.5h) + f'_y A_s (h'_0 - a_s) \tag{3-15}$$

式中　e'——轴向压力作用点至钢筋 A'_s 合力点之间的距离，mm，$h'_0 = h - a'_s$，此时偏安全考虑，取 $\eta = 1$；

　　　h'_0——受压钢筋 A'_s 合力点至远侧钢筋 A_s 一侧混凝土表面的距离，mm，$h'_0 = h - a'_s$。

五、公式的应用

偏心受压构件截面设计是指已知结构的安全系数、材料的强度、构件控制截面上

的弯矩设计值 M 和轴向压力设计值 N，根据构造拟定截面尺寸，然后根据所学公式计算钢筋的截面面积 A_s 和 A_s'，并进行钢筋选配。

截面设计时，钢筋截面面积未知，混凝土受压区高度也未知，即相对受压区计算高度 ξ 未知，实际计算可按照下列条件来判别大小偏心受压情况：①当 $\eta e_0 > 0.3 h_0$ 时，可按照大偏心受压构件设计；②当 $\eta e_0 \leq 0.3 h_0$ 时，可按照小偏心受压构件设计。具体计算过程参考图 3-13。

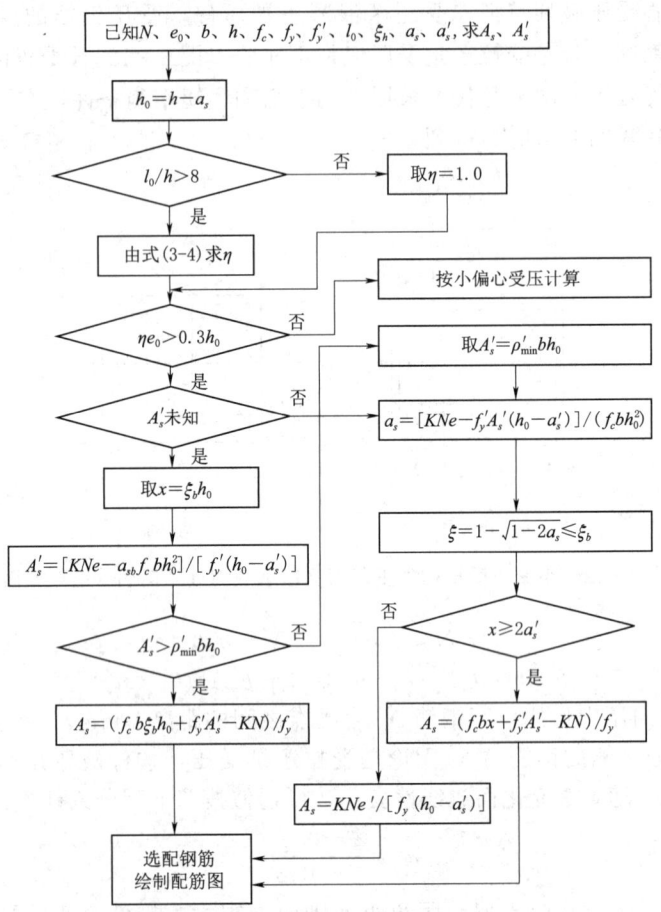

图 3-13　偏心受压构件正截面承载力计算流程图

（一）大偏心受压构件截面设计

非对称式配筋有两种情况：

（1）第一种情况：受拉钢筋截面面积 A_s 和受压钢筋截面面积 A_s' 均未知。这种情况下，大偏心受压构件计算公式（3-9）和式（3-10）中，有3个未知量，即 ξ、A_s、A_s'，3个未知量两个方程不能求解。为了充分发挥混凝土的抗压作用，减少钢筋用量，取 $x = \xi_b h_0$，此时，$\xi = \xi_b$，$\alpha_s = \alpha_{sb} = \xi_b(1 - 0.5\xi_b)$，将 $\alpha_s = \alpha_{sb}$ 代入计算公式（3-10）求 A_s'：

$$A_s' = \frac{KNe - \alpha_{sb} f_c b h_0^2}{f_y'(h_0 - a_s')} \tag{3-16}$$

验算受压钢筋是否满足最小配筋率要求，若 $A'_s \geqslant \rho'_{\min} bh_0$，则将求得的 A'_s 和 $\xi = \xi_b$ 代入式（3-9）计算：

$$A_s = \frac{f_c b \xi_b h_0 + f'_y A'_s - KN}{f_y} \qquad (3-17)$$

若 $A'_s < \rho'_{\min} bh_0$，则取 $A'_s = \rho'_{\min} bh_0$，按照 A'_s 已知的情况求 A_s。按照式（3-17）求得的 A_s，若小于 $\rho_{\min} bh_0$，则按照 $A_s = \rho_{\min} bh_0$ 配筋。

（2）第二种情况，A'_s 已知，求 A_s。这种情况下，大偏心受压构件基本公式（3-9）和式（3-10）有两个未知量，即 A_s 和 ξ，可以直接求解。通过式（3-10）得

$$a_s = \frac{KNe - f'_y A'_s (h_0 - a'_s)}{f_c b h_0^2}, \xi = 1 - \sqrt{1 - 2a_s}, x = \xi h_0$$

若 $2a'_s \leqslant x \leqslant \xi_b h_0$，说明受压钢筋 A'_s 配置适当，能够充分发挥作用，而且受拉钢筋也能达到屈服强度，可由式（3-9）计算 A_s：

$$A_s = \frac{f_c b \xi h_0 + f'_y A'_s - KN}{f_y} \qquad (3-18)$$

当 $x > \xi_b h_0$ 时，说明受压钢筋 A'_s 数量不足，可按照第一种情况重新计算 A'_s 和 A_s，使其满足 $x \leqslant \xi_b h_0$ 的条件。

当 $x < 2a'_s$ 时，说明受压钢筋 A'_s 达不到屈服，可由式（3-11）计算 A_s：

$$A_s = \frac{KNe'}{f_y (h_0 - a'_s)} \qquad (3-19)$$

式中 $e' = \eta e_0 - 0.5h + a'_s$。

（二）小偏心受压构件截面设计

小偏心受压构件的截面设计可按照下列步骤进行：

（1）计算 A_s。小偏心受压构件远离轴向力一侧的钢筋 A_s 可能受压也有可能受拉，柱破坏时其应力 σ_s 一般达不到屈服强度，为节约钢材，A_s 可以按照最小配筋率配置，即

$$A_s = \rho_{\min} bh_0 \qquad (3-20)$$

当 $KN > f_c bh$ 时，应按照式（3-15）验算距离轴向力较远一侧钢筋截面面积 A_s：

$$A_s = \frac{KN(0.5h - a'_s - e_0) - f_c bh (h'_0 - 0.5h)}{f'_y (h'_0 - a_s)} \qquad (3-21)$$

A_s 应该取上述式（3-20）和式（3-21）中的较大值。

（2）计算 ξ 和 A'_s。将 $\sigma_s = \frac{\xi - 0.8}{\xi_b - 0.8} f_y$ 和 $x = \xi h_0$ 代入小偏压计算公式（3-12）和式（3-13）联立求解 ξ 和 A'_s、A_s。受压钢筋和受拉钢筋截面面积要满足最小配筋率的要求。

（三）承载力复核

进行承载力复核时，一般已知 b、h、A_s 和 A'_s，混凝土强度等级及钢材品种，构件长细比 l_0/h，轴向力设计值 N 和偏心距 e_0，验算截面是否能承受该 N 值；或者已知 N 值，求承受弯矩设计值 M。

1. 弯矩作用平面内的承载力复核

(1) 已知轴向力设计值 N，求弯矩设计值 M。先将已知配筋和相对界限受压区计算高度 ξ_b，代入 $N_u = f_c b \xi_b h_0 + f_y' A_s' - f_y A_s$，计算界限情况下的受压承载力设计值 N_u。如果 $KN \leqslant N_u$，则为大偏心受压，可按照公式 $KN \leqslant f_c bx + f_y' A_s' - f_y A_s$ 求出 x，再由式（3-4）求得的 η，代入式（3-8）求 e_0，则弯矩设计值 $M = Ne_0$；如果 $KN > N_u$，为小偏心受压，应按照小偏心受压公式（3-12）和式（3-14）计算 x，再将 x 及 η 代入式（3-10）求 e_0 和 M。

(2) 已知偏心距 e_0，求轴向力设计值 N。因截面配筋已知，故可按大偏心计算应力简图对轴向力 N 作用点求矩，求出 x，从而得到 ξ。当 $\xi \leqslant \xi_b$，为大偏压情况，将 x 及已知数据代入大偏压力的平衡计算公式（3-7）求得轴向力设计值 N 即可；当 $\xi > \xi_b$，为小偏压情况，将已知数据代入小偏压计算公式（3-12）、式（3-13）和式（3-14）求解轴向力设计值 N。

2. 垂直于弯矩作用平面的承载力复核

无论是截面设计还是承载力复核，是大偏心受压还是小偏心受压情况，除了在弯矩作用平面内依照偏心受压进行计算外，都要验算垂直于弯矩作用平面的轴心受压承载力，计算时考虑稳定系数 φ 的影响，柱截面内全部纵向受力钢筋作为受压钢筋参与计算。

验算公式如下：

$$KN \leqslant \varphi [f_c A + f_y'(A_s' + A_s)] \tag{3-22}$$

【例 3-2】 某 2 级水工建筑物中的钢筋混凝土矩形截面偏心受压柱，其控制截面的截面尺寸 $b \times h = 400\text{mm} \times 600\text{mm}$，$l_0 = 5.4\text{m}$，采用 C25 级混凝土和 HRB400 级钢筋。控制截面承受的轴心压力设计值 $N = 940\text{kN}$，弯矩设计值 $M = 370\text{kN}\cdot\text{m}$，取 $a_s = a_s' = 45\text{mm}$。给该柱配置钢筋。

解：查附表 1-2、附表 1-6、附表 1-9 得 $K = 1.20$，$f_c = 11.9\text{N}/\text{mm}^2$，$f_y' = f_y = 360\text{N}/\text{mm}^2$。

(1) 判别偏心受压类型。

$l_0/h = 5400/600 = 9 > 8$，需考虑纵向弯曲的影响。

$h_0 = h - a_s = 600 - 45 = 555(\text{mm})$。

$e_0 = M/N = 370/940 = 394(\text{mm}) > h_0/30 = 18.5\text{mm}$，取 $e_0 = 394\text{mm}$。

$$\zeta_1 = \frac{0.5 f_c A}{KN} = \frac{0.5 \times 11.9 \times 400 \times 600}{1.2 \times 940 \times 10^3} = 1.266 > 1.0，取 \zeta_1 = 1.0。$$

$l_0/h = 5400/600 = 9 < 15$，取 $\zeta_2 = 1.0$，则有

$$\eta = 1 + \frac{1}{1400 \frac{e_0}{h_0}} \left(\frac{l_0}{h}\right)^2 \zeta_1 \zeta_2 = 1 + \frac{1}{1400 \times \frac{394}{555}} \left(\frac{5400}{600}\right)^2 \times 1.0 \times 1.0 = 1.081$$

$\eta e_0 = 1.081 \times 394 = 426(\text{mm}) > 0.3 h_0 = 0.3 \times 555 = 167(\text{mm})$，按照大偏压计算。

$$e = \eta e_0 + h/2 - a_s = 426 + 600/2 - 45 = 681(\text{mm})$$

（2）计算 A_s' 和 A_s。

$$a_s = a_{sb} = \xi_b(1 - 0.5\xi_b) = 0.518 \times (1 - 0.5 \times 0.518) = 0.384$$

$$A_s' = \frac{KNe - a_{sb}f_c b h_0^2}{f_y'(h_0 - a_s')} = \frac{1.20 \times 940 \times 10^3 \times 681 - 0.384 \times 11.9 \times 400 \times 555^2}{360 \times (555 - 45)} = 1197(\text{mm}^2)$$

$$> \rho_{min}' b h_0 = 0.2\% \times 400 \times 555 = 444(\text{mm}^2)$$

$$A_s = \frac{f_c b \xi_b h_0 + f_y' A_s' - KN}{f_y} = \frac{11.9 \times 400 \times 0.518 \times 555 + 360 \times 1117.36 - 1.20 \times 940 \times 10^3}{360}$$

$$= 2280(\text{mm}^2) > \rho_{min} b h_0 = 0.2\% \times 400 \times 555 = 444(\text{mm}^2)$$

全部纵向钢筋配筋率为

$$\rho = \frac{A_s + A_s'}{A} \times 100\% = \frac{1785.28 + 1117.36}{400 \times 600} \times 100\% = 1.21\% < 5\%$$

可见，在经济配筋率范围内。

实配受压钢筋为 2 Φ 25 + 1 Φ 20（$A_s' = 1296\text{mm}^2$），受拉钢筋为 5 Φ 25（$A_s = 1900\text{mm}^2$），箍筋为 Φ8@200，采用复合箍筋方式，纵向构造钢筋为 2 Φ 16，配筋图如图 3 - 14 所示。

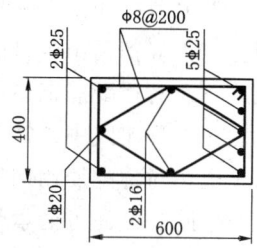

图 3 - 14 截面配筋图

（3）垂直于弯矩作用平面内的承载力复核。

$l_0/b = 5400/400 = 13.5$，查表得 $\varphi = 0.93$。

$$KN = 1.20 \times 940 = 1128(\text{kN})$$

$$\varphi[f_c A + f_y'(A_s' + A_s)] = 0.93 \times [11.9 \times 400 \times 600 + 360 \times (1900 + 1296)]$$
$$= 3726 \text{ (kN)}$$

由 $KN < \varphi[f_c A + f_y'(A_s' + A_s)]$ 可知，垂直于弯矩作用平面的截面承载力满足要求。

【例 3 - 3】 例 3 - 2 中的钢筋混凝土受压柱，受压侧钢筋已配置 2 Φ 25 + 2 Φ 20（$A_s' = 1610\text{mm}^2$）。试求 A_s，并绘制配筋图。

（1）计算受压区高度。

$$a_s = \frac{KNe - f_y' A_s'(h_0 - a_s')}{f_c b h_0^2}$$

$$= \frac{1.20 \times 940 \times 10^3 \times 681 - 360 \times 1610 \times (555 - 45)}{11.9 \times 400 \times 555^2} = 0.322$$

$\xi = 1 - \sqrt{1 - 2a_s} = 1 - \sqrt{1 - 2 \times 0.322} = 0.403 < \xi_b = 0.518$，属于大偏心受压。

$$x = \xi h_0 = 224\text{mm} > 2a_s' = 90\text{mm}$$

（2）计算 A_s。

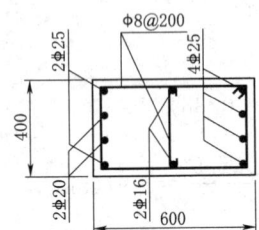

图 3-15 截面配筋图

$$A_s = \frac{f_c b \xi h_0 + f'_y A'_s - KN}{f_y}$$

$$= \frac{11.9 \times 400 \times 0.403 \times 555 + 360 \times 1610 - 1.20 \times 940 \times 10^3}{360}$$

$$= 1434 \text{mm}^2 > \rho_{\min} b h_0 = 0.2\% \times 400 \times 555 = 444 (\text{mm}^2)$$

实配受拉钢筋 4 ⌀ 25 ($A_s = 1964 \text{mm}^2$)

箍筋和拉筋采用 ⌀ 8@200，纵向构造钢筋为 2 ⌀ 16，配筋图如图 3-15 所示。

(3) 垂直于弯矩作用平面的承载力复核。（略）

技能点四 对称配筋的矩形截面偏心受压构件计算

由上节可知，不论是大偏心受压构件，还是小偏心受压构件，截面两侧的钢筋面积 A_s 和 A'_s 都是由各自的计算公式得出，数量一般不相等，这种配筋方式称为非对称配筋。非对称配筋钢筋用量较省，但施工不方便。

在工程实践中，常在构件截面两侧配置相等的钢筋，称为对称配筋。与非对称配筋相比，对称配筋用钢量较多，但构造简单，施工方便。特别是构件在不同的荷载组合下，同一截面可能承受数量相近的正负弯矩时，更应采用对称配筋。例如厂房（或渡槽）的排架立柱在不同方向的风荷载作用下，同一截面可能承受数值相差不大的正负弯矩，此时就应该设计成对称配筋。

对称配筋是偏心受压构件的一种特殊情况，构件截面设计时，也需要先判别偏心受压类型。判别方法是：假定是大偏心受压，将 $A_s = A'_s$、$f_y = f'_y$、$a_s = a'_s$ 代入式（3-7）得

$$x = \frac{KN}{f_c b} \tag{3-23}$$

若 $x \leqslant \xi_b h_0$，为大偏心受压；若 $x > \xi_b h_0$，则为小偏心受压。

一、大偏心受压对称配筋

若 $2a'_s \leqslant x \leqslant \xi_b h_0$，按照大偏心受压构件承载力计算公式（3-8）确定 A'_s，并取 $A_s = A'_s$：

$$A_s = A'_s = \frac{KNe - f_c bx(h_0 - 0.5x)}{f'_y(h_0 - a'_s)} \tag{3-24}$$

式中，$e = \eta e_0 + h/2 - a_s$。

若 $x < 2a'_s$，则由式（3-11）计算钢筋截面面积：

$$A_s = A'_s = \frac{KNe'}{f_y(h_0 - a'_s)} \tag{3-25}$$

式中，$e' = \eta e_0 - h/2 + a_s$。

A_s 和 A'_s 均应满足最小配筋率要求。

二、小偏心受压对称配筋

当 $x > \xi_b h_0$ 时，按照小偏心受压构件进行计算。

将 $A_s = A_s'$，$x = \xi h_0$，$\sigma_s = \dfrac{0.8-\xi}{0.8-\xi_b}f_y$ 代入基本公式 (3-12) 及式 (3-13) 得

$$KN_e \leqslant f_c b \xi h_0 + f_y A_s \frac{\xi - \xi_b}{0.8 - \xi_b} \tag{3-26}$$

$$KNe \leqslant f_c b h_0^2 \xi(1-0.5\xi) + f_y' A_s'(h_0 - a_s') \tag{3-27}$$

式 (3-26) 与式 (3-27) 中包含 ξ 和 A_s 两个未知量，将两式联立求解，理论上可求出 ξ 和 A_s。然而，联立求解 ξ 需要解 ξ 的三次方程，求解烦琐，为简化计算，考虑到在小偏心受压范围内 ξ 在 $0.55\sim1.1$ 之间变动，相应的 $\alpha_s = \xi(1-0.5\xi)$ 为 $0.4\sim0.5$，取 $\xi(1-0.5\xi) = 0.45$，代入 ξ 的三次方程中，则 ξ 的近似公式为

$$\xi = \frac{KN - \xi_b f_c b h_0}{\dfrac{KNe - 0.45 f_c b h_0^2}{(0.8 - \xi_b)(h_0 - a_s')} + f_c b h_0} + \xi_b \tag{3-28}$$

将 ξ 代入式 (3-27)，计算出钢筋截面面积：

$$A_s = A_s' = \frac{KNe - f_c b h_0^2 \xi(1-0.5\xi)}{f_y'(h_0 - a_s')} \tag{3-29}$$

不论大偏心还是小偏心受压构件，配置的 A_s 和 A_s' 均应满足最小配筋率要求。

对称配筋截面承载力复核方法和步骤与非对称配筋截面承载力复核基本相同。

【**例 3-4**】 某 2 级水工建筑物中的钢筋混凝土矩形截面偏心受压柱，采用对称配筋，截面尺寸 $b \times h = 400\text{mm} \times 600\text{mm}$，取 $a_s = a_s' = 45\text{mm}$，计算长度 $l_0 = 7.6\text{m}$，采用 C25 级混凝土、HRB400 级钢筋。已知该柱在使用期间其控制截面承受的内力设计值有以下两组：①$N = 815\text{kN}$，$M = 369\text{kN} \cdot \text{m}$；②$N = 1875\text{kN}$，$M = 295\text{kN} \cdot \text{m}$。给该柱配置钢筋。

解：查附表 1-2、附表 1-6、附表 1-9 得 $K = 1.20$，$f_c = 11.9\text{N/mm}^2$，$f_y' = f_y = 360\text{N/mm}^2$。

1. 第一组内力：$N = 815\text{kN}$，$M = 369\text{kN} \cdot \text{m}$

(1) 计算 η 值。

$l_0/h = 7600/600 = 12.7 > 8$，考虑纵向弯曲的影响，则

$$h_0 = h - a_s = 600 - 45 = 555 \text{ (mm)}$$

$e_0 = M/N = 369 \times 10^6 / 815 \times 10^3 = 453 \text{ (mm)} > h_0/30 = 18.5 \text{mm}$，取 $e_0 = 453\text{mm}$，则

$$\zeta_1 = \frac{0.5 f_c A}{KN} = \frac{0.5 \times 11.9 \times 400 \times 600}{1.2 \times 815 \times 10^3} = 1.460 > 1.0，取 \zeta_1 = 1.0。$$

$l_0/h = 7600/600 = 12.7 < 15$，取 $\zeta_2 = 1.0$。

$$\eta = 1 + \frac{1}{1400 \dfrac{e_0}{h_0}}\left(\frac{l_0}{h}\right)^2 \zeta_1 \zeta_2 = 1 + \frac{1}{1400 \times \dfrac{453}{555}} \times 12.7^2 \times 1.0 \times 1.0 = 1.141$$

$$e = \eta e_0 + h/2 - a_s = 1.141 \times 453 + 600/2 - 45 = 772 \text{ (mm)}$$

(2) 判别偏心受压类型。

$$x = \frac{KN}{f_c b} = \frac{1.20 \times 815 \times 10^3}{11.9 \times 400} = 205 \text{ (mm)} < \xi_b h_0 = 0.518 \times 555 = 287 \text{ (mm)}$$

属于大偏心受压情况。

(3) 配筋计算。

$$2a_s' = 90\text{mm} < x = 205\text{mm} < \xi_b h_0 = 0.518 \times 555 = 287(\text{mm})$$

$$A_s = A_s' = \frac{KNe - f_c bx(h_0 - 0.5x)}{f_y'(h_0 - a_s')}$$

$$= \frac{1.20 \times 815 \times 10^3 \times 772 - 11.9 \times 400 \times 205 \times (555 - 0.5 \times 205)}{360 \times (555 - 45)}$$

$$= 1707(\text{mm}^2) > \rho_{\min} bh_0 = 0.2\% \times 400 \times 555 = 444(\text{mm}^2)$$

实配纵向受拉钢筋和受压钢筋均选用 2Φ25+2Φ11（$A_s = A_s' = 1742\text{mm}^2$），箍筋和拉筋选用Φ8@200，纵向构造钢筋为 2Φ14。

2. 第二组内力：$N = 1875\text{kN}$, $M = 295\text{kN} \cdot \text{m}$

(1) 计算 η 值。

$$e_0 = M/N = 295 \times 10^6 / 1875 \times 10^3 = 0.157(\text{m}) = 157\text{mm}$$

$$\zeta_1 = \frac{0.5 f_c A}{KN} = \frac{0.5 \times 11.9 \times 400 \times 600}{1.2 \times 1875 \times 10^3} = 0.635$$

$l_0/h = 7600/600 = 12.7 < 15$，取 $\zeta_2 = 1.0$。

$$\eta = 1 + \frac{1}{1400 \frac{e_0}{h_0}} \left(\frac{l_0}{h}\right)^2 \zeta_1 \zeta_2 = 1 + \frac{1}{1400 \times \frac{157}{555}} \times 12.7^2 \times 0.635 \times 1.0 = 1.259$$

(2) 判别偏心受压类型。

$$x = \frac{KN}{f_c b} = \frac{1.20 \times 1875 \times 10^3}{11.9 \times 400} = 473(\text{mm}) > \xi_b h_0 = 0.518 \times 555 = 287(\text{mm})$$

属于小偏心受压柱。

$$e = \eta e_0 + h/2 - a_s = 1.259 \times 157 + 600/2 - 45 = 453\text{mm}$$

$$\xi = \frac{KN - \xi_b f_c b h_0}{\frac{KNe - 0.45 f_c b h_0^2}{(0.8 - \xi_b)(h_0 - a_s')} + f_c b h_0} + \xi_b$$

$$= \frac{1.20 \times 1875 \times 10^3 - 0.518 \times 11.9 \times 400 \times 555}{\frac{1.20 \times 1875 \times 10^3 \times 453 - 0.45 \times 11.9 \times 400 \times 555^2}{(0.8 - 0.518)(555 - 45)} + 11.9 \times 400 \times 550} + 0.518$$

$$= 0.690$$

$$x = \xi h_0 = 0.690 \times 555 = 383(\text{mm})$$

(3) 计算钢筋面积。

$$A_s = A_s' = \frac{KNe - f_c bx(h_0 - 0.5x)}{f_y'(h_0 - a_s')}$$

$$= \frac{1.20 \times 1875 \times 10^3 \times 453 - 11.9 \times 400 \times 383 \times (555 - 0.5 \times 383)}{360 \times (555 - 45)} = 1942(\text{mm}^2)$$

(4) 两侧纵筋均选用 4Φ25（$A_s = A_s' = 1964\text{mm}^2$）。

经以上计算可知，该柱配筋取决于第二组内力，柱截面两侧沿短边方向均应配置钢筋 4⊈25（$A_s = A'_s = 1964$ mm²）。配置纵向构造钢筋 2⊈16，箍筋和拉筋选用Φ8@200。配筋图如图 3-16 所示。

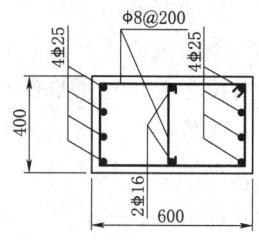

图 3-16 截面配筋图

随堂测

(5) 复核垂直于弯矩作用平面的承载力。

$$\frac{l_0}{b} = \frac{7600}{400} = 19，查表 3-1 得 \varphi = 0.78。$$

$$KN = 1.20 \times 1875 = 2250 (kN)$$
$$< \varphi[f_c A + f'_y(A_s + A'_s)]$$
$$= 0.78 \times [11.9 \times 400 \times 600 + 360 \times 2 \times 1964]$$
$$= 3331 (kN)$$

满足要求。

技能点五　偏心受压构件斜截面受剪承载力计算

在实际工程中，有不少构件同时承受轴向压力、弯矩和剪力的作用，如框架柱、排架柱等。这类构件由于轴向压力的存在，对其抗剪能力有明显的影响。因此，对于斜截面受剪承载力计算，必须考虑轴向压力的影响。

试验结果表明，轴向压力对受剪承载力起着有利影响。轴向压力能限制构件斜裂缝的出现和开展，增加混凝土剪压区高度，从而提高混凝土的受剪承载力。但轴向压力对受剪承载力的有利作用是有限度的。为了与梁的斜截面受剪承载力计算公式相协调，矩形、T形和I形截面的偏心受压构件斜截面受剪承载力计算公式为

偏心受压构件斜截面受剪承载力计算

$$KV \leqslant V_c + V_{sv} + V_{sb} + 0.07N \qquad (3-30)$$

式中　N——与剪力设计值 V 相应的轴向压力设计值，N，当 $N > 0.3 f_c A$ 时，取 $N = 0.3 f_c A$，A 为构件的截面面积。

如能符合下列要求时：

$$KV \leqslant V_c + 0.07N \qquad (3-31)$$

则可不进行斜截面受剪承载力计算，仅需按构造要求配置箍筋抗剪。

为防止发生斜压破坏，矩形、T形和I形截面的偏心受压构件，其截面尺寸应满足下式要求：

$$KV \leqslant 0.25 f_c b h_0 \qquad (3-32)$$

随堂测

偏心受压构件斜截面受剪承载力的计算步骤与梁相类似，这里不再重述。

任务二　受拉构件的构造要求与相关计算

素质目标	(1) 树立工程伦理观念，强化社会责任感。 (2) 激发创新精神，培养实践能力
知识目标	(1) 掌握受拉构件的构造规定。 (2) 掌握轴心受拉构件正截面承载力计算规则。 (3) 掌握偏心受拉构件正截面承载力计算规则
技能目标	(1) 能正确完成轴心受拉构件承载力计算与配筋设计。 (2) 能正确完成偏心受拉构件承载力计算与配筋设计

想一想8

钢筋混凝土受拉构件可分为轴心受拉构件和偏心受拉构件两类。当轴向拉力作用点与截面重心重合时，称为轴心受拉构件；当构件上既作用有拉力又作用有弯矩，或轴向拉力作用点偏离截面重心时，称为偏心受拉构件。

受拉构件在水利工程中的应用较为广泛。如在内水压力作用下忽略自重的圆形水管就是轴心受拉构件，如图 3-17（a）所示。埋在地下的圆形水管，在管外土压力与管内水压力共同作用下，水管沿环向即为轴心拉力与弯矩共同作用的偏心受拉构件，如图 3-17（b）所示。在水压力作用下的渡槽底板、矩形水池怕池壁等也都是偏心受拉构件。

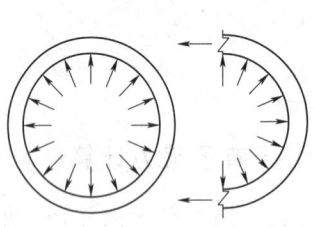
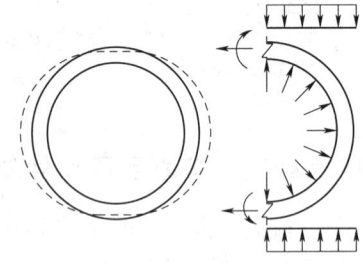

(a) 内水压力作用下管壁轴心受拉　　(b) 管外土压力和管内水压力共同作用下管壁偏心受拉

图 3-17　圆形水管管壁的受力

理想的轴心受拉构件在工程中是没有的，对于以承受轴向拉力为主的构件，当偏心距很小时，可近似按轴心受拉构件计算。如圆形水池的池壁，在静水压力作用下处于环向受拉状态，可作为轴心受拉构件计算。此外，厂房钢筋混凝土屋架的受拉弦杆，当构件自重忽略不计时，也常按轴心受拉构件计算。

受拉构件的构造要求如下：

(1) 为了增强钢筋与混凝土之间的黏结力并减少构件的裂缝开展宽度，受拉构件的纵向受力钢筋宜采用直径稍细的变形钢筋。轴心受拉构件的受力钢筋应沿构件周边均匀布置；偏心受拉构件的受力钢筋布置在垂直于弯矩作用平面的两边。

(2) 轴心受拉和小偏心受拉构件（如桁架和拱的拉杆）中的受力钢筋不得采用绑扎接头；大偏心受拉构件中的受拉钢筋，当直径大于 28mm 时，也不宜采用绑扎接头。

(3) 为了避免受拉钢筋配置过少引起脆性破坏，受拉钢筋的用量不应小于最小配筋率。

(4) 纵向钢筋的混凝土保护层厚度的要求与梁相同。

(5) 在受拉构件中，箍筋的作用是与纵向钢筋形成骨架，固定纵向钢筋在截面中的位置；对于有剪力作用的偏心受拉构件，箍筋主要起抗剪作用。受拉构件中的箍筋，其构造要求与受弯构件箍筋相同。

技能点一　轴心受拉构件正截面承载力计算

钢筋混凝土轴心受拉构件，在开裂以前混凝土与钢筋共同承担拉力。混凝土开裂以后，裂缝截面与构件轴线垂直，并贯穿于整个截面，在裂缝截面上，混凝土退出工

作，全部拉力由纵向钢筋承担。破坏时裂缝贯穿整个截面，纵筋应力达到抗拉强度设计值。由上述轴心受拉构件破坏分析，得出轴心受拉构件正截面受拉承载力计算简图，如图3-18所示。

根据承载力计算简图和内力平衡条件，在满足承载能力极限状态设计表达式的要求下，可建立基本公式如下：

$$KN \leqslant f_y A_s \quad (3-33)$$

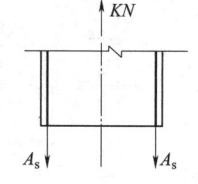

图3-18 轴心受拉构件正截面受拉承载力计算简图

式中　N——轴向拉力值，N；
　　　K——承载力安全系数；
　　　A_s——纵向钢筋的全部截面面积，mm^2。

受拉钢筋截面面积按式（3-33）计算得

$$A_s = KN/f_y \quad (3-34)$$

应该注意，轴心受拉构件的钢筋用量并不完全由强度要求决定，在许多情况下，裂缝宽度对纵筋用量起决定作用。

【例3-5】 某2级水工建筑物，压力水管内径 $r=800mm$，管壁厚120mm，采用C25混凝土和HRB400级钢筋，水管内水压力标准值 $p_k=0.2N/mm^2$，承载力安全系数 $K=1.20$，试进行配筋计算。

解： 忽略管壁自重的影响，并考虑管壁厚度远小于水管半径，则可认为水管承受沿环向的均匀拉应力，所以压力水管承受内水压力时为轴心受拉构件。可变荷载（内水压力）属于一般可变荷载，计算内力设计值时乘以系数1.20。钢筋强度 $f_y=360N/mm^2$。

管壁单位长度（取 $b=1000mm$）内承受的轴向拉力设计值为

$$N=1.20p_k rb=1.20\times0.2\times800\times1000=192000(N)$$

钢筋截面面积 $A_s=KN/f_y=1.20\times192000/360=640(mm^2)$

管壁内外层各配置 $\Phi10@200$（$A_s=768mm^2$）钢筋，并配置 $\Phi8$ 的分布钢筋，配筋图如图3-19所示。

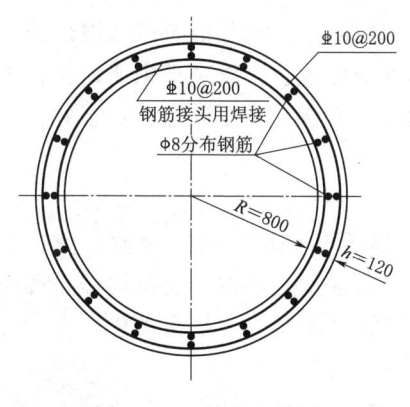

图3-19 管壁配筋图

随堂测

技能点二　偏心受拉构件正截面受拉承载力计算

一、大小偏心受拉构件的界限

如图3-19所示，距轴向拉力 N 较近一侧的纵向钢筋为 A_s，较远一侧的纵向钢筋为 A_s'，试验表明，根据轴向力偏心距 e_0 的不同，偏向受拉构件的破坏特征可分为以下两种情况。

（1）轴向拉力作用在钢筋 A_s 和 A_s' 之外，即偏心距 $e_0>h/2-a_s$ 时，称为大偏心

偏心受拉构件的设计

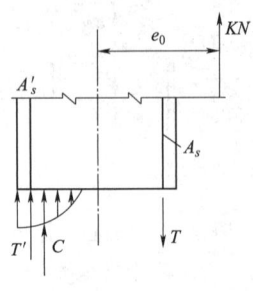 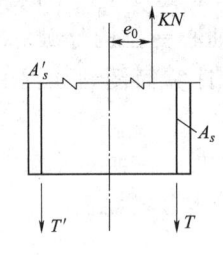

(a) N作用A_s在A'_s钢筋和之外　　(b) N作用A_s在A'_s钢筋和之间

图 3-20 大小偏心受拉的界限

受拉，如图 3-20（a）所示。

由于拉力 N 的偏心距较大，受力后截面部分受拉、部分受压，随着荷载的增加，受拉区混凝土开裂，这时受拉区拉力仅由受拉钢筋 A_s 承担，而受压区压力由混凝土和受压箍筋 A'_s 共同承担。随着荷载进一步增加，裂缝进一步扩展，受拉区钢筋 A_s 达到屈服强度 f_y，受压区进一步缩小，以致混凝土被压碎，同时受压钢筋 A'_s 的应力也达到屈服强度 f'_y，其破坏形态与大偏心受压构件类似。大偏心受拉构件破坏时，构件截面不会裂通，截面上有受压区存在；否则，截面受力不会平衡。

（2）轴向拉力 N 作用在钢筋 A_s 和 A'_s 之间，即偏心距 $e_0 \leqslant h/2 - a_s$ 时，称为小偏心受拉，如图 3-20（b）所示。

当偏心距较小时，受力后即为全截面受拉，随着荷载的增加，混凝土达到极限拉应变而开裂，进而全截面裂通，最后钢筋应力达到屈服强度，构件破坏；当偏心距较大时，混凝土开裂前截面部分受拉、部分受压，在受拉区混凝土开裂以后，裂缝迅速发展至全截面裂通，混凝土退出工作，这时截面将全部受拉，随着荷载的不断增加，最后钢筋应力达到屈服强度，构件破坏。

因此，只要拉力 N 作用在钢筋 A_s 和 A'_s 之间，不管偏心距大小如何，构件破坏时均为全截面受拉，拉力由 A_s 与 A'_s 共同承担，构件受拉承载力取决于钢筋的抗拉强度。小偏心受拉构件破坏时，构件全截面裂通，截面上不会有受压区存在；否则，截面受力不会平衡。

二、小偏心受拉构件

如前所述，小偏心受拉构件在轴向力作用下，截面达到破坏时，全截面受拉裂通，拉力全部由钢筋 A_s 和 A'_s 承担，其应力均达到屈服强度。小偏心受拉构件正截面受拉承载力计算简图如图 3-21 所示。根据承载力计算简图及内力平衡条件，在满足承载能力极限状态设计表达式的要求下，可建立基本公式如下：

$$KNe' \leqslant f_y A_s (h_0 - a'_s) \qquad (3-35)$$
$$KNe \leqslant f_y A'_s (h_0 - a'_s) \qquad (3-36)$$

式中　e'——轴向拉力 N 至钢筋 A'_s 合力点之间的距离，mm，$e' = h/2 - a'_s + e_0$；

　　　e——轴向拉力 N 至钢筋 A_s 合力点之间的距离，mm，$e = h/2 - a_s - e_0$；

　　　e_0——轴向拉力 N 对截面重心的偏心距，mm，$e_0 = M/N$；

A_s、A'_s——配置在靠近及远离轴向力一侧的纵向钢筋截面面积，mm²。

截面设计时，由式（3-35）和式（3-36）可求得钢筋的截面面积为

$$A_s \geqslant \frac{KNe'}{f_y (h_0 - a'_s)} \qquad (3-37)$$

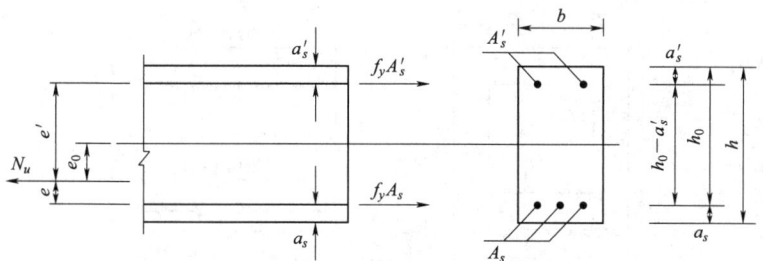

图 3-21 小偏心受拉构件正截面受拉承载力计算简图

$$A'_s \geqslant \frac{KNe}{f_y(h_0 - a'_s)} \tag{3-38}$$

A_s 及 A'_s 均应满足最小配筋率的要求。

构件截面承载力复核时，可由式（3-35）和式（3-36）分别复核，若两式均得到满足，则截面承载力满足要求；否则不满足要求。计算流程如图 3-22 所示。

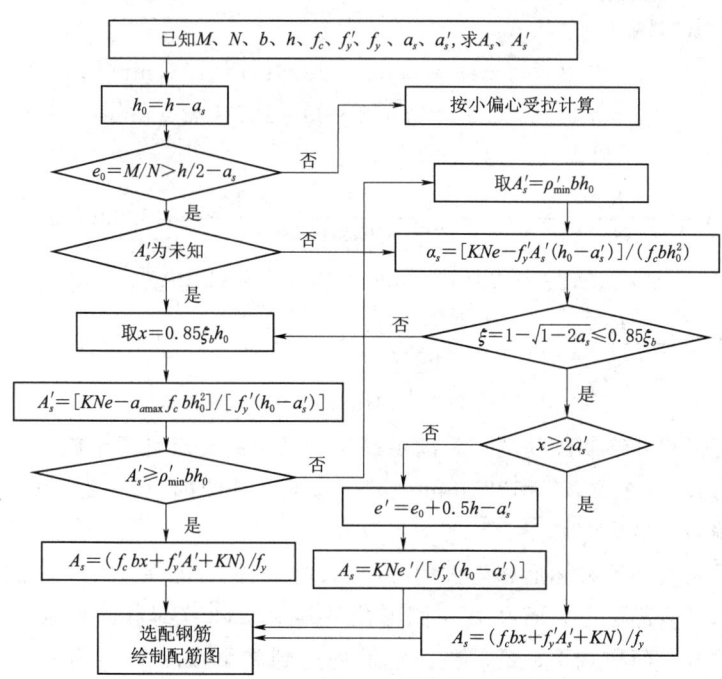

图 3-22 偏心受拉构件正截面承载力计算流程图

【**例 3-6**】 某钢筋混凝土输水涵洞为 2 级建筑物，涵洞截面尺寸如图 3-23 (a) 所示。该涵洞采用 C25 混凝土及 HRB400 级钢筋（$f_y = 360 \text{N/mm}^2$），使用其间在自重、土压力及动水压力作用下，每米涵洞长度内容，控制截面 A—A 的内力为：弯矩设计值 $M = 36.4 \text{kN} \cdot \text{m}$（外壁受拉），轴心拉力设计值 $N = 338.8 \text{kN}$，$K = 1.20$，$a_s = a'_s = 60 \text{mm}$，涵洞壁厚为 550mm，试配置截面 A—A 的钢筋。

解：(1) 判别偏心受拉构件类型。

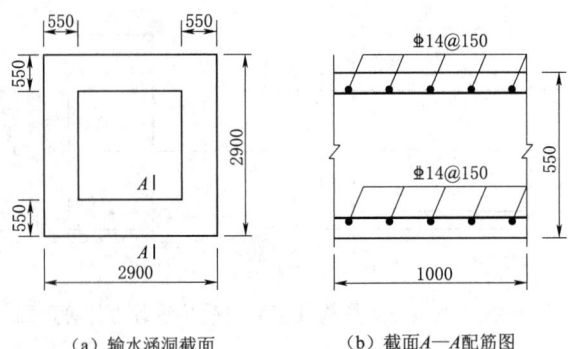

(a) 输水涵洞截面　　　　(b) 截面A—A配筋图

图 3-23　输水涵洞截面尺寸和配筋图

$$h_0 = h - a_s = 550 - 60 = 490 (\text{mm})$$

$$e_0 = M/N = 36.4/338.8 = 0.107(\text{m}) = 107\text{mm} < h/2 - a_s = 550/2 - 60 = 215(\text{mm})$$

属于小偏心受拉构件。

(2) 计算纵向钢筋 A_s 和 A'_s。

$$e = h/2 - a_s - e_0 = 550/2 - 60 - 107 = 108(\text{mm})$$

$$e' = h/2 - a'_s + e_0 = 550/2 - 60 + 107 = 322(\text{mm})$$

根据式（3-37）和式（3-38）得

$$A_s = \frac{KNe'}{f_y(h_0 - a'_s)} = \frac{1.20 \times 338.8 \times 10^3 \times 322}{360 \times (490 - 60)} = 845.69(\text{mm}^2)$$

$$< \rho_{\min} bh_0 = 0.20\% \times 1000 \times 490 = 980(\text{mm}^2)$$

$$A'_s = \frac{KNe}{f_y(h_0 - a'_s)} = \frac{1.20 \times 338.8 \times 10^3 \times 108}{360 \times (490 - 60)} = 283.65 (\text{mm}^2)$$

$$< \rho_{\min} bh_0 = 0.20\% \times 1000 \times 490 = 980(\text{mm}^2)$$

(3) 选配钢筋并绘制配筋图。为满足最小配筋率的要求且便于施工，内外侧钢筋均选配Φ14@150（$A_s = A'_s = 1026 \text{mm}^2/\text{m}$），截面配筋图如图3-23（b）所示。

三、大偏心受拉构件

大偏心受拉构件的破坏形态与大偏心受压构件相似，即在受拉一侧混凝土发生裂缝后，钢筋承受全部拉力，而在另一侧形成受压区。随着荷载的增加，裂缝继续开展，受压区混凝土面积减小，最后受拉钢筋先达到屈服强度 f_y，随后受压区混凝土被压碎而破坏。计算时所采用的应力图形与大偏心受压构件相似。因此，其计算公式及步骤与大偏心受压构件也相似，但轴向力 N 的方向相反。

（一）基本公式

根据图3-24所示的大偏心受拉构件正截面受拉承载力计算简图及内力平衡条件，在并满足承载能力极限状态设计表达式的要求下，可得矩形截面大偏心受拉构件正截面受拉承载力计算的基本公式：

$$KN \leqslant f_y A_s - f_c bx - f_y' A_s' \tag{3-39}$$

$$KNe \leqslant f_c bx(h_0 - 0.5x) + f_y' A_s'(h_0 - a_s') \tag{3-40}$$

式中 e——轴向力 N 作用点到近侧受拉钢筋 A_s 合力点之间的距离，mm，$e=e_0-h/2+a_s$。

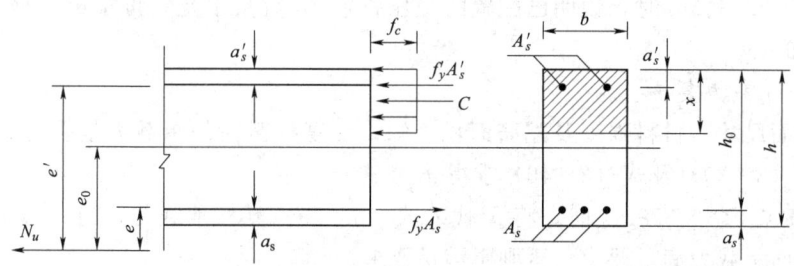

图 3-24 矩形截面大偏心受拉构件正截面受拉承载力计算简图

基本公式的适用条件为：$x \leqslant 0.85\xi_b h_0$，$x \geqslant 2a_s'$。

为了计算方便，可将 $x=\xi h_0$ 代入基本公式（3-39）和式（3-40）中，并令 $a_s=\xi(1-0.5\xi)$，则可将基本公式改写为如下的实用公式：

$$KN \leqslant f_y A_s - f_c b \xi h_0 - f_y' A_s' \tag{3-41}$$

$$KNe \leqslant a_s f_c b h_0^2 + f_y' A_s'(h_0 - a_s') \tag{3-42}$$

当 $x<2a_s'$ 时，上述两式不再适用。此时，可假设混凝土压力合力点与受压钢筋 A_s' 合力点重合，取以 A_s' 为矩心的力矩平衡方程得

$$KNe \leqslant f_y A_s(h_0 - a_s') \tag{3-43}$$

式中 e'——轴向力 N 作用点到受压钢筋 A_s' 合力点之间的距离，$e'=e_0+h/2-a_s'$。

（二）截面设计

当已知截面尺寸、材料强度及偏心拉力计算值 N，按非对称配筋方式进行矩形截面大偏心受拉构件截面设计时，有以下两种情况。

（1）第一种情况：A_s 及 A_s' 均为未知。这种情况下，实用公式（3-41）、式（3-42）中有 3 个未知量 A_s、A_s' 和 ξ，无法求解，需要补充一个条件才能求解。通常以充分利用受压区混凝土抗压而使钢筋总用量 A_s+A_s' 最省作为补充条件，可取 $x=0.85\xi_b h_0$，此时 $\xi=0.85\xi_b$，此时 $a_s=a_{s\max}=0.85\xi_b(1-0.5\times 0.85\xi_b)$。将 $a_s=a_{s\max}$ 代入式（3-42）得

$$A_s' = \frac{KNe - a_{s\max} f_c b h_0^2}{f_y'(h_0 - a_s')} \tag{3-44}$$

若 $A_s' \geqslant \rho_{\min}' b h_0$，则将求得的 A_s' 和 $\xi=0.85\xi_b$ 代入式（3-41）得

$$A_s = \frac{0.85 f_c b \xi_b h_0 + f_y' A_s' + KN}{f_y} \tag{3-45}$$

若 $A_s' < \rho_{\min}' b h_0$，可取 $A_s' = \rho_{\min}' b h_0$。然后按第二种情况求 A_s。按式（3-44）求出的 A_s 需满足最小配筋率的要求。

（2）第二种情况：已知 A_s'，求 A_s。这种情况下，实用公式（3-41）、式（3-42）中有两个未知量 A_s 和 ξ，求解步骤如下：

由（3-42）得 $a_s = \dfrac{KNe - f_y' A_s'(h_0 - a_s')}{f_c b h_0^2}$，进而求得 $\xi = 1-1\sqrt{1-2a_s}$，$x=\xi h_0$。

当 $2a'_s \leq x \leq 0.85\xi_b h_0$ 时，可将 x 和 A'_s 代入式（3-39）计算 A_s。

当 $x < 2a'_s$ 时，可由式（3-43）计算 A_s。

当 $x > 0.85\xi_b h_0$ 时，说明已配置的受压钢筋 A'_s 数量不足，可按第一种情况重新计算 A'_s 和 A_s。

（三）承载力复核

当截面尺寸、材料强度及配筋面积已知，要复核截面的承载力是否满足要求时，可联立式（3-39）及式（3-40）求得 x。

当 $2a'_s \leq x \leq 0.85\xi_b h_0$ 时，将 x 代入式（3-39）复核承载力，当式（3-39）满足时，截面承载力满足要求，否则不满足要求。

当 $x > 0.85\xi_b h_0$ 时，则取 $x = 0.85\xi_b h_0$ 代入式（3-40）复核承载力，当式（3-40）满足时，截面承载力满足要求，否则不满足要求。

当 $x < 2a'_s$ 时，由式（3-43）复核截面承载力。当式（3-43）满足时，截面承载力满足要求，否则不满足要求。

【例 3-7】 某渡槽（3 级建筑物）底板设计时，沿水流方向取单宽板带为计算单元（取 $b = 1000\text{mm}$），取底板厚度 $h = 300\text{mm}$，计算简图如图 3-25 所示，已知跨中截面上弯矩设计值 $M = 33.07\text{kN·m}$（底板下部受拉），轴心拉力设计值 $N = 17.01\text{kN}$，$K = 1.20$，根据结构耐久性要求取 $a_s = a'_s = 40\text{mm}$，混凝土采用 C25 级混凝土（$f_c = 11.9\text{N/mm}^2$）及纵向受力钢筋采用 HRB400 级（$f_y = f'_y = 360\text{N/mm}^2$），试配置跨中截面的钢筋并绘制配筋图。

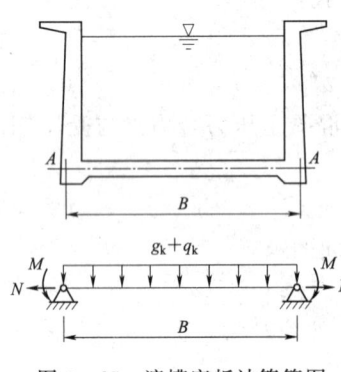

图 3-25 渡槽底板计算简图

解：(1) 判别偏心受拉构件类型。
$$e_0 = M/N = 33.07/17.01 = 1.944(\text{m}) = 1944(\text{mm})$$
$$> h/2 - a_s = 300/2 - 40 = 110(\text{mm})$$

属于大偏心受拉构件。

(2) 计算受压钢筋 A'_s。
$$h_0 = h - a_s = 300 - 40 = 260(\text{mm})$$
$$e = e_0 - h/2 + a_s = 1944 - 300/2 + 40 = 1834(\text{mm})$$
$$e' = e_0 + \frac{h}{2} - a_s = 1944 + 150 - 40 = 2054(\text{mm})$$
$$a_{s\max} = 0.343$$
$$A'_s = \frac{KNe - a_{s\max}f_c b h_0^2}{f'_y(h_0 - a'_s)} = \frac{1.20 \times 17.01 \times 10^3 \times 1.834 - 0.343 \times 11.9 \times 1000 \times 260^2}{360 \times (260 - 40)}$$
$$= -3483\text{mm}^2$$

$A'_s < 0$，故按构造规定配置 ⊥12/14@200 [$A'_s = 668\text{mm}^2 > \rho'_{\min}bh_0 = 0.002 \times 1000 \times 260 = 520 \ (\text{mm}^2)$]，此时，本题转化为已知 A'_s 求 A_s，其计算方法与大偏心受压柱相似。

(3) 已知 A_s' 求 A_s。

$$\alpha_s = \frac{KNe - f_y'A_s'(h_0 - a_s')}{f_c b h_0^2} = \frac{1.20 \times 17.01 \times 10^3 \times 1834 - 360 \times 668 \times (260-40)}{11.9 \times 1000 \times 260^2} < 0$$

故，$KNe < f_y'A_s'(h_0 - a_s')$，说明受压钢筋未屈服，因此按照公式（3-43）计算 A_s。

$$A_s = \frac{KNe'}{f_y(h_0 - a')} = \frac{1.20 \times 17.01 \times 10^3}{360 \times (360-40)}$$
$$= 364 < \rho_{min}' b h_0 = 520$$

按最小配筋率确定受拉钢筋截面面积，选用 ⌀ 10 @ 150（实际钢筋面积 $A_s = 524\text{mm}^2$）

(4) 绘制配筋图。配筋图如图 3-26 所示。

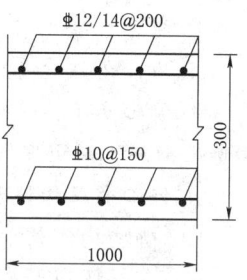

图 3-26 渡槽底板计算简图配筋图（单位：mm）

四、偏心受拉构件对称配筋的计算

对称配筋的偏心受拉构件，不论大小偏心受拉情况，均按小偏心受拉构件的公式（3-35）和式（3-36）计算 A_s 及 A_s'，同时应满足最小配筋率的要求。

技能点三　偏心受拉构件斜截面受剪承载力计算

当偏心受拉构件同时作用有剪力时，应进行斜截面受剪承载力的计算。轴向拉力 N 的存在会使构件更容易出现斜裂缝，使原来不贯通的裂缝有可能贯通，使剪压区面积减小。因此，与受弯构件相比，偏心受拉构件的斜截面受剪承载力要低一些。

为了与受弯构件的斜截面受剪承载力计算公式相协调，矩形、T 形和 I 形截面的偏心受拉构件斜截面受剪承载力计算公式为

$$KV \leqslant V_c + V_{sv} + V_{sb} - 0.2N \tag{3-46}$$

式中　N——与剪力设计值 V 相应的轴向拉力设计值。

当式（3-46）右边的计算值小于 $V_{sv} + V_{sb}$ 时，应取为 $V_{sv} + V_{sb}$，且箍筋的受剪承载力 V_{sv} 值不应小于 $0.36 f_t b h_0$。

为防止发生斜压破坏，矩形、T 形和 I 形截面的偏心受拉构件，其截面尺寸应满足下式要求：

$$KV \leqslant 0.25 f_c b h_0 \tag{3-47}$$

受拉构件斜截面受剪承载力的计算步骤与梁类似，这里不再重述。

习　题

一、问答题

1. 受压构件配置的箍筋起什么作用？它与受弯构件的箍筋有什么不同？
2. 受压构件的箍筋直径和间距是如何规定的？哪些情况需要配置附加箍筋？
3. 长柱承载力低于短柱的原因是什么？

知识拓展
结构与美

4. 偏心距增大系数 η 的物理意义是什么？
5. 大偏心受压构件和小偏心受压构件的破坏特征有何区别？大偏心受压和小偏心受压的界限是什么？
6. 能否将 $\eta e_0 > 0.3 h_0$ 作为大、小偏心受压构件的标准？
7. 为什么偏心受压构件要进行垂直于弯矩作用平面承载力复核？
8. 偏心受压构件垂直于弯矩作用平面承载力复核，计算公式中的 A_s' 是不是指一侧受压钢筋？说明理由。
9. 偏心受压构件采用对称配筋有什么优点和缺点？
10. 哪些构件属于受拉构件？试举例说明。
11. 怎样区别大、小偏心受拉构件？
12. 简述大、小偏心受拉构件的破坏特征。
13. 大偏心受拉构件正截面承载力计算公式的适用条件是什么？其意义是什么？

二、选择题

1. 关于受压构件所用的钢筋和混凝土两种材料，下列说法正确的是（　　）。
A. 宜采用高强度等级混凝土和高强度钢筋
B. 宜采用高强度混凝土以减小构件的截面尺寸
C. 宜采用高强度钢筋和低强度等级混凝土
D. 宜采用低强度等级的混凝土和低强度钢筋
2. 轴心受压构件稳定系数 φ 主要与（　　）有关。
A. 长细比　　　　B. 混凝土强度　　　　C. 钢筋强度　　　　D. 纵筋配筋率
3. 大偏心受压构件与小偏心受压构件破坏的共同点是（　　）。
A. 远离轴向压力一侧的钢筋受拉屈服
B. 距离轴向压力一较近的钢筋受压，且破坏时达到屈服强度
C. 受拉区混凝土开裂
D. 中和轴位置随着荷载加大向受压区移动
4. 关于受压构件纵筋，以下说法错误的是（　　）。
A. 受压构件的纵向受力钢筋不宜采用高强度钢筋
B. 轴心受压柱的纵筋沿着柱子四周均匀布置
C. 偏心受压柱的纵筋平行于弯矩作用平面内布置
D. 柱截面每个角必须有一根钢筋
5. 关于纵向受压构件箍筋，以下说法正确的是（　　）。
A. 箍筋既可以固定纵向钢筋的位置，但是不抗剪
B. 受压构件的箍筋可以做成开口式
C. 箍筋的最小直径不应小于纵向钢筋最大直径的 1/4，且不应小于 6mm
D. 柱子延性主要取决于纵筋的数量，与柱子箍筋配置关系不大
6. 当受压柱的长细比很大时，有可能发生（　　）。
A. 压碎破坏　　　　B. 弯曲破坏　　　　C. 失稳破坏　　　　D. 断裂破坏
7. 钢筋混凝土大偏压构件的破坏特征一般是（　　）。

A. 远侧钢筋受拉屈服，随后近侧钢筋受压屈服，混凝土也压碎

B. 近侧钢筋受拉屈服，随后远侧钢筋受压屈服，混凝土也压碎

C. 近侧钢筋和混凝土应力不定，远侧钢筋受拉屈服

D. 远侧钢筋和混凝土应力不定，近侧钢筋受拉屈服

8. 钢筋混凝土柱的延性好坏主要取决于（   ）

A. 纵向钢筋的数量   B. 混凝土强度等级

C. 箍筋的数量和形式   D. 柱子的截面尺寸

9. 矩形截面大偏心受压截面设计时令 $x = \xi_b h_0$，是为了（   ）。

A. 充分发挥混凝土的作用，减少钢筋用量

B. 保证构件破坏时，远侧钢筋受拉屈服

C. 保证不发生小偏心受压破坏

D. 保证近侧的受压钢筋屈服

10. 矩形截面大偏心受压截面设计时令 $x < 2a_s'$，取 $x = 2a_s'$ 是为了（   ）。

A. 方便计算

B. 保证构件破坏时，远侧钢筋受拉屈服

C. 受压钢筋应力达不到屈服强度，偏安全考虑

D. 充分发挥混凝土的作用，减少钢筋用量

11. 关于受压构件承载力计算，下列说法正确的是（   ）。

A. 条件相同的受压构件，非对称配筋与对称配筋相比，钢筋用量较多

B. 受压构件对称配筋下，实际配筋的受压和受拉钢筋可不必验算最小配筋率

C. 不管是对称配筋还是非对称配筋，垂直于弯矩作用平面内承载力复核均按照轴心受压构件复核

D. 偏心受压构件轴向压力对构件抗剪没有影响

12. 偏心受压构件纵向钢筋的净距不应小于（   ）。

A. 30mm   B. 40mm   C. 50mm   D. 60mm

13. 关于小偏心受压破坏，以下说法不恰当的是（   ）。

A. 偏心距很小，截面全部受压；偏心距较小，截面大部分受压小部分受拉，这两种情况都是小偏心受压破坏的情况，发生在偏心距较小时，属于脆性破坏

B. 偏心距较大且配置受拉纵向钢筋较多时，截面部分受拉，部分受压，远侧钢筋不会屈服，属于脆性破坏

C. 小偏心受压破坏与超筋梁的破坏类似

D. 小偏心破坏发生在 $\xi < \xi_b$，受拉钢筋未屈服时

14. 受压构件的长细比不宜过大，一般应控制在 $l_0/b \leqslant 30$ 及 $l_0/h \leqslant 25$，是为了（   ）。

A. 防止受拉区混凝土产生水平裂缝

B. 防止斜截面受剪破坏

C. 防止细长柱的产生，引起失稳破坏

D. 防止正截面受压破坏

15. 以下哪种破坏形态是延性破坏？（　　）
   A. 大偏心受压破坏　　B. 剪压破坏　　　　C. 斜拉破坏　　　　D. 小偏压破坏
16. 大偏心受拉构件的破坏特征与（　　）构件类似
   A. 小偏心受拉　　B. 大偏心受压　　C. 小偏心受压　　　D. 斜拉破坏
17. 关于受拉构件，以下说法错误的是（　　）。
   A. 受拉构件的纵向轴力钢筋不宜采用细变形钢筋
   B. 轴心受拉构件的纵向受拉钢筋沿着构件四周均匀布置
   C. 轴心受拉和小偏心受压构件中的受力钢筋不得采用绑扎接头
   D. 受拉构件中的箍筋与纵筋形成钢筋骨架，固定纵筋的位置
18. 大偏心受压构件设计时，若已知受压钢筋的截面面积 A_s'，计算出 $\xi > 0.85\xi_b$，原因是（　　）。
   A. A_s' 过多　　　B. A_s' 过少　　　C. A_s 过多　　　D. A_s 过少
19. 比较大偏心受拉构件的破坏和小偏心受拉构件的破坏特征，相同点是（　　）。
   A. 受压区混凝土压碎　　　　　　　B. 受拉钢筋达到屈服强度
   C. 受压区高度较小　　　　　　　　D. 远离轴向拉力一侧的钢筋受拉

三、计算题

1. 某 2 级建筑物中的轴心受压柱，室内环境，截面尺寸为 300mm×300mm，柱计算长度 $l_0=4.6$m，采用 C25 混凝土、HRB400 级钢筋。柱底截面承受的轴心压力设计值 $N=760$kN，试计算柱底截面受力钢筋面积并配筋。

2. 某 3 级建筑物中的正方形截面轴心受压柱，露天环境，柱高 7.2m，两端为不移动铰支座，采用 C25 混凝土、HRB400 级钢筋。计算截面承受的轴心压力设计值 $N=2150$kN（不包括自重），试设计该柱。

3. 某 3 级建筑物中的轴心受压柱，室内环境，截面尺寸为 350mm×350mm，柱高 4.2m，两端为不移动铰支座，采用 C25 混凝土，已配 8⌀16 钢筋。作用在截面承受的轴心压力设计值 $N=1200$kN，试复核截面是否安全？

4. 某 2 级建筑物中的矩形截面偏心受压柱，露天环境，截面尺寸 $b\times h=400$mm×600mm，柱计算长度 $l_0=5.5$m，采用 C25 混凝土、HRB400 级钢筋，取 $a_s=a_s'=45$mm。控制截面承受的轴心压力设计值 $N=800$kN，弯矩设计值 $M=320$kN·m，试按非对称配筋方式给该柱配置钢筋。

5. 第 4 题中的钢筋混凝土受压柱，受压侧已配 3⌀25，试求 A_s，并画配筋图。

6. 某 1 级建筑物中的矩形截面偏心受压柱，露天环境，截面尺寸 $b\times h=400$mm×600mm，柱计算长度 $l_0=6.5$m，采用 C25 混凝土、HRB400 级钢筋。截面承受的轴心压力设计值 $N=580$kN，偏心距 $e_0=500$mm，取 $a_s=a_s'=45$mm。采用非对称配筋方式，试计算钢筋 A_s 和 A_s'。

7. 某钢筋混凝土受压柱，条件同第 6 题，受压侧已配 3⌀20，试求 A_s。

8. 习题 3-4 中的钢筋混凝土受压柱，若采用对称配筋，试配置该柱钢筋。

9. 某 2 级建筑物中的矩形截面偏心受压柱，室内环境，截面尺寸 $b\times h=400$mm×500mm，计算长度 $l_0=5$m，采用 C30 混凝土、HRB400 级钢筋。承受内力

设计值 $N=1100\text{kN}$，$M=330\text{kN}\cdot\text{m}$，取 $a_s=a_s'=45\text{mm}$。试按对称配筋方式给该柱配置钢筋。

10. 某 1 级建筑物中的矩形截面偏心受压柱，露天环境，截面尺寸 $b\times h=400\text{mm}\times500\text{mm}$，$l_0=7.2\text{m}$，采用 C30 混凝土、HRB400 级钢筋。计算截面承受内力设计值 $N=1700\text{kN}$，$M=130\text{kN}\cdot\text{m}$，$a_s=a_s'=45\text{mm}$。试按对称配筋方式给该柱配置钢筋。

11. 某 1 级建筑物中的矩形截面偏心受压柱，露天环境，截面尺寸 $b\times h=400\text{mm}\times500\text{mm}$，$l_0=5.2\text{m}$，采用 C30 混凝土、HRB400 级钢筋。计算截面承受内力设计值 $N=210\text{kN}$，$M=150\text{kN}\cdot\text{m}$，取 $a_s=a_s'=45\text{mm}$。试按对称配筋和非对称两种方式给该柱配置钢筋。

12. 某 2 级建筑物中的矩形截面偏心受压柱，露天环境，截面尺寸 $b\times h=400\text{mm}\times600\text{mm}$，$l_0=4.5\text{m}$，采用 C25 混凝土、HRB400 级钢筋。计算截面承受内力设计值 $N=2500\text{kN}$，$M=250\text{kN}\cdot\text{m}$，取 $a_s=a_s'=50\text{mm}$。试按对称配筋和非对称两种方式给该柱配置钢筋。

13. 某 2 级水工建筑物中的矩形截面受拉构件，截面尺寸 $b\times h=300\text{mm}\times400\text{mm}$，采用 C20 混凝土、HRB400 级钢筋，承受轴向拉力设计值 $N=360\text{kN}$，弯矩设计值 $M=36\text{kN}\cdot\text{m}$，$a_s=a_s'=45\text{mm}$。试确定钢筋面积 A_s 和 A_s'。

14. 某 1 级水工建筑物中的矩形截面受拉构件，截面尺寸 $b\times h=300\text{mm}\times450\text{mm}$，采用 C20 混凝土、HRB400 级钢筋，承受轴向拉力设计值 $N=602\text{kN}$，弯矩设计值 $M=60.5\text{kN}\cdot\text{m}$，取 $a_s=a_s'=45\text{mm}$。试按对称和不对称配筋两种情况确定钢筋面积 A_s 和 A_s'。

15. 某 2 级水工建筑物中的偏心受拉构件，截面尺寸 $b\times h=350\text{mm}\times600\text{mm}$，采用 C20 混凝土和 HRB400 级钢筋，承受轴向拉力设计值 $N=250\text{kN}$，弯矩设计值 $M=112.5\text{kN}\cdot\text{m}$，$a_s=a_s'=45\text{mm}$。试对该构件进行配筋。

16. 某钢筋混凝土矩形水池（3 级水工建筑物）壁厚 300mm，沿池壁 1m 高的垂直截面上作用的内力设计值 $N=240\text{kN}$，$M=120\text{kN}\cdot\text{m}$，采用 C20 混凝土和 HRB400 级钢筋，取 $a_s=a_s'=40\text{mm}$。试确定钢筋面积 A_s 和 A_s'。

17. 某 3 级水工建筑物中的偏心受拉构件，截面尺寸 $b\times h=400\text{mm}\times550\text{mm}$，采用 C20 混凝土和 HRB400 级钢筋，按下列两种情况计算钢筋面积：

（1）承受轴向拉力设计值 $N=450\text{kN}$，弯矩设计值 $M=150\text{kN}\cdot\text{m}$。

（2）轴向拉力设计值 $N=450\text{kN}$，弯矩设计值 $M=60\text{kN}\cdot\text{m}$。

项目四　预应力混凝土结构设计

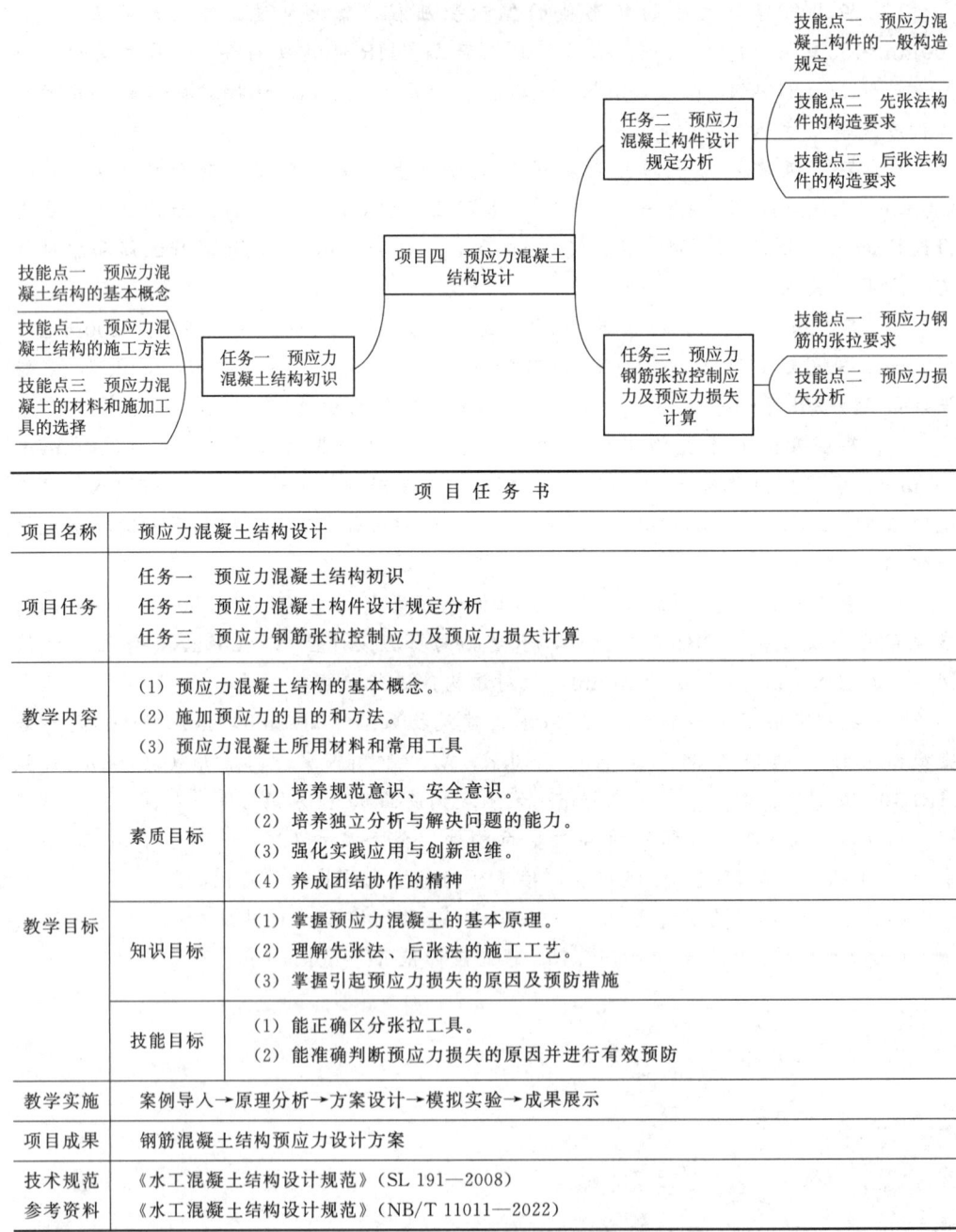

项目任务书

项目名称	预应力混凝土结构设计
项目任务	任务一　预应力混凝土结构初识 任务二　预应力混凝土构件设计规定分析 任务三　预应力钢筋张拉控制应力及预应力损失计算
教学内容	(1) 预应力混凝土结构的基本概念。 (2) 施加预应力的目的和方法。 (3) 预应力混凝土所用材料和常用工具

教学目标	素质目标	(1) 培养规范意识、安全意识。 (2) 培养独立分析与解决问题的能力。 (3) 强化实践应用与创新思维。 (4) 养成团结协作的精神
	知识目标	(1) 掌握预应力混凝土的基本原理。 (2) 理解先张法、后张法的施工工艺。 (3) 掌握引起预应力损失的原因及预防措施
	技能目标	(1) 能正确区分张拉工具。 (2) 能准确判断预应力损失的原因并进行有效预防

教学实施	案例导入→原理分析→方案设计→模拟实验→成果展示
项目成果	钢筋混凝土结构预应力设计方案
技术规范 参考资料	《水工混凝土结构设计规范》(SL 191—2008) 《水工混凝土结构设计规范》(NB/T 11011—2022)

任务一 预应力混凝土结构初识

素质目标	（1）培养独立分析与解决问题的能力。 （2）树立认真严谨的科学态度与职业道德
知识目标	（1）掌握预应力混凝土结构的概念、分类。 （2）掌握预应力混凝土结构的施工方法
技能目标	（1）能准确描述先张法和后张法的区别。 （2）能正确区分预应力结构的张拉工具

想一想9

技能点一 预应力混凝土结构的基本概念

一、出现预应力混凝土结构的背景条件

混凝土是一种抗压性能较好而抗拉性能甚差的结构材料，其抗拉强度仅为其抗压强度的 1/18～1/8，极限拉应变也仅为 $0.1×10^{-3}～0.15×10^{-3}$。钢筋混凝土受拉构件、受弯构件、大偏心受压构件在受到各种作用时，都存在混凝土受拉区，在受拉区混凝土开裂之前，钢筋与混凝土黏结在一起，二者有相同的应变值，由此可以推算出构件即将开裂时钢筋的拉应力为 $20～30N/mm^2$，仅相当于一般钢筋强度的 10% 左右。在使用荷载作用下，钢筋的拉应力大致是其强度的 50%～60%，相应的拉应变为 $0.6×10^{-3}～1.0×10^{-3}$，远远超过了混凝土的极限拉应变。因此，普通钢筋混凝土构件在使用阶段难免会产生裂缝。

虽然在一般情况下，只要裂缝宽度不致过大，就并不影响构件的使用和耐久性。但是对于在使用上对裂缝宽度有严格限制或不允许出现裂缝的构件，普通钢筋混凝土就无法满足要求。

在普通钢筋混凝土结构中，常需将裂缝宽度限制在 0.2～0.3mm，以满足正常使用要求，此时钢筋的应力应控制在 $150～200N/mm^2$ 以下。因此，在普通钢筋混凝土结构中采用高强度钢筋是不合理的。

采用预应力混凝土结构是避免普通钢筋混凝土结构过早出现裂缝、减小正常使用荷载作用下的裂缝宽度、充分利用高强材料以适应现代建筑需要的最有效的方法。所谓预应力混凝土结构，就是在外荷载作用之前，先对荷载作用下受拉区的混凝土施加预压应力，这一预压应力能抵消外荷载所引起的大部分或全部拉应力。这样，在外荷载作用下，裂缝就能延缓或不致发生，即使发生了，其宽度也不致过大。

二、预应力混凝土的基本原理

预应力简支梁的基本受力原理可以用图 4-1 来说明。简支梁在外荷作用下，梁下部产生拉应力 σ_3，如图 4-1（b）所示。如果在荷载作用之前，先给梁施加一个偏心压力 N，使梁的下部产生预应力 σ_1，如图 4-1（a）所示。在外荷作用后，截面上的应力分布将是两者的叠加，如图 4-1（c）所示。梁的下部应力可以是压应力（$\sigma_1-\sigma_3>0$），也可以是数值较小的拉应力（$\sigma_1-\sigma_3<0$）。

预应力混凝土的基本原理

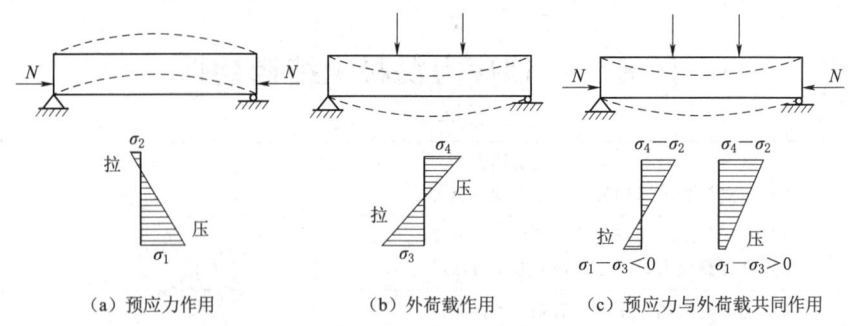

(a) 预应力作用　　(b) 外荷载作用　　(c) 预应力与外荷载共同作用

图 4-1　预应力简支梁的基本受力原理

三、预应力结构的分类

使混凝土结构中的混凝土预先产生预压应力的方法中，最常用的是通过在弹性范围内张拉钢筋（被张拉的钢筋称为预应力筋），并利用预应力筋的弹性回缩，使截面上的混凝土受到预压，产生预压应力。

根据使用阶段构件截面上是否出现拉应力，预应力混凝土结构可以分为以下几种类型。

（一）全预应力混凝土

在使用阶段荷载作用下，构件受拉截面上混凝土不会出现拉应力的预应力混凝土构件称为全预应力混凝土构件。大致相当于《水工混凝土结构设计规范》（NB/T 11011—2022）中裂缝控制等级为一级——严格要求不出现裂缝的构件。

（二）有限预应力混凝土

在使用阶段荷载作用下，构件受拉边缘混凝土允许产生拉应力，但拉应力值不应超过规定值。大致相当于《水工混凝土结构设计规范》（NB/T 11011—2022）中裂缝控制等级为二级——一般要求不出现裂缝的构件。

（三）部分预应力混凝土

允许出现裂缝，但最大裂缝宽度不得超过允许的限制值。大致相当于《水工混凝土结构设计规范》（NB/T 11011—2022）中裂缝控制等级为三级——允许出现裂缝的构件。

一般而言，全预应力混凝土结构刚度大、变形小、抗裂性能和耐久性良好；而部分预应力混凝土结构由于所施加的预应力较小，与全预应力混凝土结构相比可以减少预应力钢筋数量，能够用非预应力钢筋代替部分预应力钢筋，因为造价较低；在大跨度结构中，部分预应力混凝土还可以减小因施加预应力而造成的过大的反拱，而且，部分预应力混凝土结构的延性明显优于全预应力混凝土结构，有利于结构抗震。

根据预应力钢筋和混凝土是否完全黏结，可将预应力混凝土分为有黏结预应力混凝土和无黏结预应力混凝土。经孔道灌浆、使用时预应力钢筋与混凝土已黏结成整体的构件称为"有黏结"预应力混凝土；而在使用时允许预应力钢筋对周围混凝土发生纵向相对滑动的构件则称为"无黏结"预应力混凝土。

"无黏结"是通过专门的无黏结预应力钢筋来实现的。所谓无黏结预应力钢筋是将钢丝束或钢绞线的表面涂刷油脂，并用塑料套管或塑料布带作为包裹层加以保护，形成可以相互滑动的无黏结状态，如图4-2所示。施工时，无黏结预应力钢筋像普通非预应力钢筋一样，按设计要求布放在模板内，然后浇灌混凝土，待混凝土达到设计规定强度要求后，再张拉、锚固钢筋。钢筋与混凝土之间没有黏结，张拉力依靠锚具传递给构件混凝土。

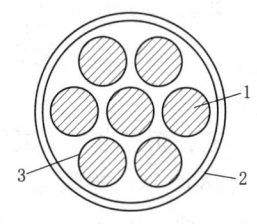

图4-2 无黏结预应力
钢筋断面图
1—钢丝束或钢绞线；
2—塑料套管；3—油脂

无黏结预应力混凝土省去了预留孔道、穿预应力钢筋及灌浆等工序，简化了操作，还可以避免因灌浆操作不慎造成预应力钢筋锈蚀的隐患。无黏结预应力钢筋摩擦损失小，且易弯成多跨曲线形状，特别适用于建造需用复杂的连续曲线配筋的大跨度结构构件。

对受弯构件，有黏结构件中的预应力钢筋应变增量是沿梁长变化的。任何截面处钢筋应变的增量与周围混凝土的应变增量相同，钢筋最大应力发生在最大弯矩截面处。而无黏结构件中预应力钢筋的应变（应力）增量沿梁长不变。如拉杆拱中的拉杆，当最大弯矩截面达到破坏时，预应力钢筋的应变增量等于沿梁长混凝土应变增量的平均值，低于最大弯矩截面的应变增量，所以无黏结预应力钢筋的拉应力比有黏结预应力钢筋在最大弯矩截面处的拉应力低10%~30%。故对于全部钢筋均采用预应力钢筋的纯无黏结预应力混凝土梁，其正截面受弯承载力比相同配筋的有黏结预应力混凝土梁的正截面受弯承载力低10%~30%。有黏结预应力构件由于黏结力存在，其挠度较小，开裂荷载较大，裂缝细而密；而无黏结构件的挠度较大，开裂荷载较低，裂缝宽而稀，且卸载后裂缝往往不能闭合。因此在无黏结预应力构件中，常设置一定数量的非预应力钢筋（如国外有些规范中就规定非预应力钢筋面积不小于截面重心轴以下受拉区面积的0.4%），形成无黏结部分预应力混凝土，以改善构件的裂缝、破坏特征和抗震性能。

四、预应力混凝土的特点

预应力混凝土具有如下特点：

（1）抗裂性和耐久性好。由于混凝土中存在预压应力，可以避免开裂和限制裂缝的开展，减少外界有害因素对钢筋的侵蚀，提高构件的抗渗性、抗腐蚀性和耐久性，这对水工结构的意义尤为重大。

（2）刚度大，变形小。因为混凝土不开裂或裂缝很小，提高了构件的刚度。预加偏心压力使受弯构件产生反拱，从而减少构件在荷载作用下的挠度。

（3）节省材料，减轻自重。由于合理有效地利用了高强钢筋和高强混凝土，预应力构件截面尺寸相对减小，结构自重减轻，节省材料并降低了工程造价。预应为混凝土与普通混凝土相比一般可减轻自重20%~30%，特别适合建造大跨承重结构。

（4）提高构件的抗剪能力。纵向预应力钢筋起着锚栓的作用，阻止斜裂缝的出现与开展，有利于提高构件的抗剪承载力。

（5）提高构件的抗疲劳性能。预应力混凝土构件也存在不足之处，如施工工序复杂、工期较长、施工制作所要求的机械设备与技术条件较高等，有待今后在实践中完善。

预应力混凝土目前已广泛应用于渡槽、压力水管、水池、大型闸墩、水电站厂房吊车梁、门机轨道梁等水利工程中，也可用预加应力的方法来加固基岩、衬砌隧洞等。

五、预应力的发展沿革

1888 年，德国工程师道伦（W. Doehring）最早提出对钢筋混凝土施加预压应力概念，但因当时材料强度太低而未获得实际结果。直至 1928 年，法国工程师弗奈西涅（E. Freyssinet）利用高强钢丝和高强度等级混凝土并施加较高的预应力（大于 $400\text{N}/\text{mm}^2$）来制造预应力构件获得成功，预应力混凝土结构才真正开始应用到实际工程结构中。

在过去，预应力混凝土主要用于建造单层和多层房屋、电线杆、桩、油罐、公路和铁路桥梁、轨枕、压力管道、水塔、水池及水工建筑物等。随着预应力技术和材料的发展，现在预应力技术已应用到高层建筑、地下建筑、压力容器、海洋结构、电视塔、飞机跑道、大吨位船舶、核反应堆的保护壳等诸多领域。

随堂测

预应力混凝土结构施工方法

技能点二　预应力混凝土结构的施工方法

在构件上建立预应力，一般是通过张拉钢筋来实现的。也就是将钢筋张拉并锚固在混凝土上，然后放松，由于钢筋的弹性回缩，混凝土受到压应力。按照张拉钢筋和浇捣混凝土的先后次序，施加预应力的方法可以分为先张法和后张法两种。

一、先张法

先张法是在浇捣混凝土之前先张拉预应力钢筋的方法。其工序如下：

(1) 张拉和锚固钢筋。在台座（或钢模）上张拉钢筋，并锚固好，如图 4-3 (a)、(b) 所示。

(2) 浇捣混凝土。支模、绑扎为满足某些要求而设置的非预应力钢筋，浇捣混凝土，如图 4-3 (c) 所示。

先张法预应力

(3) 放松钢筋。混凝土养护达到一定强度（一般要求达到设计强度的 75% 以上）

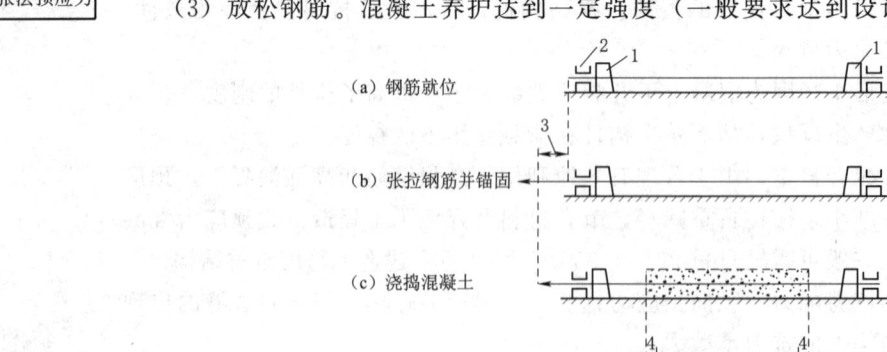

图 4-3　先张法构件施工工序示意图
1—台座；2—横梁；3—钢筋伸长；4—混凝土压缩

后,切断或放松钢筋,预应力钢筋在回缩时挤压混凝土,使混凝土获得预压应力,如图4-3(d)所示。

在先张法预应力混凝土结构中,预应力是通过钢筋与混凝土之间的黏结力来传递的。

先张法的特点:施工工序少,工艺简单,效率高,质量易保证,构件上不需要设永久性锚具,生产成本低。但需要有专门的张拉台座,不适于现场施工。主要用于生产大批量的小型预应力构件和直线形配筋构件。

二、后张法

后张法是指先浇筑混凝土构件,然后直接在构件上张拉预应力钢筋的一种施工方法。其工序如下:

(1)浇捣混凝土。立模,绑扎非预应力钢筋,浇捣混凝土,并在预应力钢筋位置预留孔洞,如图4-4(a)所示。

(2)张拉钢筋。待混凝土达到设计规定的强度后,将预应力钢筋穿入孔道,安装张拉或锚固设备,利用构件本身作为加力台座张拉预应力钢筋。在张拉钢筋的同时,使混凝土受到预压。当预应力钢筋的张拉应力达到设计值后,在张拉端用锚具将钢筋固定,使混凝土保持预压状态,如图4-4(a)、(b)、(c)所示。

(3)孔道灌浆。最后在孔道内灌浆,使预应力钢筋与混凝土形成有黏结预应力构件,如图4-4(d)所示。也可以不灌浆,形成无黏结的预应力混凝土构件。

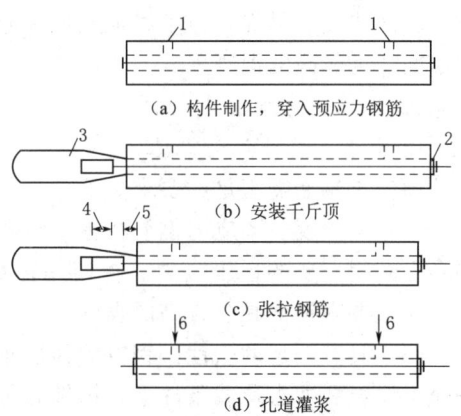

图4-4 后张法构件施工工序示意图
1—灌浆孔;2—固定端锚固;3—千斤顶;
4—钢筋伸长;5—混凝土压缩;6—灌浆

在后张法预应力混凝土结构中,预应力是靠构件两端的锚具来传递的。

后张法不需要专门的台座,可以在现场制作,因此多用于大型构件。后张法的预应力钢筋可以根据构件受力情况布置成曲线形。在后张法施工中,增加了留孔、灌浆等工序,施工比较复杂。所用的锚具要附在构件内,耗钢量较大。

张拉钢筋一般采用卷扬机、千斤顶等机械张拉。也有采用电热法的,即将钢筋两端接上电源,使其受热而伸长,达到预定长度后将钢筋锚固在构件或台座上。然后切断电源,利用钢筋冷却回缩,对混凝土施加预压应力。电热法所需设备简单,操作也方便,但张拉的准确性不易控制,耗电量大,特别是形成的预压应力较低,故没有像机械张拉那样广泛应用。此外,也有采用自张法来施加预应力的,这种混凝土称为自应力混凝土。自应力混凝土采用膨胀水泥浇捣,在硬化过程中,混凝土自身膨胀伸长,与其黏结在一起的钢筋阻止膨胀,就使混凝土受到预压应力。自应力混凝土多用来制造压力管道。

随堂测

预应力混凝土的材料和施加工具的选择

技能点三 预应力混凝土的材料和施加工具的选择

一、预应力混凝土结构材料的选择

（一）混凝土

预应力混凝土结构对混凝土的基本要求如下：

（1）高强度。采用高强度的混凝土以适应高强钢筋的需要，保证钢筋充分发挥作用，有效减小构件的截面尺寸和自重。在预应力混凝土构件中，混凝土的强度等级不宜低于C30；采用钢丝、钢绞线时，则不宜低于C40。

（2）收缩、徐变小。采用收缩、徐变小的混凝土，以减小预应力损失。

（3）快硬、早强。为了尽早施加预应力，加快施工进度，提高设备利用率，宜采用早期强度较高的混凝土。

（二）预应力钢筋

1. 要求

预应力钢筋需满足的要求如下：

（1）高强度。预应力钢筋在施工阶段张拉时就产生了很大的拉应力，这样才能使混凝土获得必要的预压应力。在使用荷载作用下，预应力钢筋的拉应力还会继续增大，这就要求钢筋具有较高的强度。

（2）具有一定的塑性。钢材的强度越高，其塑性就越低。钢筋塑性太低时，特别是处于低温和冲击荷载条件下，构件有可能发生脆性断裂。预应力钢筋要求对拉断时的延伸率一般应不小于4%。

（3）良好的加工性能。预应力钢筋要求有良好的焊接性能。如果采用镦头锚具时，要求钢筋头部镦粗后不影响原有的物理力学性能。

（4）良好的黏结性能。先张法构件的预应力是通过钢筋和混凝土之间的黏结力来传递的，钢筋与混凝土之间必须要有较高的黏结强度。当采用光面高强钢丝时，表面应经刻痕、压波或扭结等方法处理，以增加黏结强度。

2. 种类

我国常用的预应力钢筋种类有：

（1）螺纹钢筋。用热轧方法在整根钢筋表面轧出不带纵肋的螺纹而成，直径为18～50mm，可以用螺丝套筒（连接器）把钢筋接长，避免了焊接。其屈服强度可达1230N/mm^2。

预应力用螺纹钢筋

（2）钢棒。钢棒直径为6～14mm，其屈服强度为1080～1570N/mm^2，按表面形状分为光圆钢棒、螺旋槽钢棒、螺旋肋钢棒、带肋钢棒4种。由于光圆钢棒和带肋钢棒的黏结锚固性能较差，故预应力混凝土构件中一般只采用螺旋槽钢棒和螺旋肋钢棒。预应力混凝土用钢棒在我国现阶段仅用于预应力管桩的生产，已积累了一定的工程实践经验。

预应力用钢棒

在中小型预应力混凝土构件中，也有采用冷拉钢筋、冷轧带肋钢筋的。

（3）钢丝。我国预应力混凝土结构一般采用消除应力钢丝，按表面形状分为光圆钢丝、螺旋肋钢丝、刻痕钢丝等；按应力松弛性能又分为低松弛钢丝和普通松弛钢丝两种。屈服强度可达 $1860N/mm^2$，其延伸率为 2‰～6‰。

在中小型预应力混凝土构件中，也可以采用冷拔钢丝（冷拔低碳钢丝和冷拔低合金丝）。

当所需钢丝的根数很多时，常将钢丝成束布置。将多根钢丝按一定规律平行排列，用铁丝捆扎在一起，称为一束。钢丝束可以按图 4-5 所示的方式排列。

预应力用钢丝

钢绞线 2

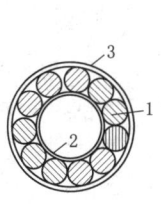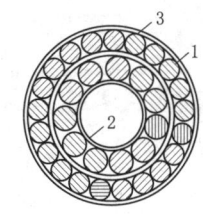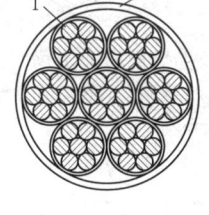

(a) 单环排列式　　(b) 多环排列式　　(c) 多组集列式

图 4-5　钢丝束排列方式
1—钢丝；2—芯子；3—绑扎铁丝

（4）钢绞线。钢绞线多股（有 2 股、3 股、7 股）相互平行的碳素钢丝按一个方向绞织在一起而成。其公称直径（外接圆直径）为 5～18mm，其屈服强度可达 $1960N/mm^2$。钢绞线与混凝土黏结性好，应力松弛小，而且比钢丝或钢丝束柔软，便于运输和施工。

（三）灌浆材料

后张法预应力混凝土构件一般用纯水泥浆灌孔，水泥浆强度等级不低于 M20，水灰比宜为 0.40～0.45，为减小收缩，宜掺入适量的膨胀剂。

二、预应力施加工具的选择

（一）锚具和夹具的区分

锚具和夹具是在制作预应力混凝土构件时锚固预应力钢筋的工具。这类工具主要依靠摩阻、握裹和承压来固定预应力钢筋。一般把构件制成后能够取下来重复使用的称为夹具；留在构件上不再取下的称为锚具。有时为简便起见，也将锚具和夹具统称为锚具。

锚具和夹具首先应具有足够的强度和刚度，以保证构件的安全可靠；其次应使预应力钢筋尽可能不产生滑移，以减少预应力损失；此外还应构造简单，使用方便，节省钢材。

锚具与夹具

（二）先张法和后张法施加工具的选择

1. 先张法的夹具

如果是张拉单根预应力钢筋，则可利用偏心夹具夹住钢筋用卷扬机张拉（图 4-6），再用锥形锚固夹具或楔形夹具将钢筋临时锚固在台座的传力架上，锥销（或楔块）可用人工锤入套筒（或锚板）内。这种夹具只能锚固单根钢筋，如图 4-7 所示。

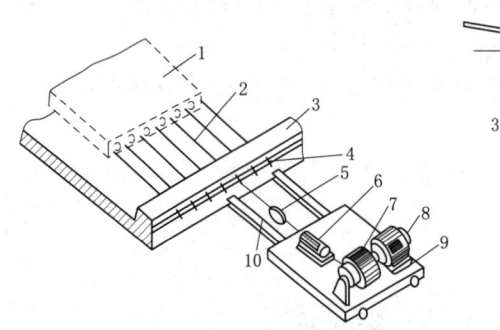
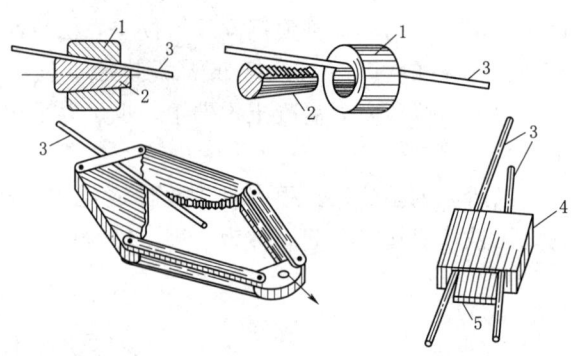

图4-6 先张法单根钢筋的张拉
1—预制构件（空心板）；2—预应力钢筋；3—台座传力架；4—锥形夹具；5—偏心夹具；6—弹簧秤（控制张拉力）；7—卷扬机；8—电动机；9—张拉车；10—撑杆

图4-7 锥形夹具、偏心夹具和楔形夹具
1—套筒；2—锥销；3—预应力钢筋；4—锚板；5—楔块

如果在钢模上张拉多根预应力钢丝，可用梳子板夹具（图4-8）。钢丝两端用镦头（冷镦）锚定，利用安装在普通千斤顶内活塞上的爪子钩住梳子板上的两个孔洞施力于梳子板，张拉完毕后立即拧紧螺母，钢丝就临时锚固在钢横梁上。

如果采用粗钢筋作为预应力钢筋，对于单根钢筋最常用的方法是在钢筋端头连接一个工具式螺杆。螺杆穿过台座的活动横梁后用螺母固定，利用普通千斤顶推动活动钢横梁就可张拉钢筋，如图4-9所示。

螺杆张拉

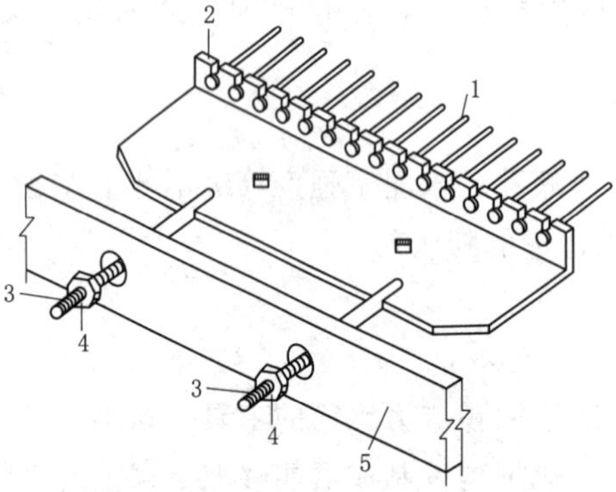

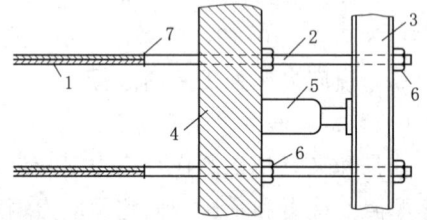

图4-8 梳子板夹具
1—钢丝；2—梳子板；3—螺杆；4—螺帽；5—钢模横梁

图4-9 先张法利用工具式螺杆张拉
1—预应力钢筋；2—工具式螺杆；3—活动钢横梁；4—台座传力架；5—千斤顶；6—螺母；7—焊接接头

对于多根钢筋，可采用螺杆镦粗夹具（图4-10）或锥形锚块夹具（图4-11）。

2. 后张法的锚具

螺杆镦粗夹具

钢丝束常采用锥形锚具配用外夹式双作用千斤顶进行张拉（见图4-12）。锥形锚具由锚圈及带齿的圆锥体锚塞组成。锚塞中间有作锚固后灌浆用的小孔。由双作用千斤顶张拉钢筋后将锚塞顶压入锚圈内，利用钢丝在锚塞与锚圈之间的摩擦力锚固钢丝。锥形锚具可张拉12~24根直径为5mm的碳素钢丝组成的钢丝束。

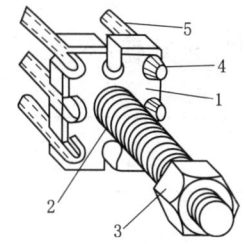 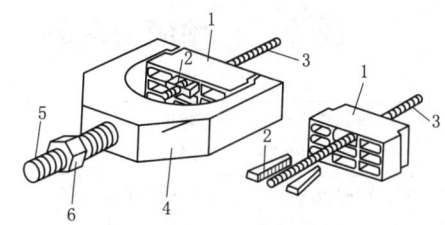 

图 4-10　螺杆镦粗夹具　　　　　　图 4-11　锥形锚块夹具
1—锚板；2—工具式螺杆；3—螺帽；　　1—锥形锚块；2—锥形夹片；3—预应力钢筋；
4—镦粗头；5—预应力钢筋　　　　4—张拉连接器；5—张拉螺杆；6—固定用螺母

锥型锚具

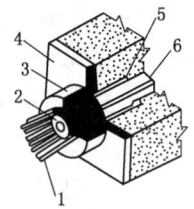 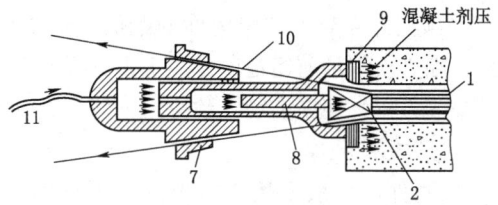

（a）锥形锚具及钢丝束　　　（b）外夹式双用千斤顶张拉钢丝束

图 4-12　锥形锚具及外夹式双作用千斤顶
1—钢丝束；2—锚塞；3—钢锚圈；4—垫板；
5—孔道；6—套管；7—钢丝夹具；8—内活塞；
9—锚板；10—张拉钢丝；11—油管

锚环与夹片

张拉钢丝束和钢绞线束时，可采用 JM12 型锚具配以穿心式千斤顶。JM12 型锚具由锚环和夹片（呈楔形）组成（图 4-13），夹片可为 3～6 片，用以锚固 3～6 根直径为 12～14mm 的钢筋或 5～6 根 7 股 4mm 的钢绞线。

锚固钢绞线还可采用我国近年来生产的 XM 型、QM 型锚具（图 4-14）。此类锚具由锚环和夹片组成。每根钢绞线由 3 个夹片夹紧。每个夹片由空心锥台按三等分切割而成。XM 型和 QM 型锚具夹片切开的方向不同，前者与锥体母线倾斜，而后者则是与锥体母线平行。一个锚具可夹 3～10 根钢绞线（或钢丝束）。因其对下料长度无严格要求，故施工方便。现已大量应用于铁路、公路及城市交通的预应力桥梁等大型结构构件。

QM 型锚具

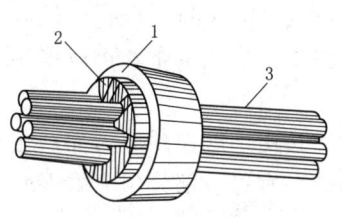 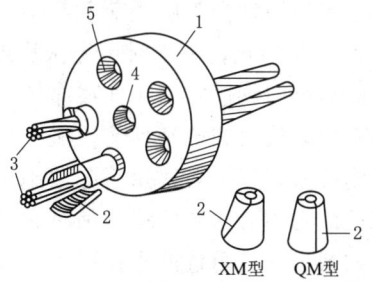

图 4-13　JM12 型锚具　　　　图 4-14　XM 型、QM 型锚具
1—锚环；2—夹片；3—钢丝束　　1—锚板；2—夹片；3—钢绞线；4—灌浆孔；5—锥形孔

随堂测

任务二 预应力混凝土构件设计规定分析

想一想 10

素质目标	(1) 培养规范意识、安全意识。 (2) 强化实践应用与创新思维
知识目标	(1) 理解预应力混凝土结构的一般构造规定。 (2) 熟悉先张法和后张法的构造要求
技能目标	能正确使用先张法和后张法的构造要求解决工程问题

技能点一 预应力混凝土构件的一般构造规定

预应力混凝土结构构件构造规定

水工建筑物预应力混凝土结构构件的配筋构造要求应根据具体情况确定，对于一般梁、板类构件，除必须满足前述各项目关于钢筋混凝土结构构件的相关规定外，还应满足由张拉工艺、锚固方式、钢筋类别、预应力钢筋布置方式等方面提出的构造要求。

一、截面的形式和尺寸

对轴心受拉构件，一般采用正方形或矩形截面。对受弯构件，当跨度和荷载较小时可以采用矩形截面；当跨度及荷载较大时宜采用 T 形、I 形及箱形截面。在支座处为了能承受较大的剪力和便于布置锚具，往往加厚腹板而做成矩形截面。预应力混凝土板可采用实心矩形截面或空气（圆孔或矩形孔）截面。

为便于布置预应力钢筋和满足施工阶段预压区的抗压强度要求，在 T 形截面下方，往往做成较窄较厚的翼缘，从而形成上、下不对称的 I 形截面。

预应力混凝土梁高度 $h=l_0/20 \sim l_0/14$，最小可以取 $l_0/35$；矩形截面的宽度 $b=h/3.5 \sim h/2.5$，I 形截面的腹板厚度 $b=h/15 \sim h/8$；翼缘宽度 $b_f(b_f')$ 一般可以取 $3/h \sim 2/h$；翼缘厚度 $h_f(h_f')$ 可以取 $h/10 \sim h/6$。

I 形截面受拉翼缘宽度 b_f 一般小于受压翼缘宽度 b_f'，而其高度 h_f 则较大，具体尺寸应根据预应力钢筋的数量、钢筋的布置、预留孔道的净距、混凝土保护层厚度、锚具及加载设备的尺寸等确定。

为方便施工，通常将 I 形截面上翼缘的下表面和下翼缘的上表面做成倾斜状，上翼缘下表面的倾斜坡度可以为 $1/15 \sim 1/10$，下翼缘上表面的倾斜坡度则可取得稍大一些。

二、预应力纵向钢筋的布置要求

轴心受拉构件和跨度及荷载都不大的受弯构件，预应力纵向钢筋一般采用直线布置 ［图 4-15（a）］，施工时用先张法或后张法均可。对受弯构件，当跨度和荷载较大时，预应力纵向钢筋宜采用曲线布置或折线布置 ［图 4-15（b）、（c）］，以利于提高构件斜截面承载力和抗裂性能，避免梁端锚具过于集中。折线型布置可以用先张法施工，曲线型布置一般采用后张法施工。

在预应力混凝土屋面梁、吊车梁等构件中，为防止由于施加预应力而产生预拉区的裂缝和减小支座附近的主拉应力，在靠近支座部分，宜将一部分预应力钢筋弯起。

三、非预应力纵向钢筋的布置要求

为防止施工阶段因混凝土收缩和温度变化产生预拉区裂缝，并承担施加预应力过

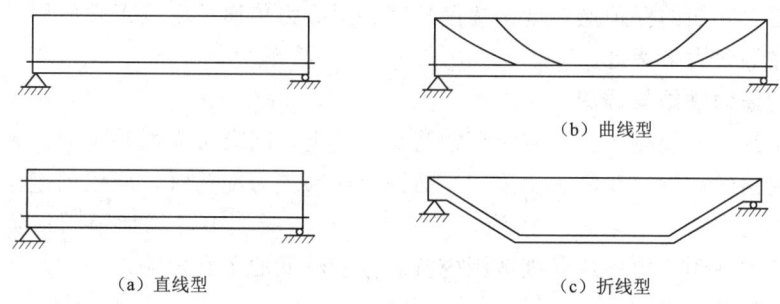

图 4-15 预应力纵向钢筋的布置

程中产生的拉应力,防止构件在制作、堆放、运输、吊装过程中出现裂缝或减小裂缝宽度,可以在构件预拉区设置一定数量的非预应力纵向钢筋。

当受拉区部分钢筋施加预应力已能满足构件抗裂和裂缝宽度要求时,承载力计算所需的其余受拉钢筋允许采用非预应力钢筋。由于预应力钢筋已先行张拉,故在使用阶段非预应力钢筋的实际应力始终低于预应力钢筋。为充分发挥非预应力钢筋的作用,非预应力钢筋的强度等级宜低于预应力钢筋。

四、预拉区纵向钢筋的配筋率

(一) 施工阶段预拉区不允许出现裂缝的构件

预拉区纵向钢筋的配筋率 $\frac{A_s+A_s'}{A}$ 不应小于 0.2%,对后张法构件不应计入 A_p',其中,A 为构件的截面面积;A_p' 为受压区预应力筋的截面面积。

(二) 施工阶段预拉区允许出现裂缝

在预拉区未配置预应力钢筋的构件,当 $\alpha_{ct}=2f_{tk}'$ 时,预拉区纵向钢筋的配筋率 $\frac{A_s'}{A}$ 不应小于 0.4%;当 $f_{tk}'<\alpha_{ct}<2f_{tk}'$ 时,则在 0.2%~0.4% 之间按线性内插法确定。

(三) 预拉区的纵向非预应力钢筋的要求

预拉区纵向非预应力钢筋的直径不宜大于 14mm,并应沿构件预拉区的外边缘均匀配置。

(四) 施工阶段预拉区不允许出现裂缝的板类构件

该类构件预拉区纵向钢筋配筋率可以根据构件的具体情况按实践经验确定。

随堂测

技能点二 先张法构件的构造要求

一、预应力钢筋的净距

预应力钢筋、钢丝的净距应根据浇灌混凝土、施加预应力及钢筋锚固等要求确定。预应力钢筋之间的净间距不应小于其公称直径或等效直径的 1.5 倍,且应符合下列规定:对钢棒及钢丝不应小于 15mm;对 3 股钢绞线不应小于 20mm;对 7 股钢绞线不应小于 25mm。

当先张法预应力钢丝按单根方式配筋困难时,可以采用相同直径钢丝并筋的配筋方式。并筋的等效直径,对双并筋应取为单筋直径的 1.4 倍,对三并筋应取为单筋直径的1.7倍。并筋的保护层厚度、锚固长度、预应力传递长度及正常使用极限状态验算等均应按等效直径考虑。

二、钢筋的黏结与锚固

先张法预应力混凝土构件应保证钢筋与混凝土之间有可靠的黏结力，宜采用变形钢筋、刻痕钢丝、钢绞线等。当采用光面钢丝作预应力配筋时，应根据钢丝强度、直径及构件的受力特点采取适当措施，保证钢丝在混凝土中可靠地锚固，防止钢丝滑动，并应考虑在预应力传递长度范围内抗裂性能较低的不利影响。

三、端部加强措施

为避免放松预应力钢筋时在构件端部产生劈裂裂缝等破坏现象，对预应力钢筋端部的混凝土应采取下列加强措施：

(1) 对单根预应力钢筋（如板肋的配筋），其端部宜设置长度不小于150mm的螺旋钢筋，如图4-16（a）所示。当有可靠经验时，也可以利用支座垫板上的插筋代替螺旋，但插筋数量不应小于4根，其长度不宜小于120mm，如图4-16（b）所示。

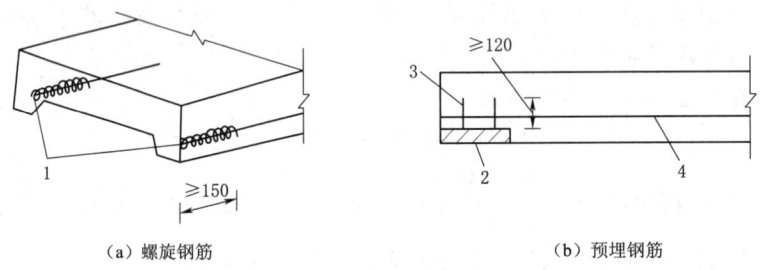

(a) 螺旋钢筋　　　　　　　　　(b) 预埋钢筋

图4-16　先张法构件端部加强措施
1—螺旋筋；2—支座垫板；3—插筋；4—预应力钢筋（$d \leqslant 16mm$）

随堂测

(2) 对分散布置的多根预应力钢筋，在构件端部10d（d为预应力钢筋的公称直径）范围内，应设置3~5片钢筋网。

(3) 对采用预应力钢丝配筋的薄板，在板端100mm范围内应适当加密横向钢筋。

(4) 对槽形板类构件，为防止板面端部产生纵向裂缝，宜在构件端部100mm范围内，沿构件板面设置数量不少于2根的附加横向钢筋。

技能点三　后张法构件的构造要求

一、预留孔道的构造及灌浆技术

(1) 对预制构件，孔道之间的水平净距不应小于50mm；孔道至构件边缘的净距不应小于30mm，且不宜小于孔道直径的一半。

(2) 预留孔道的内径应比预应力钢筋（丝）束外径、钢筋对焊接头处外径、连接器外径或需穿过孔道的锚具外径大10~15mm。

(3) 在构件两端及跨中，应设置灌浆孔或排气孔，其孔距不宜大于12m。

(4) 凡制作时需要预先起拱的构件，预留孔道宜随构件同时起拱。

(5) 孔道灌浆要求密实，水泥浆强度等级不应低于M20，其水灰比宜为0.4~

0.45，为减小收缩，宜掺入适量膨胀剂。

二、曲线预应力钢筋的曲率半径

为便于施工，减少摩擦损失及端部锚具损失，后张法预应力混凝土构件的曲线预应力钢筋的倾角不宜大于30°，且其曲率半径宜按下列规定取用：

(1) 钢丝束、钢绞线束以及钢筋直径 $d \leqslant 12$mm 的钢筋束，不宜小于 4m。

(2) 12mm$<d \leqslant 25$mm 的钢筋，不宜小于 12m。

(3) $d>25$mm 的钢筋，不宜小于 15m。

对折线配筋的构件，折线预应力钢筋的弯折处的曲率半径可以适当减小。

三、构件端部的构造要求

(1) 构件端部尺寸，应考虑锚具的布置、张拉设备的尺寸和局部受压的要求，必要时应适当加大。

(2) 在预应力钢筋锚具下及张拉设备的支承处，应采用预埋钢垫板，配置间接钢筋，并进行锚具下混凝土的局部受压承载力计算。间接钢筋体积配筋率 ρ_v 不应小于 0.5%。

(3) 为防止沿孔道产生劈裂，在局部受压间接钢筋配置区以外，在构件端部 $3e$（e 为截面重心线上部或下部预应力钢筋的合力点至邻近边缘的距离）但不大于 $1.2h$（h 为构件端部高度）的长度范围内，在高度 $2e$ 范围内均匀布置附加箍筋或网片，其体积配筋率 ρ_v 不应小于 0.5%。

(4) 若预应力钢筋在构件端部不能均匀布置而需集中布置在端部截面的下部或集中布置在上部和下部时，应在构件端部 $0.2h$ 范围内设置竖向附加的焊接钢筋网、封闭式箍筋或其他形式的构造钢筋。其中，竖向附加钢筋宜采用带肋钢筋，其截面面积应符合下列规定：

当 $e \leqslant 0.1h$ 时，$\qquad A_{sv} \geqslant 0.3 \dfrac{N_p}{f_{yv}}$ \hfill (4-1)

当 $0.1h<e \leqslant 0.2h$ 时，$\qquad A_{sv} \geqslant 0.15 \dfrac{N_p}{f_{yv}}$ \hfill (4-2)

当 $e>0.2h$ 时，可以根据实际情况配置构造钢筋。

式中 N_p——作用在构件端部截面重心线上部或下部预应力钢筋的合力。此时，仅考虑混凝土预压前的预应力损失值，且应乘以预应力分项系数 1.2；

f_{yv}——竖向附加钢筋的抗拉强度设计值，当 $f_{yv}>210$N/mm^2 时，取 $f_{yv}=210$N/mm^2。

当端部截面上部和下部均有预应力钢筋时，竖向附加钢筋的总截面面积按上部和下部的 N_p 分别计算的数值叠加采用。

(5) 当构件在端部有局部凹进时，为防止在施工预应力过程中，端部转折处产生裂缝，应增设折线型构造钢筋，如图 4-17 所示。当有足够依据时，亦可以采用其他形式的端部附加钢筋。

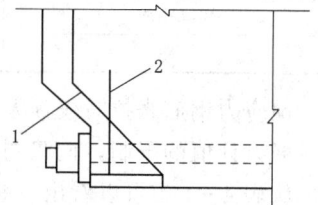

图 4-17 端部转折处构造配筋图
1—折线型构造钢筋；
2—竖向构造钢筋

随堂测

任务三 预应力钢筋张拉控制应力及预应力损失计算

想一想 11

预应力钢筋张拉控制应力及应力损失

素质目标	(1) 培养规范意识、安全意识。 (2) 培养独立分析与解决问题的能力。 (3) 强化实践应用与创新思维
知识目标	(1) 理解预应力钢筋的张拉要求。 (2) 掌握引起预应力损失的原因及预防措施
技能目标	能准确判断预应力损失的原因并进行有效预防

技能点一　预应力钢筋的张拉要求

一、张拉控制应力的含义

预应力钢筋的张拉控制应力是指张拉钢筋时,张拉设备(如千斤顶等)上的测力计所指示的张拉力除以预应力钢筋的截面面积得出的应力值,通常用 σ_{con} 表示。它也是预应力钢筋允许达到的最大应力值。

二、张拉控制应力取值的参考因素

（一）张拉控制应力应定得高一些

σ_{con} 值越高,混凝土建立的预压应力就越大,从而提高构件的抗裂性能。σ_{con} 值取得过低,会因各种预应力损失使钢筋的回弹力减小,不能充分利用钢筋的强度。因此,《水工混凝土结构设计规范》(NB/T 11011—2022)中规定 σ_{con} 不应小于 $0.4f_{ptk}$。

（二）张拉控制应力不能过高

在张拉时（特别是为减小预应力损失而采用超张拉时）,有可能使个别钢筋的应力超过其实际屈服强度而产生塑性变形甚至断裂；或使构件的开裂荷载接近破坏荷载,构件破坏前没有明显预兆。故《水工混凝土结构设计规范》(NB/T 11011—2022)中规定,张拉控制应力不宜超过表 4-1 中规定的数值。

表 4-1　　　　　　　　张拉控制应力限值【σ_{con}】

预应力钢筋种类	张　拉　方　法	
	先张法	后张法
消除预应力钢丝、钢绞线	$0.75f_{ptk}$	$0.75f_{ptk}$
螺纹钢筋	$0.75f_{ptk}$	$0.70f_{ptk}$
钢棒	$0.70f_{ptk}$	$0.65f_{ptk}$

预应力钢筋张拉时仅涉及材料本身,而与构件设计无关,故【σ_{con}】可以不受钢筋强度设计值的限制,而只与强度标准值有关。

从表 4-1 中可以看出,螺纹钢筋和钢棒的张拉控制应力限值【σ_{con}】,先张法较后张法高。这是因为在先张法中,张拉钢筋达到控制应力时,构件混凝土尚未浇筑,当从台座上放松钢筋使混凝土受到预压时,钢筋会随着混凝土的压缩而回缩,这时钢筋的预拉应力已经小于 σ_{con}。而对于后张法来说,在张拉钢筋的同时,混凝土即受到挤压,当钢筋应力达到控制应力 σ_{con} 时,混凝土的压缩已经完成,没有混凝土的弹性回缩而引起的钢筋应力的降低。所以，当σ_{con}相等时，后张法建立的预应力值比先张法大。这就是在后张法中控制应力值定得比先张法小的原因。消除应力钢丝、钢绞线的张拉控制应力限值【σ_{con}】，先张法和后张法取值相同，是因为钢丝材质稳定，且张拉时高应力一经锚固后，应力降低很快，一般不会产生拉断事故。

在下列情况下，表4-1中【σ_{con}】值可提高$0.05f_{ptk}$：①要求提高构件在施工阶段的抗裂性能而在使用阶段受压区设置的预应力钢筋；②要求部分抵消由于应力松弛、摩擦、钢筋分批张拉以及预应力钢筋与台座之间的温差等因素产生的预应力损失。

随堂测

技能点二 预应力损失分析

一、预应力损失的含义

预应力钢筋在张拉时所建立的预应力，在构件的施工及使用过程中会不断降低，这种现象称为预应力损失。引起预应力损失的因素很多，主要有张拉端锚具变形和钢筋内缩、预应力钢筋与孔道壁之间的摩擦、混凝土加热养护时被张拉的钢筋与承受拉力的设备之间的温差、钢筋应力松弛、混凝土收缩和徐变、螺旋式预应力钢筋（钢丝）对混凝土的局部挤压等。由于许多因素相互影响、相互依存，因此，精确计算和确定预应力损失是一项非常复杂的工作。实际工程设计中，为简化起见，将各个主要因素单独产生的预应力损失进行叠加（组合）来作为总预应力损失。

二、引起预应力损失的原因及预防措施

（一）张拉端锚具变形和钢筋内缩引起的预应力损失σ_{l1}

无论是先张法还是后张法施工，当钢筋张拉到σ_{con}锚固在台座或构件上时，由于卸去张拉设备后钢筋的弹性回缩会使锚具、垫板与构件之间的缝隙被挤紧，或由于钢筋和楔块在锚具内产生滑移，原来被拉紧的预应力钢筋会松动回缩，应力也会有所降低。由此造成的预应力损失称为σ_{l1}。

为减小锚具变形引起预应力损失，除认真按照施工程序操作外，还可以采用如下减小损失的方法：

（1）选择变形小或预应力钢筋滑移小的锚具，减少垫板的块数。

（2）对于先张法，选择长的台座。

（二）预应力钢筋与孔道壁之间的摩擦引起的预应力损失σ_{l2}

后张法构件在张拉预应力钢筋时，由于钢筋与孔道壁的摩擦作用，使从张拉端到锚固端钢筋的实际拉应力值逐渐减小，即产生预应力损失σ_{l2}。直线配筋时，σ_{l2}是由于孔道不直、孔道尺寸偏差、孔壁粗糙、钢筋不直（如对焊接头偏心、弯折等）、预应力钢筋表面粗糙等原因，使钢筋在张拉时与孔壁接触而产生的摩擦阻力；曲线配筋时除上述原因引起的摩擦阻力外，还有由预应力钢筋对孔道壁的径向压力引起的摩擦阻力。

减小摩擦损失的方法：

（1）采用两端张拉。两端张拉比一端张拉可减少1/2摩擦损失值。

（2）采用"超张拉"工艺。所谓超张拉即第一次张拉至$1.1\sigma_{con}$，持续2min，再卸荷至$0.85\sigma_{con}$，持续2min，最后张拉至σ_{con}。这样可使摩擦损失减小，比一次张拉得到的预应力分布更均匀。

(三) 混凝土加热养护时，被张拉的钢筋与承受拉力的设备之间温差引起的预应力损失 σ_{l3}

对先张法构件，为缩短生产周期，浇灌混凝土后常采用蒸汽养护以加速混凝土的硬结。升温时，新浇灌的混凝土尚未硬结，钢筋受热伸长，而台座长度不变，使原来张紧的钢筋松弛了，由此产生了预应力损失 σ_{l3}。降温时，混凝土已硬结并和钢筋黏结成整体，能够一起回缩，由于两者有相近的温度膨胀系数，相应的应力不再变化，升温时钢筋的预应力损失 σ_{l3} 不能再恢复。

σ_{l3} 仅在先张法构件中存在。如果采用钢模制作构件，并将钢模与构件一起放入蒸汽室养护，则不会产生该项预应力损失。

减少 σ_{l3} 的措施：

（1）在构件进行蒸汽养护时采用"二次升温制度"，即第一次一般升温 20℃，然后恒温。当混凝土强度达到 7~10N/mm² 时，预应力钢筋与混凝土黏结在一起。第二次再升温至规定养护温度。这时，预应力钢筋与混凝土同时伸长，故不会再产生预应力损失。

因此，采用"二次升温制度"养护后，应力损失降低值为 $\sigma_{l3} = 2\Delta t = 2 \times 20 = 40(\text{N/mm}^2)$。

（2）采用钢模制作构件，并将钢模与构件一起整体放入蒸汽室养护，则不存在温差引起的预应力损失。

(四) 预应力钢筋应力松弛引起的预应力损失 σ_{l4}

钢筋应力松弛是指钢筋在高应力作用下，在钢筋长度不变的条件下，钢筋应力随时间增长而降低的现象。钢筋应力松弛使预应力降低，造成的预应力损失称为 σ_{l4}。

1. 影响松弛损失的因素

试验表明，松弛损失与下列因素有关：

（1）初始应力。张拉控制应力高，松弛损失就大，损失的速度也快。

（2）钢筋种类。松弛损失按下列钢筋种类依次减小：钢丝、钢绞线、螺纹钢筋。

（3）时间。1h 及 24h 的松弛损失分别约占总松弛损失（以 1000h 计）的 50% 和 80%。

（4）温度。温度越高，松弛损失越大。

（5）张拉方式。采用超张拉可比一次张拉的松弛损失减小（2%~10%）σ_{con}。

2. 减少松弛损失的方法

减少松弛损失的方法有：

（1）超张拉。对螺纹钢筋、钢棒及普通松弛预应力钢丝、钢绞线，在较高应力下持荷 2min 所产生的松弛损失与在较低应力下经过较长时间才能完成的松弛损失大体相同。经过超张拉后再重新张拉至 σ_{con} 时，一部分松弛损失也已完成。

（2）采用低松弛钢材。低松弛钢材是指 20℃ 条件下，拉应力为 70% 抗拉极限强度，经 1000h 后测得的松弛损失不超过 2.5% σ_{con} 的钢材。

(五) 混凝土收缩和徐变引起的预应力损失 σ_{l5}

混凝土在空气中结硬时发生体积收缩，而在预应力作用下，混凝土将沿压力作用方向产生徐变。收缩和徐变都使构件缩短，预应力钢筋随之回缩，造成预应力损失。虽然混凝土的收缩和徐变是两个性质完全不同的现象，但两者的影响因素、变化规律较为相似。为简化计算，将两项预应力损失合并考虑，即为 σ_{l5}。

减小混凝土收缩和徐变损失值的措施有：

（1）采用高标号水泥，减少水泥用量，降低水灰比，采用干硬性混凝土。

（2）采用级配较好的骨料，加强振捣，提高混凝土密实性。

（3）加强养护，减少混凝土的收缩。

（六）螺旋式预应力钢筋（或钢丝）挤压混凝土引起的损失 σ_{l6}

环形结构构件（图4-18）的混凝土被螺旋式预应力钢筋箍紧，混凝土受预应力钢筋的挤压会发生局部压陷，构件直径减小 2δ，使得预应力钢筋回缩引起预应力损失 σ_{l6}。σ_{l6} 的大小与构件的直径有关，构件直径越小，压陷变形的影响越大，预应力损失就越大。当构件直径大于3m时，损失值可忽略不计；当构件直径小于或等于3m时，取 $\sigma_{l6}=30\text{N}/\text{mm}^2$。

对于大体积水工混凝土构件，各项预应力损失值应由专门的研究或试验确定。

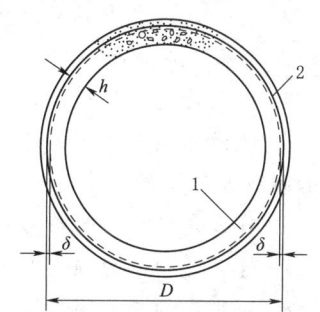

图4-18 环形配筋的预应力构件
1—环形截面构件；2—预应力钢筋；
D、h、δ—直径、壁厚、压陷变形

三、预应力损失的组合

上述各项预应力损失并非同时发生，而是按不同张拉方式分阶段发生。通常把在混凝土预压前产生的损失称为第一批应力损失 $\sigma_{lⅠ}$（先张法指放张前的损失，后张法指卸去千斤顶前的损失），而在混凝生预压后产生的损失称为第二批应力损失 $\sigma_{lⅡ}$。总损失为 $\sigma_l=\sigma_{lⅠ}+\sigma_{lⅡ}$。

各阶段预应力损失的组合见表4-2。

表4-2　　　　　　　　　各阶段预应力损失的组合

项次	预应力损失的组合	先张法构件	后张法构件
1	混凝土预压前（第一批）的损失 $\sigma_{lⅠ}$	$\sigma_{l1}+\sigma_{l2}+\sigma_{l3}+\sigma_{l4}$	$\sigma_{l1}+\sigma_{l2}$
2	混凝土预压后（第二批）的损失 $\sigma_{lⅡ}$	σ_{l5}	$\sigma_{l4}+\sigma_{l5}+\sigma_{l6}$

注　先张法构件第一批损失计入 σ_{l2} 是指有折线型配筋的情况。

对预应力混凝土构件，除应根据使用条件进行承载力计算及抗裂、裂缝宽度和变形验算外，还需对构件制作、运输、吊装等施工阶段进行验算。不同的受力阶段应考虑相应的预应力损失的组合。

一般而言，预应力损失值与实际值之间可能有误差，为了确保构件安全，当按上述各项损失计算得出的总损失值 σ_l（$\sigma_l=\sigma_{lⅠ}+\sigma_{lⅡ}$）小于下列数值时，按下列数值取用：

（1）先张法构件：$100\text{N}/\text{mm}^2$。

随堂测

(2) 后张法构件：80N/mm²。

预应力混凝土构件在承载能力状态和正常使用极限状态下的相关计算参考《水工混凝土结构设计规范》(SL 191—2008)。

习 题

预应力混凝土结构设计小结

预应力混凝土结构设计小测

思政故事

长江故事汇——工善其事、匠人匠心

知识拓展

结构抗震专题

一、思考题

1. 为什么在普通钢筋混凝土构件中一般不采用高强度钢筋？
2. 简述预应力混凝土的工作原理。
3. 为什么预应力混凝土能有效地提高构件的抗裂度和刚度？采用预应力混凝土有什么技术经济价值？
4. 什么是先张法？什么是后张法？它们各有哪些优缺点？
5. 试简述预应力损失的种类。混凝土的收缩与徐变为什么会引起预应力的损失？影响收缩与徐变的因素是什么？
6. 什么是张拉控制应力？其数值的确定应注意哪些问题？
7. 什么是预应力损失？预应力损失有哪几种？怎样划分它们的损失阶段？
8. 先张法预应力损失和后张法预应力损失有什么不同？为什么要分第一批与第二批预应力损失？为什么后张法的收缩、徐变损失比先张法的收缩、徐变损失要小？
9. 如果先张法与后张法采用相同的控制应力 σ_{con}，并假定预应力损失 σ_l 也相同，试问当加荷到混凝土预压应力 $\sigma_{pcⅡ}=0$ 时，两者的非预应力钢筋应力 σ_s 是否相同？若 σ_s 不同，哪个大？
10. 两个轴心受拉构件，截面配筋及材料强度完全相同，一个施加了预应力，一个没有施加预应力，试问这两个构件的承载力哪一个大些？
11. 采用先张法和后张法，在计算时有哪些不同？现有两根轴心受拉构件，各种条件都相同，一根采用先张法，另一根用后张法，试问这两根构件的抗裂度是否相等？为什么？
12. 全部预应力损失出现后，加荷于预应力轴心拉杆，并同时量测混凝土的拉伸应变，试问该应变为多少时将出现裂缝？
13. 预应力受弯构件设计时，如果承载力或抗裂计算结果不能满足设计要求，则应分别采取哪些比较有效的措施？
14. 为什么要进行施工阶段的验算？施工阶段的承载力和抗裂验算的原则是什么？为什么要对预拉区非预应力钢筋的配筋做出限制？

二、选择题

1. 普通钢筋混凝土结构不能充分发挥高强钢筋的作用，主要原因是（　　）。
   A. 受压混凝土先破坏　　　　　　　B. 未配高强混凝土
   C. 不易满足正常使用极限状态　　　D. 受拉混凝土先破坏
2. 对构件施加预应力的主要目的是（　　）。
   A. 提高构件的承载力　　　　　　　B. 提高构件的承载力和刚度

C. 提高构件抗裂度及刚度 　　　　　D. 对构件强度进行检验

3. 先张法和后张法预应力混凝土构件两者相比，下述论点不正确的是（　　）。

A. 先张法工艺简单，只需临时性锚具

B. 先张法适用于工厂预制中、小型构件，后张法适用于施工现场制作的大、中型构件

C. 后张法需有台座或钢模张拉钢筋

D. 先张法一般常采用直线钢筋作为预应力钢筋

4. 预应力钢筋的张拉控制应力，先张法比后张法取值略高的原因是（　　）。

A. 后张法在张拉钢筋的同时，混凝土同时产生弹性压缩，张拉设备上所显示的经换算得出的张拉控制应力为已扣除混凝土弹性压缩后的钢筋应力

B. 先张法临时锚具的变形损失大

C. 先张法的混凝土收缩、徐变较后张法大

D. 先张法有温差损失，后张法无此项损失

5. 条件相同的先张法和后张法轴心受拉构件，当 σ_{con} 及 σ_l 相同时，预应力钢筋中应力 $\sigma_{pcⅡ}$（　　）。

A. 两者相等 　　　　　　　　　　B. 后张法大于先张法

C. 后张法小于先张法 　　　　　　D. 无法判断

中篇（下）

基本构件在正常使用极限状态下的相关验算

项目五　钢筋混凝土结构正常使用极限状态的验算

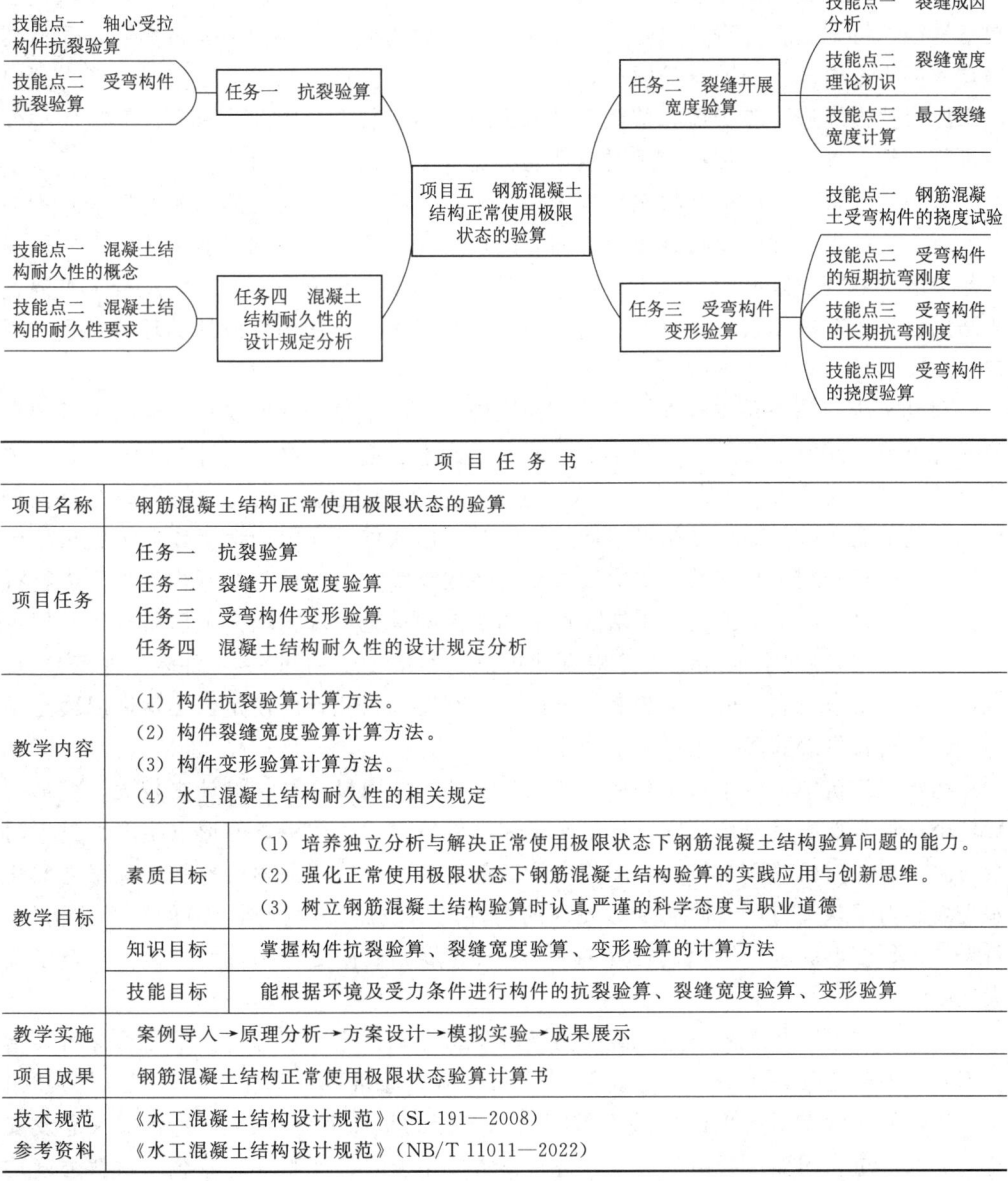

项目任务书	
项目名称	钢筋混凝土结构正常使用极限状态的验算
项目任务	任务一　抗裂验算 任务二　裂缝开展宽度验算 任务三　受弯构件变形验算 任务四　混凝土结构耐久性的设计规定分析
教学内容	(1) 构件抗裂验算计算方法。 (2) 构件裂缝宽度验算计算方法。 (3) 构件变形验算计算方法。 (4) 水工混凝土结构耐久性的相关规定
教学目标	素质目标：(1) 培养独立分析与解决正常使用极限状态下钢筋混凝土结构验算问题的能力。 (2) 强化正常使用极限状态下钢筋混凝土结构验算的实践应用与创新思维。 (3) 树立钢筋混凝土结构验算时认真严谨的科学态度与职业道德
	知识目标：掌握构件抗裂验算、裂缝宽度验算、变形验算的计算方法
	技能目标：能根据环境及受力条件进行构件的抗裂验算、裂缝宽度验算、变形验算
教学实施	案例导入→原理分析→方案设计→模拟实验→成果展示
项目成果	钢筋混凝土结构正常使用极限状态验算计算书
技术规范 参考资料	《水工混凝土结构设计规范》(SL 191—2008) 《水工混凝土结构设计规范》(NB/T 11011—2022)

钢筋混凝土结构设计首先应进行承载能力极限状态计算，以保证结构构件的安全可靠，然后还应根据构件的使用要求进行正常使用极限状态验算，以保证结构构件能正常使用。正常使用极限状态验算包括抗裂（不允许裂缝出现）或裂缝宽度验算和变

形验算。在有些情况下，正常使用极限状态的验算也有可能成为设计中的控制情况。随着材料强度的日益提高，构件截面尺寸进一步减小，正常使用极限状态的验算就变得越来越重要。

一般的钢筋混凝土构件，在使用荷载作用下，截面的拉应变总是大于混凝土的极限拉应变，要求构件在正常使用时不出现裂缝是不现实的。因此，一般的钢筋混凝土构件总是带裂缝工作，但过宽的裂缝会产生下列不利影响：①影响外观并使人们在心理上产生不安全感；②在裂缝处，缩短了混凝土碳化到达钢筋表面的时间，导致钢筋提早锈蚀，特别是在海岸建筑物受浪溅或盐雾影响的部位，海水中的氯离子会通过裂缝渗入混凝土内部，加速钢筋锈蚀，影响结构的耐久性；③当水头较大时，渗入裂缝的水压会使裂缝进一步扩展，甚至会影响到结构的承载力。因此，对允许开裂的构件应进行裂缝宽度验算，根据使用要求使裂缝宽度小于相应的限值。

裂缝宽度限值的取值是根据结构的功能要求、环境条件对钢筋的腐蚀影响、钢筋种类对腐蚀的敏感性以及荷载作用时间等因素来考虑的。然而到目前为止，一些同类规范考虑裂缝宽度限值的影响因素各有侧重，具体规定并不完全一致。现行水工混凝土结构设计规范参照国内外有关资料，根据钢筋混凝土结构构件所处的环境类别，规定了相应的最大裂缝宽度限值，见表4-2。

承受水压的轴心受拉构件、小偏心受拉构件，由于整个截面受拉，混凝土开裂后裂缝有可能贯穿整个截面，引起水的渗漏，因此水工混凝土结构设计规范规定，应进行抗裂验算。对于发生裂缝后会引起严重渗漏的其他构件，也应进行抗裂验算。例如，简支的矩形截面输水灌槽沿纵向计算时为受弯构件，在纵向弯矩作用下底板位于受拉区，一旦开裂，裂缝就会贯穿底板截面造成渗漏，因此虽为受弯构件也应进行抗裂验算。但是如果对结构构件采取了可靠的防渗漏措施，或采取措施后虽有渗漏但不影响正常使用时，《水工混凝土结构设计规范》（SL 191—2008）（简称《规范》）规定，也可不要求抗裂，而只需限制裂缝的开展宽度。因此，即使是水工钢筋混凝土结构，必须进行抗裂验算的范围也是很小的。

在水工建筑中，由于稳定和使用要求，构件的截面尺寸往往设计得较大，变形一般较小，通常能满足设计要求。但吊车梁或门机轨道梁等构件，变形（挠度）过大时会妨碍吊车或门机的正常行驶，闸门顶梁变形过大时会使闸门顶梁与胸墙底梁之间止水失效。对于这类有严格限制变形要求的构件以及截面尺寸特别单薄的装配式构件，就需要进行变形验算，以控制构件的变形。《规范》根据受弯构件的类型，规定了最大挠度限值。

正常使用极限状态验算与承载能力极限状态计算相比，两者所要求的目标可靠指标不同。对于正常使用极限状态验算，可靠指标 β 通常可取为 $1\sim 2$，这是因为超出正常使用极限状态所产生的后果不像超出承载能力极限状态所造成的后果（危及安全）那么严重。因而《规范》规定，进行正常使用极限状态验算时荷载与材料强度均取其标准值，而不是它们的设计值。

需要指出的是，本书涉及的裂缝控制计算只针对直接作用在结构上的外力荷载所引起裂缝，不包括温度、收缩、支座沉降等变形受到约束而产生的裂缝。

任务一 抗 裂 验 算

素质目标	（1）培养独立分析与解决钢筋混凝土结构抗裂验算问题的能力。 （2）强化钢筋混凝土结构抗裂验算的实践应用与创新思维。 （3）树立钢筋混凝土结构抗裂验算时认真严谨的科学态度与职业道德
知识目标	（1）了解裂缝的分类与成因。 （2）掌握裂缝的危害、裂缝的控制措施。 （3）掌握水工混凝土结构抗裂计算
技能目标	（1）能根据裂缝成因、裂缝的危害及裂缝的控制措施。 （2）能正确分析并完成抗裂验算

想一想12

技能点一 轴心受拉构件抗裂验算

抗裂验算之轴心受拉构件

钢筋混凝土轴心受拉构件在即将发生裂缝时，混凝土的拉应力达到其实际轴心抗拉强度 f_t（图 5-1），拉伸应变达到其极限拉应变 ξ_{tu}。这时由于钢筋与混凝土保持共同变形，因此钢筋拉应力可根据钢筋和混凝土变形相等的关系求得，即 $\sigma_s = \xi_s E_s = \xi_{tu} E_s$，令 $\alpha_E = E_s / E_c$，则 $\sigma_s = \alpha_E \xi_{tu} E_c = \alpha_E f_t$。所以混凝土在开裂前或即将开裂时，钢筋应力只是混凝土应力的 α_E 倍（6.6～7.8 倍）。

若以 A_s 表示受拉钢筋的截面面积，以 A_{s0} 表示将钢筋 A_s 换算成假想混凝土的换算截面面积，则换算截面面积 A_{s0} 承受的拉力应与原钢筋承受的拉力相等，即

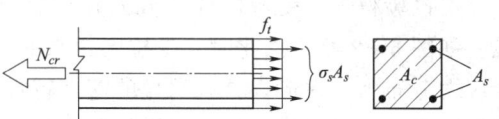

图 5-1 轴心受拉构件抗裂轴向力计算图

$$\sigma_s A_s = f_t A_{s0} \tag{5-1}$$

将 $\sigma = \alpha_E f_t$ 代入式（5-1）可得

$$\sigma_s A_s = f_t A_{s0} = \alpha_E A_s \tag{5-2}$$

式（5-2）表明，在混凝土开裂之前，钢筋与混凝土满足变形协调条件，所以，截面面积为 A_s 的纵向受拉钢筋相当于截面面积为 $\alpha_E A_s$ 的受拉混凝土，$\alpha_E A_s$ 就称为钢筋 A_s 的换算截面面积。因而，构件总的换算截面面积为

$$A_0 = A_c + \alpha_E A_s \tag{5-3}$$

式中　A_0——混凝土截面面积。

因此，由力的平衡条件可求得开裂轴向拉力（图 5-1），即

$$N_{cr} = f_t A_c + \sigma_s A_s = f_t A_c + \alpha_E f_t A_s = f_t (A_c + \alpha_E A_s) = f_t A_0 \tag{5-4}$$

在进行正常使用极限状态验算时，还应满足目标可靠指标的要求，使计算得到的抗裂轴向拉力有一定的可靠性，故引进一个数值小于1的拉应力限制系数 α_{ct}，同时，混凝土抗拉强度取用为标准值，荷载也取用为标准值。所以，轴心受拉构件在荷载效应标准组合下的抗裂验算公式为

$$N_k \leqslant \alpha_{ct} f_{tk} A_0 \tag{5-5}$$

式中　N_k——按荷载标准值计算得到的轴向力，N；

α_{ct}——混凝土拉应力限制系数，对荷载效应的标准组合，α_{ct} 可取为 0.85；

f_{tk}——混凝土轴心抗拉强度标准值，N/mm²；

A_0——换算截面面积，mm²，$A_0=A_c+\alpha_E A_s$；

α_E——钢筋弹性模量与混凝土弹性模量的比值，即 $\alpha_E=E_s/E_c$；

A_c——混凝土截面面积，mm²；

A_s——受拉钢筋截面面积，mm²。

应当注意，轴心受拉构件的钢筋截面面积 A_s 必须由承载力计算确定，不能由式（5-4）求解，对于受弯等其他构件也是一样的。

随堂测

对钢筋混凝土构件的抗裂能力而言，钢筋所起的作用不大。混凝土的极限拉伸值 ε_{tu} 一般为 $1.0\times10^{-4}\sim1.5\times10^{-4}$，混凝土即将开裂时钢筋的拉应力 $\sigma_s=\xi_{tu}E_s\approx(1.0\times10^{-4}\sim1.5\times10^{-4})\times2.0\times10^5=20\sim30(N/mm^2)$，可见此时的钢筋应力是很低的。所以用增加钢筋面积的方法来提高构件的抗裂能力是极不合理的。构件抗裂能力主要靠加大构件截面尺寸或提高混凝土抗拉强度来保证，也可采用在局部混凝土中掺入钢纤维等措施，最根本的方法则是采用预应力混凝土构件。

技能点二　受弯构件抗裂验算

抗裂验算之受弯构件

由试验得知，受弯构件正截面在即将开裂的瞬间，其应力状态处于第Ⅰ应力阶段，如图 5-2 所示。此时，受拉区边缘的拉应变达到混凝土的极限拉应变 ξ_{tu}，受拉区应力分布为曲线形，具有明显的塑性特征，最大拉应力达到混凝土的抗拉强度 f_t；受压区混凝土仍接近于弹性工作状态，其应力分布图形近似为三角形；截面应变符合平截面假定。与轴心受拉构件一样，此时受拉钢筋应力 σ_s 为 $20\sim30N/mm^2$。

根据试验结果，在计算受弯构件的开裂弯矩 M_{cr} 时，混凝土受拉区应力图形可近似地假定为图 5-3 所示的梯形，并假定塑化区高度占受拉区高度的一半；混凝土受压区应力图形假定为三角形。

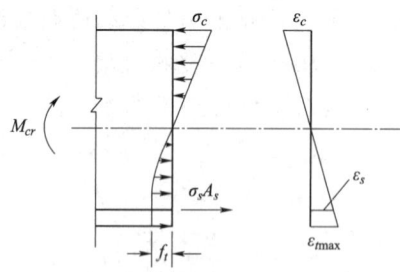
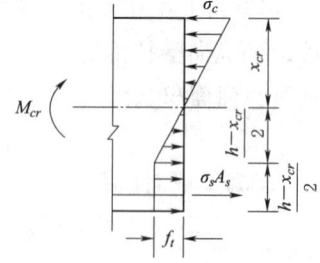

图 5-2　受弯构件正截面即将开裂时实际的应力与应变图形

图 5-3　受弯构件正截面即将开裂时假定的应力图形

按图 5-3 的应力图形，利用平截面假定和力的平衡条件，可求出混凝土边缘压应力 σ_c 与受压区高度 x_{cr} 之间的关系。然后根据力矩的平衡条件，可求出截面开裂弯矩 M_{cr}。

但上述直接求解 M_{cr} 的方法比较烦琐,为了计算方便,可采用等效换算的方法。即在保持开裂弯矩相等的条件下,将受拉区梯形应力图形等效折算成直线分布的应力图形(图 5-4)。此时,受拉区边缘应力由 f_t 折算为 $\gamma_m \cdot f_t$,γ_m 称为截面抵抗矩塑性系数(附表 4-4)。经过这样的换算,就可直接用弹性体的材料力学公式进行计算。

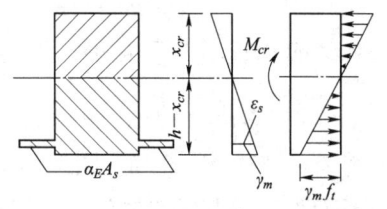

图 5-4 受弯构件正截面抗裂弯矩计算图

从上面可看出,截面抵抗矩塑性系数 γ_m 是将受拉区为梯形分布的应力图形,按开裂弯矩相等的原则,折算成直线分布应力图形后,相应的受拉边缘应力的比值。因此,γ_m 与截面形状及假定的应力图形有关。对于一些常用截面,已经求得其相应的 γ_m 值,设计时可直接取用。

试验证明,γ_m 值除了与截面形状有关外,还与截面高度 h 有关。截面高度 h 越大,γ_m 值越小。由高梁($h=1200$mm、1600mm、2000mm)试验得出的矩形截面 γ_m 值大体上为 1.39~1.23,由浅梁($h\leqslant 200$mm)试验得出的 γ_m 值可大到 2.0,总的趋势是 γ_m 值随着 h 的增大而减小。所以,应根据 h 值的不同对 γ_m 值进行修正。还应乘以考虑截面高度影响的修正系数 $\left(0.7+\dfrac{300}{h}\right)$,该修正系数不应大于 1.1。括号中 h 以 mm 计,当 $h>3000$mm 时,取 $h=3000$mm。

与轴心受拉构件同样道理,如果受拉钢筋截面面积为 A_s,受压钢筋截面面积为 A'_s,则可换算为与钢筋同位置的受拉混凝土截面面积 $\alpha_E A_s$ 与受压混凝土截面面积 $\alpha_E A'_s$。如此,就可把构件视作截面面积为 A_0 的匀质弹性体,$A_0=A_c+\alpha_E A_s+\alpha_E A'_s$。引用材料力学公式,得出受弯构件正截面抗裂弯矩 M_{cr} 的计算公式:

$$M_{cr}=\gamma_m f_t W_0 \tag{5-6}$$

其中
$$W_0=\dfrac{I_0}{h-y_0} \tag{5-7}$$

式中　W_0——换算截面 A_0 对受拉边缘的弹性抵抗矩,mm³;
　　　y_0——换算截面重心轴至受压边缘的距离,mm;
　　　I_0——换算截面对其重心轴的惯性矩,mm⁴。

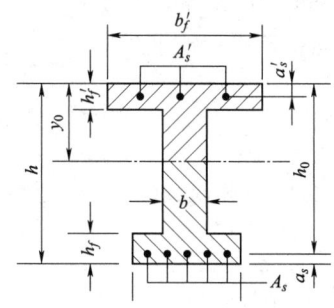

图 5-5 双筋 I 形截面示意图

为了具有一定的可靠性,对受弯构件同样引入拉应力限制系数 α_{ct},荷载和材料强度取用标准值。所以,受弯构件在荷载效应标准组合下的抗裂验算公式为:

$$M_k\leqslant \gamma_m \alpha_{ct} f_{tk} W_0 \tag{5-8}$$

式中　M_k——按荷载标准值计算得到的弯矩值,N·m。

在按式(5-8)进行抗裂验算时,需先计算出换算截面的特征值 y_0、I_0 等。下面列出双筋 I 形截面(图 5-5)的具体公式。对于矩形、T 形或倒 T 形截面,只需在 I 形截面的基础上去掉无关的项即可。

换算截面面积：
$$A_0 = bh + (b_f - b)h_f + (b'_f - b)h'_f + \alpha_E A_s + \alpha_E A'_s \tag{5-9}$$

换算截面重心至受压边缘的距离：
$$y_0 = \frac{\frac{bh^2}{2} + (b'_f - b)\frac{h'^2_f}{2} + (b_f - b)h_f\left(h - \frac{h_f}{2}\right) + \alpha_E A_s h_0 + \alpha_E A'_s a'_s}{bh + (b_f - b)h_f + (b'_f - b)h'_f + \alpha_E A_s + \alpha_E A'_s} \tag{5-10}$$

换算截面对其重心轴的惯性矩：
$$\begin{aligned}I_0 =& \frac{b'_f y_0^3}{3} - \frac{(b'_f - b)(y_0 - h'_f)^3}{3} + \frac{b_f (h - y_0)^3}{3} \\ & - \frac{(b_f - b)(h - y_0 - h_f)^3}{3} + \alpha_E A_s (h_0 - y_0)^2 + \alpha_E A'_s (y_0 - a'_s)^2\end{aligned} \tag{5-11}$$

单筋矩形截面的 y_0 和 I_0，也可按下列近似公式计算：
$$y_0 \approx (0.5 + 0.425\alpha_E \rho)h \tag{5-12}$$
$$I_0 \approx (0.0833 + 0.19\alpha_E \rho)bh^3 \tag{5-13}$$

式中 ρ——纵向受拉钢筋的配筋率，$\rho = \frac{A_s}{bh_0}$；

α_E——钢筋弹性模量与混凝土弹性模量的比值，即 $\alpha_E = \frac{E_s}{E_c}$。

【**例 5-1**】 某水闸系 3 级水工建筑物，其底板厚 $h = 1500\text{mm}$，$h_0 = 1430\text{mm}$，荷载标准值在跨中截面产生的弯矩值 $M_K = 540.0\text{kN} \cdot \text{m}$。采用 C20 混凝土、HRB400 钢筋。由承载力计算，已配置钢筋 $\Phi 20@150$（$A_s = 2094\text{mm}^2$），试按 SL 191—2008 规范验算该水闸底板是否抗裂。

解：由附表 1-3、附表 1-8、附表 1-1、附表 4-4 可得：$E_c = 2.55 \times 10^4 \text{N/mm}^2$，$E_s = 2.0 \times 10^5 \text{N/mm}^2$，$f_{tk} = 1.54 \text{N/mm}^2$，$\gamma_m = 1.55$。

（1）按照式（5-10），式（5-11）计算 y_0，I_0：

$$\alpha_E = \frac{E_s}{E_c} = \frac{2.0 \times 10^5}{2.55 \times 10^4} = 7.84$$

$$\rho = \frac{A_s}{bh_0} = \frac{2094}{1000 \times 1430} = 0.15\%$$

$$y_0 = \frac{\frac{bh^2}{2} + \alpha_E A_s h_0}{bh + \alpha_E A_s} = \frac{\frac{1000 \times 1500^2}{2} + 7.84 \times 2094 \times 1430}{1000 \times 1500 + 7.84 \times 2094} = 757(\text{mm})$$

$$\begin{aligned}I_0 &= \frac{b y_0^3}{3} + \frac{b(h - y_0)^3}{3} + \alpha_E A_s (h_0 - y_0)^2 \\ &= \frac{1000 \times 757^3}{3} + \frac{1000(1500 - 757)^3}{3} + 7.84 \times 2094 \times (1430 - 757)^2 \\ &= 288.8 \times 10^9 (\text{mm}^4)\end{aligned}$$

如改用近似公式（5-12）、式（5-13）计算 y_0 及 I_0，则
$$y_0 = (0.5 + 0.425\alpha_E \rho)h = (0.5 + 0.425 \times 7.84 \times 0.0015) \times 1500 = 757(\text{mm})$$

$$I_0 = (0.0833 + 0.19\alpha_E\rho)bh^3 = (0.0833 + 0.19 \times 7.84 \times 0.0015) \times 1000 \times 1500^3$$
$$= 288.7 \times 10^9 (\text{mm}^4)$$

可见近似公式（5-12）、式（5-13）足够精确。

（2）按式（5-8）验算是否抗裂。

考虑截面高度的影响，对 γ_m 值进行修正，得

$$\gamma_m = \left(0.7 + \frac{300}{1500}\right) \times 1.55 = 1.395$$

在荷载效应标准组合下，$\alpha_{ct} = 0.85$，则

$$\gamma_m\alpha_{ct}f_{tk}W_0 = \gamma_m\alpha_{ct}f_{tk}\frac{I_0}{h-y_0} = 1.395 \times 0.85 \times 1.54 \times \frac{288.7 \times 10^9}{1500-757}$$
$$= 709.53(\text{kN} \cdot \text{m}) > 540.0 \text{kN} \cdot \text{m}$$

因此，该水闸底板跨中截面满足抗裂要求。

随堂测

任务二 裂缝开展宽度验算

素质目标	（1）培养独立分析与解决钢筋混凝土结构裂缝宽度验算问题的能力。 （2）强化钢筋混凝土结构裂缝宽度验算的实践应用与创新思维。 （3）树立钢筋混凝土结构裂缝宽度验算时认真严谨的科学态度与职业道德
知识目标	（1）理解裂缝特性。 （2）理解裂缝的出现、分布与发展过程。 （3）掌握裂缝宽度的计算方法
技能目标	（1）能根据裂缝特性分析裂缝出现的成因及分布、发展过程。 （2）能正确完成钢筋混凝土结构裂缝宽度验算

想一想13

技能点一 裂缝成因分析

混凝土产生裂缝的原因十分复杂，归纳起来有外力荷载引起的裂缝和非荷载因素引起的裂缝两大类，现分述于下。

一、外力荷载引起的裂缝

钢筋混凝土结构在使用荷载作用下，截面上的混凝土拉应变一般都是大于混凝土极限拉应变的，因而构件在使用时总是带裂缝工作。作用于截面上的弯矩、剪力、轴向拉力以及扭矩等内力都可能引起钢筋混凝土构件开裂，但不同性质的内力所引起的裂缝，其形态不同。

裂缝成因

裂缝一般与主拉应力方向大致垂直，且最先在内力最大处产生。如果内力相同，则裂缝首先在混凝土抗拉能力最薄弱处产生。

外力荷载引起的裂缝主要有正截面裂缝和斜裂缝。由弯矩、轴心拉力、偏心拉（压）力等引起的裂缝，称为正截面裂缝或垂直裂缝；由剪力或扭矩引起的与构件轴线斜交的裂缝称为斜裂缝。

外力引起的裂缝

由荷载引起的裂缝主要通过合理的配筋，例如选用与混凝土黏结较好的带肋钢筋、控制使用期钢筋应力不过高、钢筋的直径不过粗、钢筋的间距不过大等措施，来

控制正常使用条件下的裂缝不致过宽。

二、非荷载因素引起的裂缝

钢筋混凝土结构构件除了由外力荷载引起的裂缝外，很多非荷载因素，如温度变化、混凝土收缩、基础不均匀沉降、混凝土塑性坍落、冰冻、钢筋锈蚀以及碱-骨料化学反应等都有可能引起裂缝。

（一）温度变化引起的裂缝

混凝土结构构件会随着温度的变化而产生变形，即热胀冷缩。当冷缩变形受到约束时，就会产生温度应力（拉应力），当温度应力大于混凝土抗拉强度时就会产生裂缝。减小温度应力的实用方法是尽可能地撤去约束，允许其自由变形。在建筑物中设置伸缩缝就是应用这种方法的典型例子。

温度变化引起的裂缝

大体积混凝土开裂的主要原因之一是温度应力。混凝土在浇筑凝结硬化过程中会产生大量的水化热，导致混凝土温度上升。如果热量不能很快散失，混凝土块体内外温差过大，就会产生温度应力，使结构内部受压外部受拉。混凝土在硬化初期抗拉强度很低，如果内外温度差较大，就容易出现裂缝。防止这类裂缝发生的措施是：采用低热水泥和在块体内部埋置块石以减少水化热，掺用优质掺合料以降低水泥用量，预冷骨料及拌和用水以降低混凝土入仓温度，预埋冷却水管通水冷却，合理分层分块浇筑混凝土，加强隔热保温养护等。构件在使用过程中若内外温差大，也可能引起构件开裂。例如钢筋混凝土倒虹吸管，内表面水温很低，外表面经太阳暴晒温度会相对较高，管壁的内表面就可能产生裂缝。为防止此类裂缝的发生或减小裂缝宽度，应采用隔热或保温措施尽量减少构件内的温度梯度，例如在裸露的压力管道上铺设填土或塑料隔热层，在配筋时也应考虑温度应力的影响。

（二）混凝土收缩引起的裂缝

混凝土在结硬时会体积缩小产生收缩变形。如果构件能自由伸缩，则混凝土的收缩只是引起构件的缩短而不会导致收缩裂缝。但实际上结构构件都不同程度不同地受到边界约束作用，例如板受到四边梁的约束、梁受到支座的约束。对于这些受到约束而不能自由伸缩的构件，混凝土的收缩也就可能导致裂缝的产生。

混凝土收缩引起的裂缝

在配筋率很高的构件中，即使边界没有约束，混凝土的收缩也会受到钢筋的制约而产生拉应力，也有可能引起构件产生局部裂缝。此外，新老混凝土的界面上很容易产生收缩裂缝。

混凝土的收缩变形随着时间而增长，初期收缩变形发展较快，2周可完成全部收缩量的25%，1个月约可完成50%，3个月后增长缓慢，一般2年后趋于稳定。

防止和减少收缩裂缝的措施是：合理地设置伸缩缝，改善水泥性能，降低水灰比，水泥用量不宜过多，配筋率不宜过高，在梁的支座下设置四氟乙烯垫层以减小摩擦约束，合理设置构造钢筋使收缩裂缝分布均匀，尤其要注意加强混凝土的潮湿养护。

（三）基础不均匀沉降引起的裂缝

基础不均匀沉降引起的裂缝

基础不均匀沉降会使超静定结构受迫变形而引起裂缝。防止的措施是：根据地基条件及上部结构形式采用合理的构造措施，设置沉降缝等。

任务二　裂缝开展宽度验算

（四）混凝土塑性坍落引起的裂缝

混凝土塑性坍落发生在混凝土浇筑后的头几小时内，这时混凝土还处于塑性状态，如果混凝土出现泌水现象，在重力作用下混合料中的固体颗粒有向下沉移而水向上浮动的倾向。当这种移动受到顶层钢筋骨架或者模板约束时，在表层就容易形成沿钢筋长度方向的顺筋裂缝，如图 5-6 所示。防止这类裂缝的措施是：仔细选择集料的级配，做好混凝土的配合比设计，特别是要控制

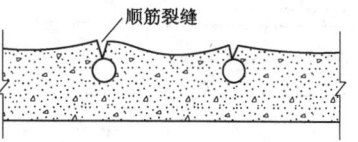

图 5-6　顺筋裂缝

水灰比，采用适量的减水剂，施工时混凝土既不能漏振也不能过振。如一旦发生这类裂缝，可在混凝土终凝以前重新抹面压光，使裂缝闭合。

（五）冰冻引起的裂缝

水在结冰过程中体积要增加。因此，通水孔道中结冰就可能产生沿着孔道方向的纵向裂缝。

在建筑物基础梁下，充填一定厚度的松散材料（如炉渣），可防止土体冰胀后作用力直接作用在基础梁上而引起基础梁开裂或者破坏。

（六）钢筋锈蚀引起的裂缝

钢筋的生锈过程是电化学反应过程，其生成物铁锈的体积大于原钢筋的体积。这种效应可在钢筋周围的混凝土中产生胀拉应力，如果混凝土保护层比较薄，不足以抵抗这种拉应力时就会沿着钢筋形成一条顺筋裂缝。顺筋裂缝的发生又进一步促进钢筋锈蚀程度的增加，形成恶性循环，最后导致混凝土保护层剥落，甚至钢筋锈断，如图 5-7 所示。这种顺

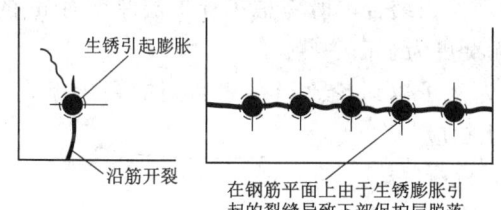

图 5-7　钢筋锈蚀的影响

筋裂缝对结构的耐久性影响极大。防止的措施是提高混凝土的密实度和抗渗性，适当地加大混凝土保护层厚度。

（七）碱-骨料化学反应引起的裂缝

碱-骨料反应是指混凝土孔隙中水泥的碱性溶液与活性骨料（含活性 SiO_2）化学反应生成碱-硅酸凝胶，碱硅胶遇水后可产生膨胀，使混凝土胀裂。开始时在混凝土表面形成不规则的鸡爪形细小裂缝，然后由表向里发展，裂缝中充满白色沉淀。

碱-骨料化学反应对结构构件的耐久性影响很大。为了控制碱-骨料的化学反应，可通过控制使用碱活性骨料、水泥含碱量，使用能抑制碱-骨料反应的掺合料（如粉煤灰、矿渣、硅粉等）或引气剂缓解碱-骨料反应带来的膨胀压力。

技能点二　裂缝宽度理论初识

《水工混凝土结构设计规范》（SL 191—2008）的裂缝宽度计算公式是一种半理论半经验公式，即从裂缝开展的机理分析入手，根据某一力学模型推导出理论计算公式，但公式中的一些系数则借助于试验或经验确定。

在半理论半经验公式中，裂缝开展机理及其计算理论大体上可分为三种：①黏结滑移理论；②无滑移理论；③综合理论。

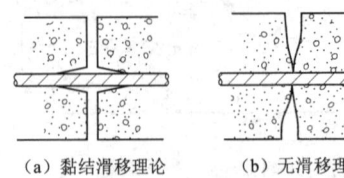

图 5-8 两种裂缝形状

黏结滑移理论是最早提出的，它认为裂缝的开展是由于钢筋和混凝土之间不再保持变形协调而出现相对滑移造成的。在一个裂缝区段（裂缝间距 l_{cr} 内），钢筋与混凝土伸长之差就是裂缝开展宽度 w，因此 l_{cr} 越大，w 也越大。而 l_{cr} 又取决于钢筋与混凝土之间的黏结力大小及分布。根据这一理论，影响裂缝宽度的因素除了钢筋应力 σ_s 以外，主要是钢筋直径 d 与配筋率 ρ 的比值。同时，这一理论还意味着混凝土表面的裂缝宽度与内部钢筋表面处的裂缝宽度是一样的，如图 5-8（a）所示。

无滑移理论是 20 世纪 60 年代中期提出的，它假定裂缝开展后，混凝土截面在局部范围内不再保持为平面，而钢筋与混凝土之间的黏结力并不破坏，相对滑移可忽略不计，这也就意味着裂缝的形状如图 5-8（b）所示。按此理论，裂缝宽度在钢筋表面处为 0，在构件表面处最大。表面裂缝宽度与保护层厚度正的大小有关。

黏结滑移理论和无滑移理论对于裂缝主要影响因素的分析和取舍各有侧重，都有一定试验结果的支持，又都不能完全解释所有的实验现象和试验结果。《水工混凝土结构设计规范》（SL 191—2008）将此两种理论相结合，既考虑了保护层厚度对 w 的影响，也考虑了钢筋可能出现的滑移，这无疑更为全面一些。

下面以受弯构件纯弯区段的裂缝宽度为例予以讨论。当荷载达到抗裂弯矩 M_{cr} 时，出现第一条裂缝。在裂缝截面，混凝土拉应力下降为 0，钢筋应力增大。离开裂缝截面，混凝土仍然受拉，且离裂缝截面越远，受力越大。在应力达到 f_t 处，就是出现第二条裂缝的地方。接着又会相继出现第三条裂缝、第四条裂缝、……近似认为裂缝是等间距分布，而且也几乎是同时发生的。此后荷载的增加只是裂缝开展宽度加大而不

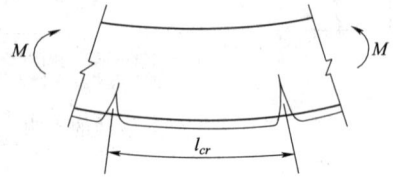

图 5-9 裂缝宽度计算简图

再产生新的裂缝，而且各条裂缝的宽度，在同一荷载下也是相等的。由图 5-9 可知，裂缝发生后，在钢筋重心处的裂缝宽度 w_m 应等于两条相邻裂缝之间的钢筋伸长与混凝土伸长之差，即

$$w_m = \varepsilon_{sm} l_{cr} - \varepsilon_{cm} l_{cr} \tag{5-14}$$

式中 ε_{sm}、ε_{cm}——裂缝间钢筋及混凝土的平均应变；

l_{cr}——裂缝间距。

由于混凝土的拉伸变形极小，可以略去不计，则式（5-14）可改写为

$$w_m = \varepsilon_{sm} l_{cr} \tag{5-15}$$

可以看出，裂缝截面处钢筋应变 ε_s 相对最大，非裂缝截面的钢筋应变逐渐减小，因而整个 l_{cr} 长度内，钢筋的平均应变 ε_{sm} 小于裂缝截面的钢筋应变 ε_s，原因是裂缝之间的混凝土仍能承受部分拉力。为了能用裂缝截面的钢筋应变 ε_s 来表示裂缝宽度

w_m，引入受拉钢筋应变不均匀系数 ψ，它定义为钢筋平均应变 ε_{sm} 与裂缝截面面钢筋应变 ε_s 的比值，即 $\psi = \varepsilon_{sm}/\varepsilon_s$，用来表示裂缝之间因混凝土承受拉力而对钢筋应变所产生的影响。显然 ψ 是不会大于 1 的，ψ 值越小，表示混凝土参与承受拉力的程度越大；ψ 值越大，表示混凝土承受拉力的程度越小，各截面上钢筋的应力就比较均匀；$\psi=1$ 时，表示混凝土完全脱离工作。

由于 $\varepsilon_{sm} = \psi \varepsilon_s = \psi \dfrac{\sigma_s}{E_s}$，代入式（5-15）得

$$w_m = \psi \frac{\sigma_s}{E_s} l_{cr} \tag{5-16}$$

即裂缝宽度 w 取决于裂缝截面的钢筋应力 σ_s、裂缝间距 l_{cr} 和裂缝间纵向受拉钢筋应变不均匀系数 ψ。下面以轴心受拉构件为例，说明确定 σ_s、l_{cr} 及 ψ 的方法。

（一）σ_s 的值

对于轴心受拉构件，在裂缝截面，整个截面拉力全由钢筋承担，故在使用荷载下的钢筋应力 $\sigma_s = \dfrac{N}{A_s}$，其中 N 是正常使用阶段的轴向力，A_s 是轴心受拉构件的全部受拉钢筋截面面积。

（二）l_{cr} 的值

图 5-10 所示为一轴心受拉构件，在 a—a 截面出现第一条裂缝，并即将在 b—b 截面出现第二条相邻裂缝时的一段混凝土脱离体的应力图形。在 a—a 截面，全截面混凝土应力为 0，钢筋应力为 σ_{sa}；在 b—b 截面上，钢筋应力为 σ_{sb}，混凝土的拉应力在靠近钢筋处最大，离开钢筋越远，应力逐步减小。将受拉混凝土折算成应力值为混凝土轴心抗拉强度 f_t 的作用区域，这个区域称为有效受拉混凝土截面面积 A_{te}。由图可知，a—a 截面与 b—b 截面两端钢筋的拉力差 $A_s\sigma_{sa} - A_s\sigma_{sb}$，与 b—b 截面受拉混凝土所受的拉力 $f_t A_{te}$ 相平衡，即 $A_s(\sigma_{sa} - \sigma_{sb}) = f_t A_{te}$

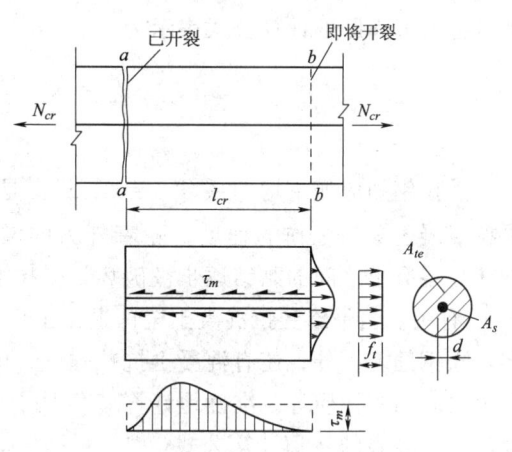

图 5-10 混凝土脱离体的应力图形

由图 5-10 可知，$A_s(\sigma_{sa} - \sigma_{sb})$ 与混凝土与钢筋之间的黏结力 $\tau_m u l_{cr}$ 相平衡，其中 u 是纵向受拉钢筋截面总周长（$n\pi d$），n 和 d 分别为钢筋的根数和直径。τ_m 是 l_{cr} 范围内纵向受拉钢筋与混凝土的平均黏结力。因此 $A_s(\sigma_{sa} - \sigma_{sb}) = f_t A_{te} = \tau_m l_{cr}$，即 $f_t A_{te} = \tau_m l_{cr}$，$l_{cr}$ 的值表示为

$$l_{cr} = \frac{f_t A_e}{\tau_m u} \tag{5-17}$$

记 $\rho_{te} = \dfrac{A_s}{A_{te}}$，因为 $A_s = \dfrac{n\pi d^2}{4}$ 及 $u = n\pi d$，代入式（5-17）可得

$$l_{cr} = \frac{f_t d}{4\tau_m \rho_{te}} \tag{5-18}$$

当混凝土抗拉强度增大时，钢筋和混凝土之间的黏结强度也随之增加，因而可近似认为 f_t/τ_m 为一常值，故式（5-18）可改写为

$$l_{cr} = K_0 \frac{d}{\rho_{te}} \tag{5-19}$$

由上述黏结滑移理论推求出的裂缝间距 l_{cr} 主要与钢筋直径 d 及有效配筋率 ρ_{te} 有关，l_{cr} 与 d/ρ_{te} 成正比。但无滑移理论则认为，对于带肋钢筋，钢筋与混凝土之间有充分的黏结强度，裂缝开展时两者之间几乎不发生相对滑移，即认为在钢筋表面处，裂缝宽度应等于 0，而构件表面的裂缝宽度完全是由钢筋外围混凝土的弹性回缩造成的。因此，根据无滑移理论，混凝土保护层厚度 c 就成为影响构件表面裂缝宽度的主要因素。事实上，混凝土一旦开裂，裂缝两边原来张紧受拉的混凝土立即回缩，钢筋阻止混凝土回缩，钢筋与混凝土之间产生黏结力，将钢筋应力向混凝土传递，使混凝土拉应力逐渐增大。混凝土保护层厚度越大，外表面混凝土达到抗拉强度的位置离开已有裂缝的距离也越大，即裂缝间距 l_{cr} 将增大。试验证明，当保护层厚度从 15mm 增加到 30mm 时，平均裂缝间距增加 40%。

综合两种裂缝开展理论，《水工混凝土结构设计规范》（SL 191—2008）认为影响裂缝间距 l_{cr} 的因素既有钢筋直径 d 与有效配筋率 ρ_{te}，又有混凝土保护层厚度 c，因此可把裂缝间距的计算公式表示为

$$l_{cr} = K_1 c + K_2 \frac{d}{\rho_{te}} \tag{5-20}$$

（三）ψ 的值

受拉钢筋应变不均匀系数 $\psi = \varepsilon_{sm}/\varepsilon_s$，是一个小于 1.0 的系数。它反映了裂缝间受拉混凝土参与工作的程度。随着外力的增加，裂缝截面的钢筋应力 σ_s 随之增大，钢筋与混凝土之间的黏结逐步被破坏，受拉混凝土也就逐渐退出工作，因此 ψ 值必然与 σ_s 有关。当最终受拉混凝土全部退出工作时，ψ 值就趋近于 1.0。影响 ψ 的因素很多，除钢筋应力外，还有混凝土抗拉强度、配筋率、钢筋与混凝土的黏结性能、荷载作用的时间和性质等。准确地计算 ψ 值是十分复杂的，目前大多是根据试验资料给出半理论半经验的 ψ 值计算公式，如

随堂测

$$\psi = 1.0 - \frac{\beta f_t}{\sigma_s \rho_{te}} \tag{5-21}$$

式中 β——试验常数。

当 σ_s、l_{cr} 及 ψ 值求得后代入式（5-16）就可求得平均裂缝宽度 w_m。

技能点三　最大裂缝宽度计算

最大裂缝宽度

以上求得的 w_m 是整个梁段的平均裂缝宽度，而实际上由于混凝土质量的不均匀、裂缝的间距有疏有密、每条裂缝开展的宽度有大有小，离散性是很大的，并且随着荷载的持续作用，裂缝宽度还会继续加宽。而衡量裂缝开展宽度是否超过限值，应以最大宽度为准，而不是其平均值。最大裂缝宽度值可由平均裂缝宽度 w_m 乘以一个

扩大系数 α 得到。系数 α 考虑了裂缝宽度的随机性、荷载的长期作用、钢筋品种及构件受力特征等因素的综合影响。由此可得出

$$w_{\max}=\alpha w_m=\alpha\psi\frac{\sigma_s}{E_s}l_{cr}=\alpha\psi\frac{\sigma_s}{E_s}\left(K_1c+K_2\frac{d}{\rho_{te}}\right) \quad (5-22)$$

《水工混凝土结构设计规范》（SL 191—2008）规范中的裂缝宽度计算公式是在式（5-22）基础上，将系数 ψ 给予了简化，并将 l_{cr}［见式（5-20）］代入，结合试验结果后给出的。配置带肋钢筋的矩形、T 形及 I 形截面受拉、受弯和偏心受压钢筋混凝土构件，在荷载效应标准组合下的最大裂缝宽度 $w_{\max}$ 可按下式计算：

$$w_{\max}=\alpha\frac{\sigma_{sk}}{E_s}\left(30+c+0.07\frac{d}{\rho_{te}}\right) \quad (5-23)$$

式中 α——考虑构件受力特征和荷载长期作用的综合影响系数，对受弯构件和偏心受压构件，取 $\alpha=2.1$；对偏心受拉构件，取 $\alpha=2.4$；对轴心受拉构件，取 $\alpha=2.7$；

c——最外层纵向受拉倒筋外边缘至受拉区边缘的距离，mm，当 $c>65$mm 时，取 $c=65$mm；

d——钢筋直径，mm，当钢筋用不同直径时，式中的 d 用换算直径 $4A_s/u$，此处，u 为纵向受拉钢筋截面总周长，mm；

ρ_{te}——纵向受拉钢筋的有效配筋率，$\rho_{te}=A_s/A_{te}$，当 $\rho_{te}<0.03$ 时，取 $\rho_{te}=0.03$；

A_{te}——有效受拉混凝土截面面积，mm²，对受弯、偏心受拉及大偏心受压构件，A_{te} 取为其中心与受拉钢筋 A_s 重心相一致的混凝土面积，即 $A_{te}=2a_sb$（图 5-11），其中 a_s 为受拉钢筋重心至截面受拉边缘的距离，b 为短形截面的宽度，对有受拉翼缘的倒 T 形及 I 形截面，b 为受拉翼缘宽度；对轴心受拉构件，$A_{te}=2al_s$，但不大于构件全截面面积，其中 a 为一侧钢筋重心至截面近边缘的距离，l_s 为沿截面周边配置的受拉钢筋重心连线的总长度；

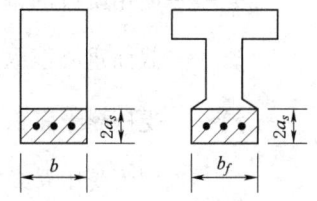

图 5-11 A_{te} 取值示意图

A_s——受拉区纵向钢筋截面面积，mm²，对受弯、偏心受拉及大偏心受压构件，A_s 取受拉区纵向钢筋截面面积；对全截面受拉的偏心受拉构件，A_s 取拉应力较大一侧的钢筋截面面积；对轴心受拉构件，A_s 取全部纵向钢筋截面面积；

σ_{sk}——按荷载标准值计算的构件纵向受拉钢筋应力，N/mm²。

钢筋混凝土构件最大裂缝宽度计算公式（5-23）中，按荷载标准值计算的纵向受拉钢筋应力 σ_{sk} 可按下列公式计算：

(1) 轴心受拉构件

$$\sigma_{sk} = \frac{N_k}{A_s} \tag{5-24}$$

(2) 受弯构件

$$\sigma_{sk} = \frac{M_k}{0.87 h_0 A_s} \tag{5-25}$$

(3) 大偏心受压构件

$$\sigma_{sk} = \frac{N_k}{A_s}\left(\frac{e}{z}-1\right) \tag{5-26}$$

$$e = \eta_s e_0 + y_s \tag{5-27}$$

$$\eta_s = 1 + \frac{1}{4000\frac{e_0}{h_0}}\left(\frac{l_0}{h}\right)^2 \tag{5-28}$$

$$z = \left[0.87 - 0.12(1-\gamma'_f)\left(\frac{h_0}{e}\right)^2\right]h_0 \tag{5-29}$$

式中　N_k——按荷载标准值计算得到的轴向压力值，N；

　　　e——轴向压力作用点至纵向受拉钢筋合力点的距离，mm；

　　　e_0——轴向力对截面重心的偏心距，mm，试验表明，对 $e_0/h_0 < 0.55$ 的偏心受压构件，在正常使用阶段，裂缝宽度很小，可不必验算裂缝宽度；

　　　z——纵向受拉钢筋合力点至受压区合力点的距离，mm；

　　　η_s——使用阶段的偏心距增大系数，当 $\frac{l_0}{h} \leqslant 14$ 时，可取 $\eta_s = 1.0$；

　　　y_s——截面重心至纵向受拉钢筋合力点的距离，mm；

　　　γ'_f——受压翼缘面积与腹板有效面积的比值，$\gamma'_f = \frac{(b'_f - b)h'_f}{bh_0}$，其中 b'_f、h'_f 分别为受压翼缘的宽度、高度，当 $h'_f > 0.2h_0$ 时，取 $h'_f = 0.2h_0$。

对直接承受重复荷载作用的水电站厂房吊车梁，卸载后裂缝可部分闭合，同时吊车满载的可能性也不大，所以可以将计算所得的最大裂缝宽度 w_{max} 乘以系数 0.85。

《水工混凝土结构设计规范》(SL 191—2008) 规定，对于使用上要求限制裂缝宽度的钢筋混凝土构件，按荷载效应的标准组合求得的最大裂缝宽度 w_{max}，不应超过附表 4-2 规定的允许值 w_{lim}。即 $w_{max} \leqslant [w_{lim}]$。

【例 5-2】 一矩形截面简支梁，结构安全级别为二级，处于露天环境，$b \times h = 250mm \times 600mm$，计算跨度 $l_0 = 7.2mm$；混凝土采用 C25 级，纵向受拉钢筋采用三级，使用期间承受均布荷载，荷载标准值为：永久荷载标准值 $g_k = 13kN/m$（包括自重）；可变荷载标准值 $q_k = 7.2kN/m$。求纵向受拉钢筋的截面面积，并验算最大裂缝开展宽度。

解： 查附表 1-9 得 Ⅱ 级安全级别基本组合时的安全系数 $K = 1.20$。查得材料强度设计值 $f_c = 11.9 N/mm^2$，$f_y = 360 N/mm^2$。

(1) 内力计算。可求得跨中弯矩设计值为

$$M=\frac{1}{8}(1.05g_k+1.20q_k)l_0^2=\frac{1}{8}(1.05\times13.0+1.20\times7.20)\times7.20^2=144.44(\text{kN}\cdot\text{m})$$

由荷载标准值产生的跨中弯矩为

$$M_k=\frac{1}{8}(g_k+q_k)l_0^2=\frac{1}{8}(13.0+7.20)\times7.20^2=130.90(\text{kN}\cdot\text{m})$$

(2) 配筋计算。该简支梁处于露天（二类环境），查得混凝土保护层最小厚度 $c=35\text{mm}$，估计钢筋直径 $d=20\text{mm}$，排成一层，可得

$$a_s=c+\frac{d}{2}=35+\frac{20}{2}=45(\text{mm})$$

则截面有效高度　　　$h_0=h-a=600-45=555(\text{mm})$

$$\alpha_s=\frac{KM}{f_cbh_0^2}=\frac{1.20\times144.44\times10^6}{11.9\times250\times555^2}=0.189$$

$$\xi=1-\sqrt{1-2\alpha_s}=1-\sqrt{1-2\times0.189}=0.211<0.85\xi_b=0.44$$

满足要求。

$$A_s=\frac{f_cb\xi h_0}{f_y}=\frac{11.9\times250\times0.211\times555}{360}=967.74(\text{mm})^2$$

$$\rho=\frac{A_s}{bh_0}\times100\%=\frac{967.74}{250\times555}\times100\%=0.70\%>\rho_{\min}=0.20\%$$

选用 4 Φ 20（实际 $A_s=1256\text{mm}^2$）。

(3) 裂缝宽度验算。查得 $w_{\lim}=0.30\text{mm}$。

$$\rho_{te}=\frac{A_s}{A_{te}}=\frac{A_s}{2ab}=\frac{1256}{2\times45\times250}=0.056$$

$$\sigma_{sk}=\frac{M_k}{0.87h_0A_s}=\frac{130.90\times10^6}{0.87\times555\times1256}=216(\text{N}/\text{mm}^2)$$

$$w_{\max}=\alpha\frac{\sigma_{sk}}{E_s}\left(30+c+0.07\frac{d}{\rho_{ie}}\right)=2.1\times\frac{216}{2\times10^5}\times\left(30+35+0.07\times\frac{20}{0.056}\right)$$

$$=0.204(\text{mm})<w_{\lim}=0.30\text{mm}$$

故满足裂缝宽度要求。

【例 5-3】 一矩形截面偏心受压柱，采用对称配筋。截面尺寸 $b\times h=400\text{mm}\times600\text{mm}$，柱的计算长度 $l_0=4.5\text{m}$；受拉和受压钢筋均为 4 Φ 25（$A_s=A_s'=1964\text{mm}^2$）；混凝土强度等级为 C25；混凝土保护层厚度 $c=30\text{mm}$。由荷载标准值产生的内力 $N_k=400\text{kN}$；弯矩 $M_k=200\text{kN}\cdot\text{m}$。最大裂缝宽度限值 $w_{\lim}=0.30\text{mm}$。试按 SL 191—2008 规范验算裂缝宽度是否满足要求。

解： $\dfrac{l_0}{h}=\dfrac{4500}{600}=7.5<8$，故 $\eta_s=1.0$

$$a_s=c+\frac{d}{2}=30+5=43(\text{mm})$$

$$h_0=h-a_s=600-43=557(\text{mm})$$

$$e_0 = \frac{M_k}{N_k} = \frac{200 \times 10^6 \text{N} \cdot \text{mm}}{400 \times 10^3 \text{N}} = 500 (\text{mm})$$

$$\frac{e_0}{h_0} = \frac{500}{557} = 0.90 > 0.55, 故需验算裂缝宽度。$$

$$e = \eta_s e_0 + \frac{h}{2} - a_s = 1.0 \times 500 + \frac{600}{2} - 43 = 757 (\text{mm})$$

$$z = \left[0.87 - 0.12 \left(\frac{h_0}{e}\right)^2\right] h_0 = \left[0.87 - 0.12 \times \left(\frac{557}{757}\right)^2\right] \times 557 = 448 (\text{mm})$$

$$\sigma_{sk} = \frac{N_k}{A_s}\left(\frac{e}{z} - 1\right) = \frac{400 \times 10^3}{1964}\left(\frac{757}{448} - 1\right) = 140 (\text{N/mm}^2)$$

$$\rho_{te} = \frac{A_s}{A_{te}} = \frac{A_s}{2a_s b} = \frac{1964}{2 \times 43 \times 400} = 0.057$$

$$w_{\max} = \alpha \frac{\sigma_{sk}}{E_s}\left(30 + c + 0.07 \frac{d}{\rho_{te}}\right)$$

$$= 2.1 \times \frac{140}{2 \times 10^5} \times \left(30 + 30 + 0.07 \times \frac{25}{0.057}\right)$$

$$= 0.133 \ (\text{mm}) < w_{\lim} = 0.30 \ (\text{mm})$$

故满足裂缝宽度要求。

随堂测

任务三 受弯构件变形验算

想一想14

素质目标	（1）培养独立分析与解决钢筋混凝土结构变形验算问题的能力。 （2）强化钢筋混凝土结构变形验算的实践应用与创新思维。 （3）树立钢筋混凝土结构变形验算时认真严谨的科学态度与职业道德
知识目标	（1）了解挠度的概念。 （2）掌握钢筋混凝土受弯构件截面刚度计算公式及适用情况。 （3）掌握钢筋混凝土受弯构件挠度计算公式及适用情况
技能目标	能正确完成钢筋混凝土结构变形验算

为保证结构的正常使用，对需要控制变形的构件应进行变形验算。对于受弯构件，其在荷载效应标准组合下的最大挠度计算值不应超过本书附表4-3规定的挠度限值。

技能点一 钢筋混凝土受弯构件的挠度试验

受弯构件变形验算

受弯构件挠度试验

由材料力学可知，对于均质弹性材料梁，挠度的计算公式为

$$f = S \frac{M}{EI} l_0^2 \tag{5-30}$$

式中 S——与荷载形式、支承条件有关的系数，如计算承受均布荷载的单跨简支梁的跨中挠度时，$S=5/48$；跨中受到集中荷载时 $S=1/12$；

l_0——梁的计算跨度，m；

EI——梁的截面抗弯刚度，$\text{N} \cdot \text{mm}^2$。

因此，在计算钢筋混凝土梁挠度时，可以采用类似的计算方法，但用抗弯刚度 B 来取代式（5-30）中的 EI，即

$$f=S\frac{M}{B}l_0^2 \tag{5-31}$$

若梁是一个理想的弹性体，且梁的截面尺寸和材料已定，截面的抗弯刚度 EI 就为一常数。所以由式（5-30）可知弯矩 M 与挠度 f 呈线性关系，即 $M=EI\frac{f}{Sl_0^2}$，如图 5-12 中的虚线 OD 所示。但钢筋混凝土梁不是弹性体，具有一定的塑性性质。这主要是因为混凝土材料的应力应变关系为非线性的，变形模量不是常数；另外，钢筋混凝土梁随着受拉区裂缝的产生和发展，截面有所削弱，使得截面的惯性矩不断地减小，也不再保持为常数。因此，钢筋混凝土梁随着荷载的增加，其刚度值逐渐降低，实际的弯矩与

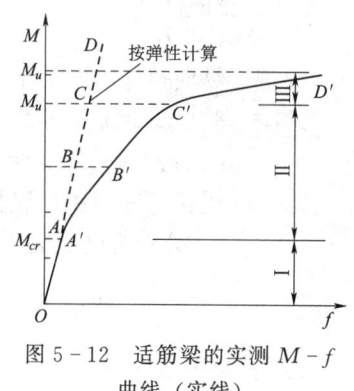

图 5-12 适筋梁的实测 M-f 曲线（实线）

挠度关系曲线（M-f 曲线）如图 5-12 中的 $OA'B'C'D'$ 所示。因此，B 为一个随弯矩 M 增大而减小的变量。

技能点二 受弯构件的短期抗弯刚度

一、不出现裂缝的构件

对于不出现裂缝的钢筋混凝土受弯构件，实际挠度比按弹性体公式（5-30）算得的数值偏大（图 5-13），说明梁的实际刚度比 EI 值低，这是因为混凝土受拉塑性出现，实际弹性模量有所降低的缘故。但截面并未削弱，I 值不受影响。所以只需将刚度 EI 稍加修正，即可反映不出现裂缝的钢筋混凝土梁的实际情况。为此，将式（5-30）中的刚度 EI 改用 B_s 代替，并取

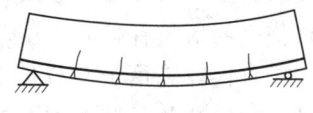

图 5-13 配筋对混凝土收缩的影响

$$B_s=0.85E_cI_0 \tag{5-32}$$

式中　B_s——不出现裂缝的钢筋混凝土受弯构件的短期抗弯刚度，$N \cdot mm^2$；

　　　E_c——混凝土的弹性模量，N/mm^2；

　　　I_0——换算截面对其重心轴的惯性矩，mm^4；

　　　0.85——考虑混凝土出现塑性时弹性模量降低的系数。

二、出现裂缝的构件

对于出现裂缝的钢筋混凝土受弯构件，《水工混凝土结构设计规范》（SL 191—2008）先根据大量实测挠度的试验数据，由材料力学中梁的挠度计算公式反算出构件的实际抗弯刚度，再以 $\alpha_s\rho$ 为主要参数进行回归分析，得到短期抗弯刚度的计算公式。为简化计算，B_s 与 $\alpha_s\rho$ 的关系采用线性模型，即 $B_s=(K_1+K_2\alpha_2\rho)E_cbh_0^3$，对于

矩形截面，线性回归的结果为 $K_1=0.025$、$K_2=0.28$，所以

$$B_S=(0.025+0.28\alpha_E\rho)E_cbh_0^3 \tag{5-33}$$

考虑到与矩形截面简化公式的衔接，故保留矩形截面刚度公式的基本形式，并考虑受拉、受压翼缘对刚度的影响，最后得到《规范》所给出的矩形、T形及I形截面构件的短期刚度计算公式为

$$B_s=(0.025+0.28\alpha_E\rho)(1+0.55\gamma'_f+0.12\gamma_f)E_cbh_0^3 \tag{5-34}$$

式中　ρ——纵向拉筋的配筋率，$\rho=A_s/bh_0$，b 为截面肋宽；

　　　γ'_f——受压翼缘面积与腹板有效面积的比值，$\gamma'_f=(b'_f-b)h'_f/(bh_0)$，其中 b'_f、h'_f 分别为受压翼缘的宽度、高度；

　　　γ_f——受拉翼缘面积与腹板有效面积的比值，$\gamma'_f=(b_f-b)h_f/(bh_0)$，其中 b_f、h_f 分别为受拉翼缘的宽度、高度。

技能点三　受弯构件的长期抗弯刚度

荷载长期作用下，受弯构件受压区混凝土将产生徐变，即使荷载不增加，挠度也将随时间的增加而增大。

混凝土收缩也是造成受弯构件抗弯刚度降低的原因之一。尤其是当受弯构件的受拉区配置了较多的受拉钢筋而受压区配筋很少或未配钢筋时（图5-13），由于受压区未配钢筋，受压区混凝土可以较自由地收缩，即梁的上部缩短。受拉区由于配置了较多的纵向钢筋，混凝土的收缩受到钢筋的约束，使混凝土受拉，甚至可能出现裂缝。因此，混凝土收缩也会引起梁的抗弯刚度降低，使挠度增大。

如上所述，荷载长期作用下挠度增加的主要原因是混凝土的徐变和收缩，所以凡是影响混凝土徐变和收缩的因素，如受压钢筋的配筋率、加荷龄期、荷载的大小及持续时间、使用环境的温度和湿度、混凝土的养护条件等都对挠度的增长有影响。

考虑荷载长期作用对受弯构件挠度影响的方法有多种：①直接计算由于荷载长期作用而产生的挠度增长和由收缩而引起的翘曲；②由试验结果确定荷载长期作用下的挠度减小系数来计算抗弯刚度。现行《规范》采用第②种方法，最终矩形、T形及I形截面的受弯刚度计算公式为

$$B=0.65B_s \tag{5-35}$$

技能点四　受弯构件的挠度验算

受弯构件的挠度应按荷载效应标准组合进行计算。所得的挠度计算值不应超过本书附表4-3规定的限值，即

$$f\leqslant[f_{\lim}] \tag{5-36}$$

式中　f——按荷载效应标准组合对应的刚度 B 进行计算求得的挠度值，mm。

【例5-4】　某水电站副厂房楼盖中一矩形截面简支梁（Ⅱ级安全级别），截面尺寸 $b\times h=200\text{mm}\times500\text{mm}$；由承载力计算已配置纵向受拉钢筋 3 $\underline{\Phi}$ 20（$A_s=942\text{mm}^2$）；混凝土强度等级为C25；梁的计算跨度 $l_0=5.6\text{m}$；承受均布荷载，其中永久荷载（包括自重）标准值 $g_k=12.4\text{kN/m}$，可变荷载标准值 $q_k=8.0\text{kN/m}$。试

按《水工混凝土结构设计规范》(SL 191—2008)规范验算该梁跨中挠度是否满足要求。

解：(1) 荷载标准值在梁跨中产生的弯矩值为

$$M_k = \frac{1}{8}(g_k + q_k)l_0^2 = \frac{1}{8}(12.4 + 8.0) \times 5.6^2 = 79.97(\text{kN} \cdot \text{m})$$

(2) 梁抗弯刚度计算：

$$\alpha_E = \frac{E_s}{E_c} = \frac{2.0 \times 10^5}{2.8 \times 10^4} = 7.14$$

$$\rho = \frac{A_s}{bh_0} = \frac{942}{200 \times 460} = 0.0102$$

$$\begin{aligned}B_s &= (0.025 + 0.28\alpha_E\rho)E_c bh_0^3 \\ &= (0.025 + 0.28 \times 7.14 \times 0.0102) \times 2.80 \times 10^4 \times 200 \times 460^3 \\ &= 24.7 \times 10^{12}(\text{N} \cdot \text{mm}^2)\end{aligned}$$

$$B = 0.65 B_s = 0.65 \times 24.7 \times 10^{12} = 16.1(\text{N} \cdot \text{mm}^2)$$

(3) 挠度验算。查附表 4-3 可知，$[f_{\lim}] = l_0/200$

$$f = \frac{5}{48} \frac{M_k}{B} l_0^2 = \frac{5}{48} \frac{79.97 \times 10^6 \times 5.6^2 \times 10^6}{16.1 \times 10^{12}} = 15.8(\text{mm})$$

$$[f_{\lim}] = \frac{l_0}{200} = \frac{5600}{200} = 28.0(\text{mm})$$

由于 $f < [f_{\lim}]$，故挠度满足要求。

随堂测

任务四　混凝土结构耐久性的设计规定分析

素质目标	(1) 培养独立分析结构耐久性影响因素的能力。 (2) 强化保证混凝土结构耐久性的实践应用与创新思维。 (3) 树立严谨求实的科学态度与职业道德
知识目标	(1) 了解水工混凝土结构耐久性的概念。 (2) 掌握混凝土结构环境类别的判别标准。 (3) 掌握提高水工混凝土结构耐久性的技术措施及构造要求
技能目标	(1) 能根据水工结构耐久性的要求正确选择材料。 (2) 能根据环境条件正确选择耐久性保证措施

想一想 15

技能点一　混凝土结构耐久性的概念

混凝土结构的耐久性

混凝土结构的耐久性是指结构在指定的工作环境中，正常使用和维护条件下，随时间变化而仍能满足预定功能要求的能力。所谓正常维护，是指结构在使用过程中仅需一般维护（包括构件表面涂刷等）而不进行花费过高的大修；指定的工作环境，是指建筑物所在地区的自然环境及工业生产形成的环境。

耐久性作为混凝土结构可靠性的三大功能指标（安全性、适用性和耐久性）之一，越来越受到工程设计的重视，结构的耐久性设计也成为结构设计的重要内容之一。目前大多数国家和地区的混凝土结构设计规范中已列入耐久性设计的有关规定和要求,如美国和欧洲的混凝土设计规范就将耐久性设计单独列为一章,我国水工、港工、交通、建筑等行业的混凝土设计规范也将耐久性要求列为基本规定中的重要内容。

常见结构耐久性失效

随堂测

导致水工混凝土结构耐久性失效的原因主要有:①混凝土的低强度风化;②碱-骨料反应;③渗漏溶蚀;④冻融破坏;⑤水质侵蚀;⑥冲刷磨损和空蚀;⑦混凝土的碳化与筋锈蚀;⑧由荷载、温度、收缩等原因产生的裂缝以及止水失效等引起渗漏病害的加剧等。因而,除了根据结构所处的环境条件,控制结构的裂缝宽度外,还需通过混凝土保护层最小厚度、混凝土最低抗渗等级、混凝土最低抗冻等级、混凝土最低强度等级、最小水泥用量、最大水灰比、最大碱含量以及结构型式和专门的防护措施等具体规定来保证混凝土结构的耐久性。

技能点二 混凝土结构的耐久性要求

结构的耐久性与结构所处的环境类别、结构使用条件、结构形式和细部构造、结构表面保护措施以及施工质量等均有关系。耐久性设计的基本原则是根据结构或构件所处的环境及腐蚀程度,选择相应技术措施和构造要求,保证结构或构件达到预期的使用寿命。

一、混凝土结构所处的环境类别

《水工混凝土结构设计规范》(SL 191—2008)首先具体划分了建筑物所处的环境类别,要求处于不同环境类别的结构满足不同的耐久性控制要求。规范根据室内室外、水下地下、淡水海水等将环境条件划分为五个环境类别,具体见本书附表4-1。

进行永久性水工混凝土结构设计时,在一般情况下是根据结构所处的环境类别提出相应的耐久性要求,也可根据结构表层保护措施(涂层或专设面层等)的实际情况及预期的施工质量控制水平,将环境类别适当提高或降低。

临时性建筑物及大体积结构的内部混凝土可不提出耐久性要求。

二、保证耐久性的技术措施及构造要求

(一)混凝土原材料的选择和施工质量控制

为保证结构具有良好的耐久性,首先应正确选用混凝土原材料。例如环境水对混凝土有硫酸盐侵蚀性时,应优先选用抗硫酸盐水泥;有抗冻要求时,应优先选用大坝水泥及硅酸盐水泥并掺用引气剂;位于水位变化区的混凝土宜避免采用火山灰质硅酸盐水泥等。对于骨料应控制杂质的含量。对水工混凝土结构而言,特别应避免含有会引起碱-集料反应的骨料。

影响耐久性的一个重要因素是混凝土本身的质量,因此混凝土的配合比设计、拌和、运输、浇筑、振捣和养护等均应严格遵照施工规范的规定,尽量提高混凝土的密实性和抗渗性,从根本上提高混凝土的耐久性。

(二)混凝土耐久性的基本要求

在混凝土浇筑过程中会有气体侵入而形成气泡和孔穴。在水泥水化期间,水泥浆体中随多余的水分蒸发会形成毛细孔和水隙,同时由于水泥浆体和骨料的线膨胀系数及弹性模量的不同,其界面会产生许多微裂缝。混凝土强度等级越高,水泥用量越多,微裂缝就不容易出现,混凝土密实性就越好。同时,混凝土强度等级越高,抗风化能力

越强；水泥用量越多，混凝土碱性就越高，对防止钢筋生锈的保护能力就越强。

水灰比越大，水分蒸发形成的毛细孔和水隙就越多，混凝土密实性越差，混凝土内部越容易受外界环境的影响。试验证明，当水灰比小于 0.3 时，钢筋就不会锈蚀。国外海工混凝土建筑的水灰比一般控制在 0.45 以下。

氯离子含量是海洋环境或使用除冰盐环境钢筋锈蚀的主要因素，氯离子含量越高，混凝土越容易碳化，钢筋越易锈蚀。

碱-骨料反应生成的碱活性物质在吸水后体积膨胀，会引起混凝土胀裂、强度降低，甚至导致结构破坏。

因此，对混凝土最低强度等级、最小水泥用量、最大水灰比、最大氯离子含量、最大碱含量等应给予规定。具体要求可参考《水工混凝土结构设计规范》（SL 191—2008）中的规定。

1. 钢筋的混凝土保护层厚度

对钢筋混凝土结构来说，耐久性主要决定于钢筋是否锈蚀。而钢筋锈蚀的条件首先决定于混凝土碳化达到钢筋表面的时间 t，t 大约正比于混凝土保护层厚度 c 的平方。所以，混凝土保护层的厚度 c 及密实性是决定结构耐久性的关键。混凝土保护层不仅要有一定的厚度，更重要的是必须浇筑振捣密实。《水工混凝土结构设计规范》（SL 191—2008）按环境类别的不同，对纵向受力钢筋的混凝土保护层厚度（从钢筋外边缘算起）做出了规定，具体可参考附表 3-1。

2. 混凝土的抗渗等级

混凝土越密实，水灰比越小，其抗渗性能越好。混凝土的抗渗性能用抗渗等级表示，水工混凝土抗渗等级分为 W2、W4、W6、W8、W10、W12 六级，一般按 28d 龄期的标准试件测定，也可根据建筑物开始承受水压力的时间，利用 60d 或 90d 龄期的试件测定抗渗等级。掺用加气剂、减水剂可显著提高混凝土的抗渗性能。《水工混凝土结构设计规范》（SL 191—2008）规定，结构所需的混凝土抗渗等级应根据所承受的水头、水力梯度以及下游排水条件、水质条件和渗透水的危害程度等因素确定。一般来讲，结构抗渗性能要求越高，所使用的混凝土抗渗等级也相应越高。

3. 混凝土的抗冻等级

混凝土处于冻融交替环境中时，渗入混凝土内部空隙中的水分在低温下结冰后体积膨胀，使混凝土产生胀裂，经多次冻融循环后将导致混凝土疏松剥落，引起混凝土结构的破坏。调查结果表明，在严寒或寒冷地区，水工混凝土的冻融破坏有时是极为严重的，特别是在长期潮湿的建筑物阴面或水位变化部位。此外，即使在气候温和的地区，如抗冻性不足，混凝土也会发生冻融破坏以致剥蚀露筋。

混凝土的抗冻性用抗冻等级来表示，可按 28d 龄期的试件用快冻试验方法测定，分为 F400、F300、F250、F200、F150、F100、F50 七级。经论证，也可用 60d 或 90d 龄期的试件测定。

对于有抗冻要求的结构，应按《水工混凝土结构设计规范》（SL 191—2008）规范规定，根据气候分区、冻融循环次数、表面局部小气候条件、水分饱和程度、结构构件重要性和检修条件等选定抗冻等级。对抗冻要求高的结构选用抗冻等级高的混凝土，在不利因素较多时可选用提高一级的抗冻等级。

4. 混凝土的抗化学侵蚀要求

侵蚀性介质的渗入，造成混凝土中的一些成分被溶解、流失，引起混凝土发生孔隙和裂缝，甚至松散破碎；有些侵蚀性介质与混凝土中的一些成分反应后的生成物体积膨胀，引起混凝土结构胀裂破坏。常见的一些主要侵蚀性介质和引起腐蚀的原因有：硫酸盐腐蚀、酸腐蚀、海水腐蚀、盐酸类结晶型腐蚀等。海水除对混凝土造成腐蚀外，还会造成钢筋锈蚀或加快钢筋的锈蚀速度。

对处于化学侵蚀性环境中的混凝土，应采用抗侵蚀性水泥，掺用优质活性掺合料，必要时可同时采用特殊的表面涂层等防护措施。

对于可能遭受高浓度除冰盐和氯盐严重侵蚀的配筋混凝土表面和部位，宜浸涂或覆盖防腐材料，在混凝土中加入阻锈剂，受力钢筋宜采用环氧树脂涂层带肋钢筋，对预应力筋、锚具及连接器应取专门的防护措施，对于重要的结构还可考虑采用阴极保护措施。

随堂测

习　题

一、思考题

1. 正常使用极限状态验算时荷载组合和材料强度如何选择？
2. 试比较钢筋混凝土受弯构件抗裂验算公式和材料力学中梁的应力计算公式的异同。在抗裂验算公式中，塑性影响系数的含义是什么？它的取值和哪些因素有关？
3. 提高构件的抗裂能力有哪些措施？
4. 减小裂缝宽度的措施有哪些？
5. 影响钢筋混凝土梁刚度的因素有哪些？提高构件刚度的有效措施是什么？

二、计算题

1. 某水工建筑物，处于二类 a 环境，底板厚 $h=1600mm$，跨中截面荷载标准组合弯矩值 $M_k=580kN \cdot m$。采用 C25 级混凝土、HRB400 级钢筋。根据承载力计算，已配置纵向受拉钢筋 $\Phi 18@110 (A_s=2313mm^2)$。试验算底板是否抗裂。

2. 某矩形截面简支梁，处于一类环境，$b \times h=200 \times 500mm$，计算跨度 $l_0=4.5m$。使用期间承受均布恒载标准值 $g_k=17.5kN/m$（含自重），均布可变荷载标准值 $q_k=11.5kN/m$。可变荷载的准永久系数 $\gamma=0.5$。采用 C25 级混凝土、HRB400 级钢筋。已配纵向受拉钢筋 $2\Phi 14+2\Phi 16$。试验算裂缝宽度是否满足要求。

3. 某矩形截面简支梁，已知条件与第 2 题相同，试验算梁的挠度是否满足要求（该构件的挠度限值为 $1/200$）。

钢筋混凝土正常使用极限状态的验算小结

钢筋混凝土正常使用极限状态的验算小测

思政故事

长江故事汇——结家国情、立报国志

知识拓展

结构抗洪专题

下 篇

结构的相关计算

项目六　钢筋混凝土梁板结构设计

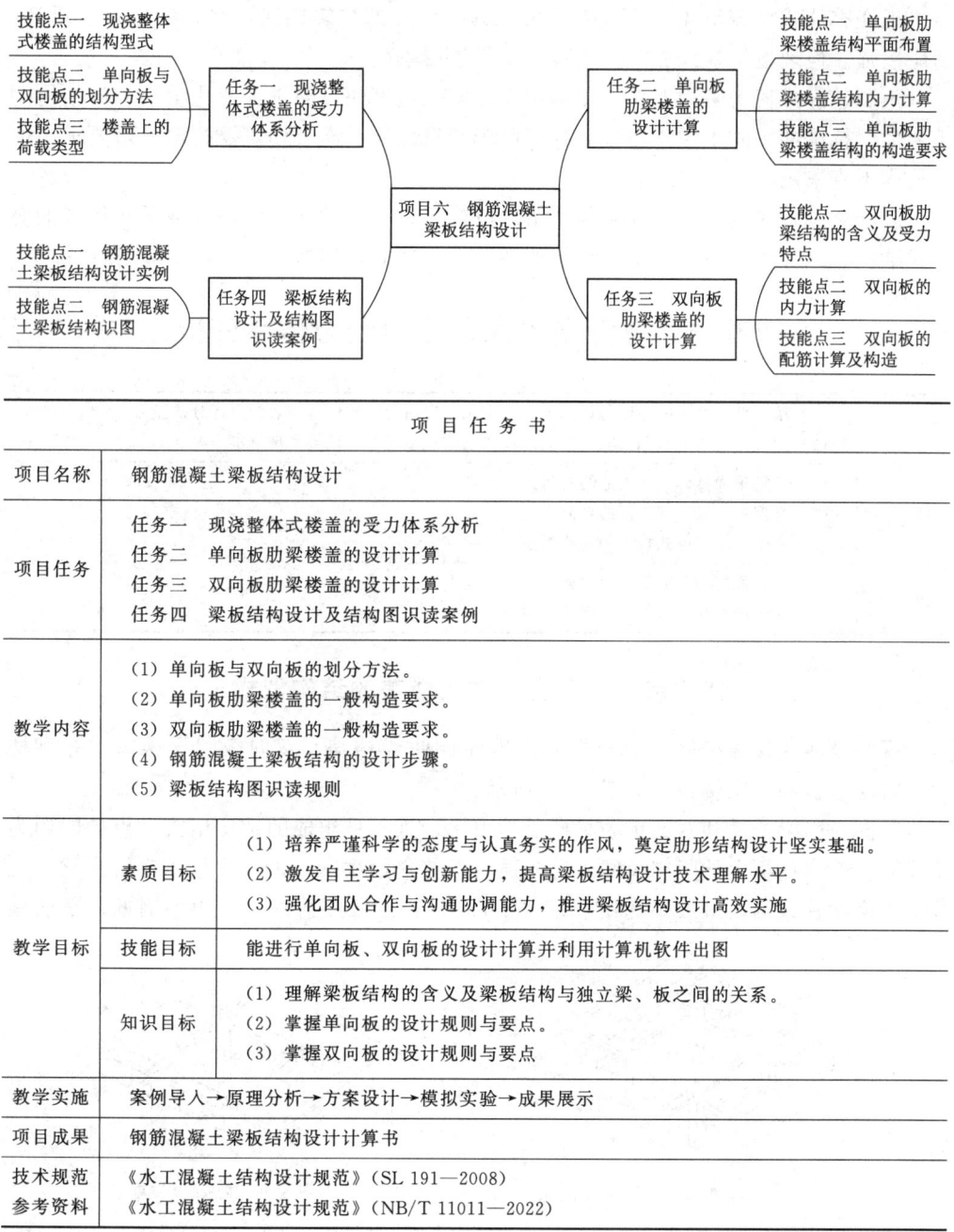

项目任务书

项目名称	钢筋混凝土梁板结构设计
项目任务	任务一　现浇整体式楼盖的受力体系分析 任务二　单向板肋梁楼盖的设计计算 任务三　双向板肋梁楼盖的设计计算 任务四　梁板结构设计及结构图识读案例
教学内容	（1）单向板与双向板的划分方法。 （2）单向板肋梁楼盖的一般构造要求。 （3）双向板肋梁楼盖的一般构造要求。 （4）钢筋混凝土梁板结构的设计步骤。 （5）梁板结构图识读规则
教学目标	素质目标：（1）培养严谨科学的态度与认真务实的作风，奠定肋形结构设计坚实基础。 （2）激发自主学习与创新能力，提高梁板结构设计技术理解水平。 （3）强化团队合作与沟通协调能力，推进梁板结构设计高效实施 技能目标：能进行单向板、双向板的设计计算并利用计算机软件出图 知识目标：（1）理解梁板结构的含义及梁板结构与独立梁、板之间的关系。 （2）掌握单向板的设计规则与要点。 （3）掌握双向板的设计规则与要点。
教学实施	案例导入→原理分析→方案设计→模拟实验→成果展示
项目成果	钢筋混凝土梁板结构设计计算书
技术规范 参考资料	《水工混凝土结构设计规范》（SL 191—2008） 《水工混凝土结构设计规范》（NB/T 11011—2022）

项目六 钢筋混凝土梁板结构设计

钢筋混凝土梁板结构是水工结构应用较广泛的一种结构型式,如水电站厂房中的楼面和屋面、隧洞进水口的工作平台、闸坝上的工作桥和交通桥、港口码头的上部结构、扶壁式挡土墙等均可以设计成梁板结构。梁板结构整体性好、刚度大、抗震性能强、且灵活性较大,能适应各类荷载和平面布置及平面内设有复杂空洞等情况。

钢筋混凝土梁板结构在工业与民用建筑中称为钢筋混凝土屋盖或楼盖,按其施工方法的不同可分为现浇整体式、预制装配式和装配整体式三种。

常见的钢筋混凝土梁板结构

现浇整体式楼盖整体性好、刚度大,具有较好的抗震性能,并且结构布置灵活,适应性强。但现场浇筑和养护工期长,受气候影响大。

预制装配式楼盖采用混凝土预制构件,施工速度快,便于工业化生产。但结构的整体性、抗震性、防水性均较差,且不便于开设孔洞。高层建筑及抗震设防要求高的建筑均不宜采用。

钢筋混凝土屋盖的类型

装配整体式楼盖是在各预制构件吊装就位后,再在板面做配筋现浇层而形成的叠合式结构。这样做可节省模板,结构的整体性也较好,但费工、费料,应用较少。

任务一 现浇整体式楼盖的受力体系分析

想一想 16

素质目标	(1) 培养严谨科学的态度与认真务实的作风,提高现浇整体式楼盖的设计分析能力。 (2) 激发自主学习与创新能力,提高现浇整体式楼盖的设计技术理解水平
知识目标	(1) 了解现浇整体式楼盖的结构型式与特点。 (2) 掌握单向板与双向板的划分方法。 (3) 理解现浇整体式楼盖的荷载类型
技能目标	(1) 能正确判别单向板与双向板。 (2) 能区分不同类型的现浇整体式楼盖

技能点一 现浇整体式楼盖的结构型式

现浇整体式楼盖的结构型式

现浇整体式楼盖按照结构型式分为单向板肋梁楼盖、双向板肋梁楼盖、井字楼盖、密肋楼盖和无梁楼盖,如图 6-1 所示。

单向板肋梁楼盖和双向板肋梁楼盖是由梁、板、柱组成的结构型式。板的四周为梁或墙,作用在板上的竖向荷载,首先通过板传递给次梁,再由次梁传递给主梁,主梁又传递给柱或墙,最后传递给基础(下部结构)。按照荷载传递顺序倒推,平面柱

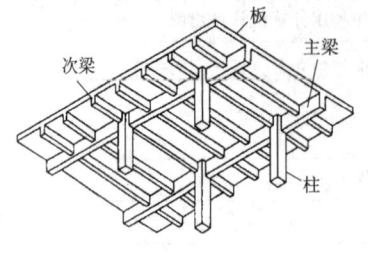
(a) 单向板肋梁楼盖

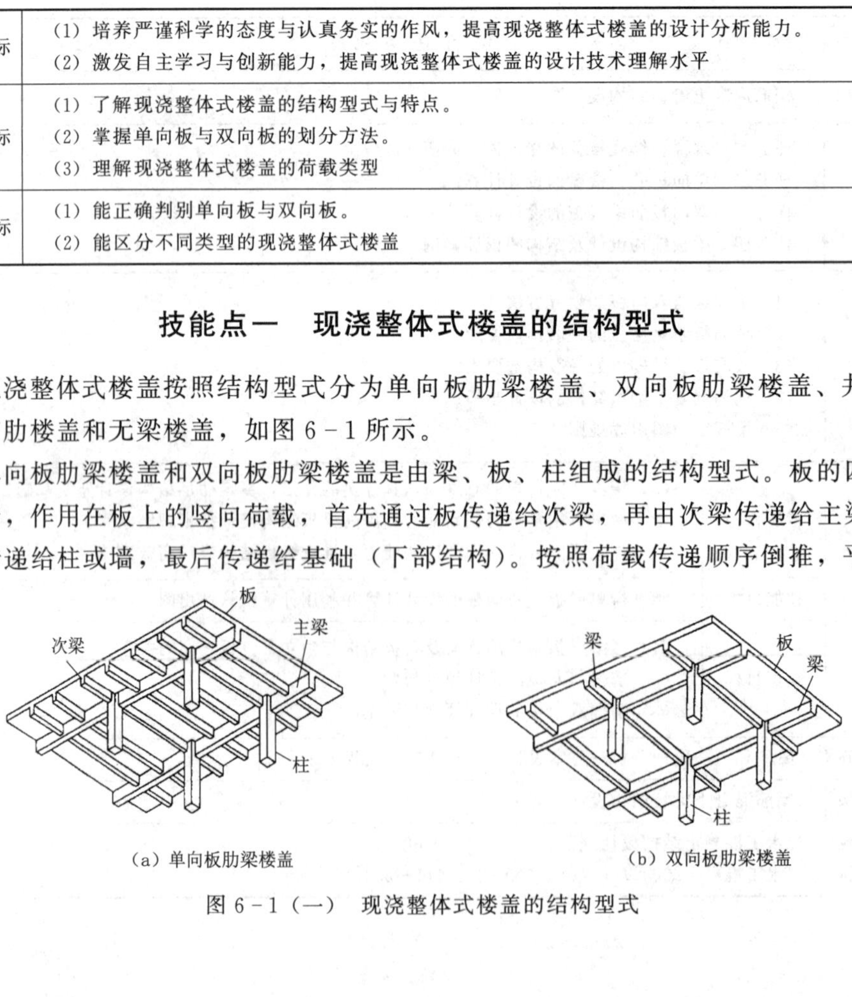

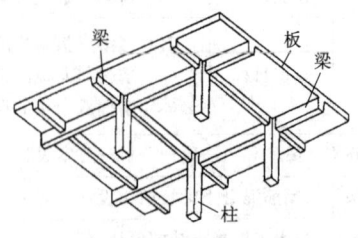
(b) 双向板肋梁楼盖

图 6-1(一) 现浇整体式楼盖的结构型式

整体式楼盖的类型

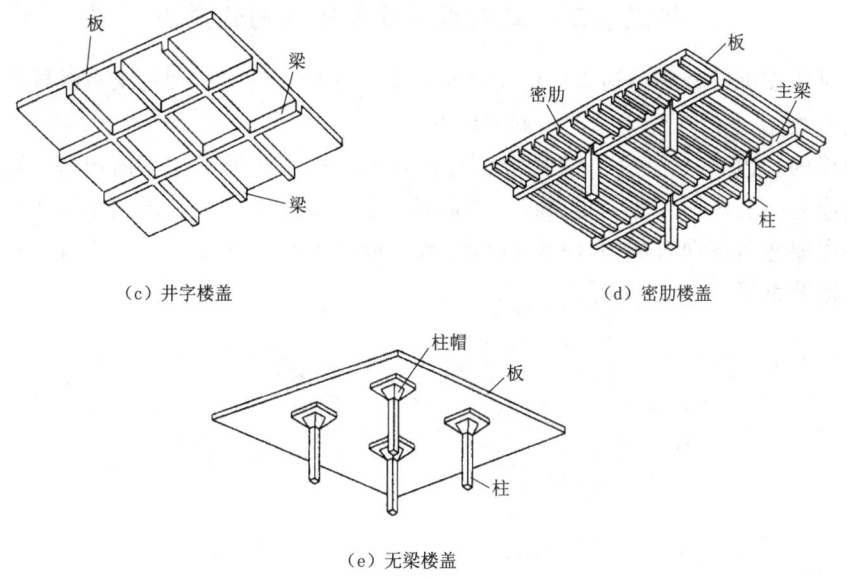

(c) 井字楼盖　　　　　　　　(d) 密肋楼盖

(e) 无梁楼盖

图 6-1（二）　现浇整体式楼盖的结构型式

网轴线的选定，决定了主梁的跨度，次梁的跨度 l_2 则取决于主梁的间距，而次梁间距又决定了板的跨度 l_1，如图 6-2 所示。因此如何根据建筑平面和板受力条件以及经济因素来正确决定梁格的布置，这是一个非常重要的问题。

井式楼盖可无柱，由梁、板组成。两个方向梁截面相同且一般为等间距布置，无主次之分，梁的高度比肋形结构小，宜用于跨度较大且呈方形的结构。楼面刚度弱，变形大。作用在板上的竖向荷载，首先通过板传递给梁，再由梁传递给墙，最后传递给基础。

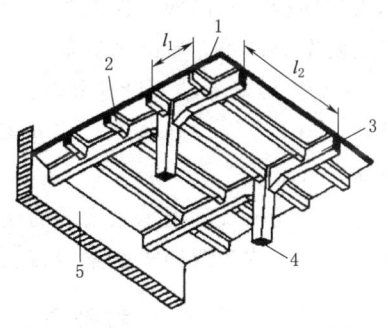

图 6-2　肋梁屋盖
1—板；2—次梁；3—主梁；4—柱；5—墙

梁肋间距小于 1.5m 的单向或双向肋形楼盖常称为密肋楼盖，有单向密肋楼盖和双向密肋楼盖两种形式。双向密肋楼盖可看做井式楼盖的特例。密肋楼盖荷载的传递方式与井式楼盖相同，楼面刚度比井式楼盖大，变形比井式楼盖小。由于梁肋的间距小，板厚很小，梁高也较肋形楼盖小，结构自重较轻，双向密肋楼盖近年来采用预制塑料模壳克服了支模复杂的缺点而应用增多。

无梁楼盖由板、柱组成，板直接支撑于柱上，其力的传递方式是荷载由板传至柱或墙，然后传递给基础。无梁楼盖的结构高度小，净空大，支模简单，但用钢量大且柱顶受力集中，常用于仓库、商店等柱网布置接近方形的建筑。当柱网较小（3～4m）时，柱顶可不设柱帽；当柱网较大（6～8m）且荷载较大时，柱顶设柱帽以提高板抗冲切能力。

随堂测

技能点二 单向板与双向板的划分方法

两对边支承的板和单边嵌固的悬臂板，应按单向板计算。四边支承板按其长边 l_2 与短边 l_1 之比不同可分为单向板和双向板。

当板的长边 l_2 与短边 l_1 之比较大时，板上荷载主要沿短边方向传递，可忽略荷载沿长边方向的传递，称为单向板。单向板弯曲后短向曲率比长向曲率大很多，短向为板的主要弯曲方向，如图 6-3（a）所示。单向板受力钢筋沿短边布置，长边方向仅布置构造钢筋。

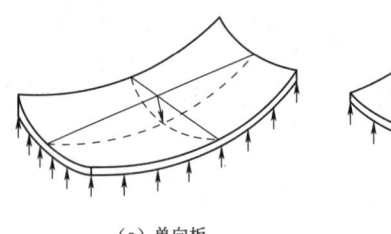

（a）单向板　　　　　　（b）双向板

图 6-3　单向板与双向板的弯曲

当板的长边 l_2 与短边 l_1 相差不大时，由于沿长向传递的荷载也较大，不可忽略，称为双向板。双向板弯曲后长向曲率与短向曲率相差不大，如图 6-3（b）所示。双向板两个方向均布置受力钢筋。

《水工混凝土结构设计规范》（SL 191—2008）规定：当 $l_2/l_1 \leqslant 2$ 时应按双向板计算；当 $2 < l_2/l_1 < 3$ 时，宜按双向板计算；当 $l_2/l_1 \geqslant 3$ 时，可按短边方向受力的单向板计算。

由单向板及其支承梁组成的楼盖，称为单向板肋梁楼盖。由双向板及其支承梁组成的楼盖，称为双向板肋梁楼盖。

技能点三 楼盖上的荷载类型

作用于楼盖上的荷载有恒荷载和活荷载两种。恒荷载包括结构自重、构造层重和永久性设备重等。楼盖恒荷载标准值按实际构造情况计算确定。活荷载包括使用时的人群和临时性设备等重量。计算屋盖时活荷载还需考虑雪荷载。活荷载具体计算方法见本书项目一任务三。

任务二　单向板肋梁楼盖的设计计算

素质目标	(1) 培养严谨科学的态度与认真务实的作风，提高单向板肋梁楼盖的设计分析能力。 (2) 激发自主学习与创新能力，提高单向板肋梁楼盖的设计技术理解水平。 (3) 强化团队合作与沟通协调能力，推进单向板肋梁楼盖设计高效实施
知识目标	(1) 掌握计算跨度的求解方法。 (2) 理解折算荷载、内力包络图的概念及最不利荷载布置原则。 (3) 理解单向板肋梁楼盖中板、次梁、主梁的配筋构造
技能目标	(1) 能正确完成单向板肋梁楼盖的平面布置。 (2) 能正确完成单向板肋梁楼盖的内力计算

技能点一 单向板肋梁楼盖结构平面布置

结构平面布置原则

一、结构平面布置原则

结构平面布置的原则是：满足使用要求，技术经济合理，方便施工。

如前所述，在板、次梁、主梁、柱的梁格布置中，次梁的间距即为板的跨度，主梁的间距即为次梁的跨度，柱或墙在主梁方向的间距即为主梁的跨度，而板跨直接影响板厚，板厚的增加对材料用量影响较大，如图6-4所示。

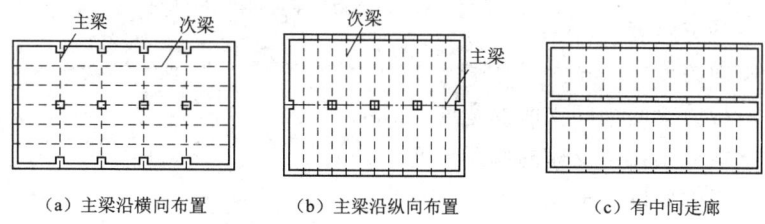

(a) 主梁沿横向布置　　　(b) 主梁沿纵向布置　　　(c) 有中间走廊

图6-4 单向板肋梁楼盖的组成

结构平面布置时应综合考虑以下几点：

(1) 柱网和梁格布置要综合考虑使用要求并注意经济合理。构件的跨度太大或太小均不经济，因此，在结构布置时，应综合考虑房屋的使用要求和各构件的合理跨度。单向板肋梁楼盖各构件的经济跨度为：板1.7～2.7m，次梁4～6m，主梁5～8m。当荷载较小时，宜取较大值；荷载较大时，宜取较小值。

(2) 除确定梁的跨度以外，还应考虑主、次梁的方向。工程中常将主梁沿房屋横向布置，这样，房屋的横向刚度容易得到保证。有时为满足某些特殊需要（如楼盖下吊有纵向设备管道），也可将主梁沿房屋纵向布置以减小层高。

一般情况下，主梁的跨中宜布置两根次梁，这样可使主梁的弯矩图较为平缓，有利于节约钢筋。

(3) 结构布置应尽量简单、规整和统一，以减少构件类型，并且便于设计计算及施工，易于实现适用、经济及美观的要求。为此，梁板尽量布置成等跨，板厚及梁截面尺寸在各跨内宜尽量统一。

二、计算简图的确定

钢筋混凝土楼盖中连续板、梁的内力计算的方法有两种，即弹性理论计算法和塑性理论计算法。内力计算之前，首先应确定结构构件的计算简图。内容包括：支承条件、计算跨度和跨数、荷载分布及大小等。

（一）支承条件

当梁、板为砖墙（或砖柱）承重时，由于其嵌固作用很小，可按铰支座考虑。板与次梁或次梁与主梁虽整浇在一起，但支座对构件的约束较弱，为简化计算起见，通常也假定为铰支座。主梁与柱整浇在一起时，支座的确定与梁和柱的线刚度比有关，当梁与柱的线刚度之比大于5时，柱可视为主梁的铰支座，否则应按梁、柱刚接的框架模型计算。

单向板肋形结构计算简图

(二) 计算跨度和跨数

梁、板的计算跨度是指计算内力时所取用的跨间长度。

当按弹性理论计算时,计算跨度一般可取支座中心线的距离。按塑性理论计算时,一般可取为净跨。但两边支座为砌体时,按弹性理论计算的边跨计算跨度如下(塑性理论计算时则不计入 $b/2$)。

1. 板

(1) 边跨: $$l_0 = l_n + \frac{b}{2} + \left(\frac{a}{2} 和 \frac{h}{2} 较小者\right) \quad (6-1)$$

式中 l_0——计算跨度,mm;
l_n——净跨度,mm;
b——板或梁的中间支座的宽度,mm;
a——板或梁在边支座的搁置长度,mm;
h——板的厚度,mm。

(2) 中间跨: $$l_0 = l_n + b \quad (6-2)$$

2. 梁

(1) 边跨: $$l_0 = l_n + \frac{b}{2}\left(\frac{a}{2} 和 0.025l_n 较小者\right) \quad (6-3)$$

(2) 中间跨: $$l_0 = l_n + b \quad (6-4)$$

对于 5 跨和 5 跨以内的连续梁(板),按实际跨数考虑;超过 5 跨时,当各跨荷载及刚度相同、跨度相差不超过 10% 时,可近似地按 5 跨连续梁(板)计算,如图 6-5 所示。配筋计算时,中间各跨的内力均认为与 5 跨连续梁(板)计算简图中的第 3 跨相同。

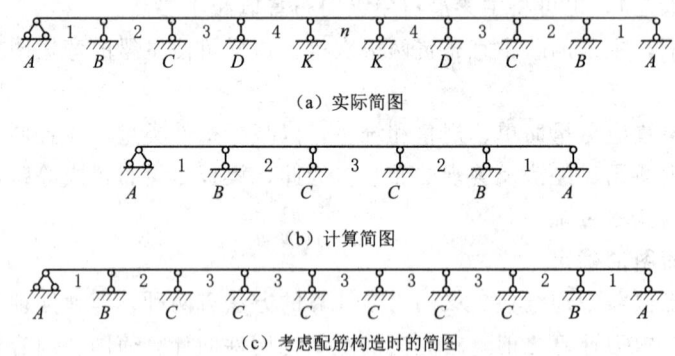

图 6-5 连续梁、板的计算简图

(三) 荷载计算

各构件上的荷载取值:

计算连续单向板时,通常取 1m 宽的板带为计算单元,因此其均布荷载的数值大小就等于其均布面荷载的数值。

次梁除自重(包括粉刷)外,还承受板传来的恒荷载和活荷载,次梁荷载范围宽度为次梁的间距。

主梁除自重（包括粉刷）外，还承受次梁传来的集中力。为简化计算，主梁的自重也可折算为集中荷载并计入次梁传来的集中力中。

单向板肋梁楼盖梁、板的荷载情况如图 6－6 所示。

随堂测

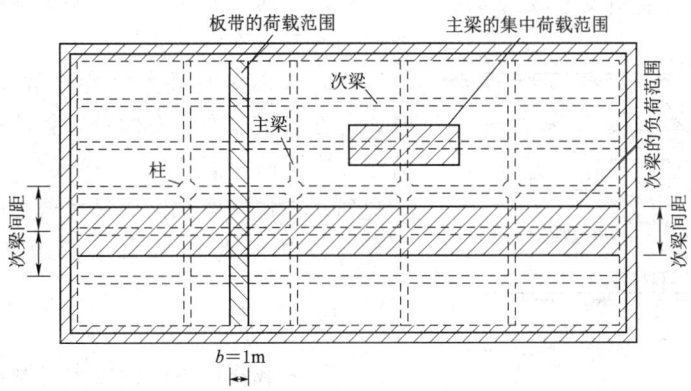

图 6－6　单向板肋梁楼盖的荷载计算范围

技能点二　单向板肋梁楼盖结构内力计算

一、按弹性理论计算内力

弹性理论计算内力

弹性计算法就是采用结构力学方法进行内力计算。计算时假定梁板为理想弹性体系。

（一）内力系数表

为简化计算，对等跨度连续梁、板在不同布置荷载作用下的内力系数，可直接查用“等跨等截面连续梁在常用荷载作用下的内力系数表”（附录五），然后按照下列公式计算各截面的弯矩和剪力值。

（1）在均布荷载及三角形荷载作用下：

$$M=\alpha_1 g l_0^2+\alpha_2 q l_0^2 \tag{6-5}$$

$$V=\beta_1 g l_n+\beta_2 q l_n \tag{6-6}$$

（2）在集中荷载作用下：

$$M=\alpha_1 G l_0+\alpha_2 Q l_0 \tag{6-7}$$

$$V=\beta_1 G+\beta_2 Q \tag{6-8}$$

跨度相差在 10%以内的不等跨连续梁板也可近似地查用该表，此时，求跨内弯矩和支座剪力可以采用该跨的计算跨度，在计算支座弯矩时取支座左右跨度的平均值作为计算跨度（获取其中较大值）。

（二）荷载的最不利组合

荷载的最不利组合

连续梁板上的恒荷载按实际情况布置，但活荷载在各跨的分布是随机的，因此必须研究活荷载如何布置使各截面上的内力最不利的问题，即活荷载的最不利布置。图 6－7 为活荷载布置在不同跨时梁的弯矩图和剪力图。

项目六 钢筋混凝土梁板结构设计

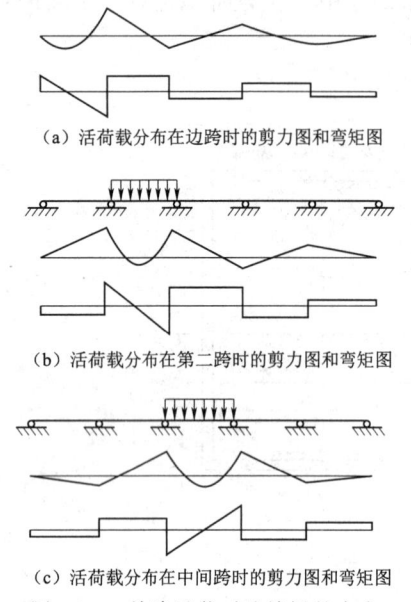

(a) 活荷载分布在边跨时的剪力图和弯矩图

(b) 活荷载分布在第二跨时的剪力图和弯矩图

(c) 活荷载分布在中间跨时的剪力图和弯矩图

图 6-7 单跨承载时连续梁的内力

弯矩包络图

活荷载最不利布置的方法如下：

(1) 求某跨跨内最大正弯矩时，应在该跨布置活荷载，然后向其左、右隔跨布置。

(2) 求某跨跨内最小弯矩（即最大负弯矩）时，该跨不布置活荷载，应在该跨的邻跨布置，然后向其左、右隔跨布置。

(3) 求某支座最大负弯矩和支座最大剪力时，应在该支座左、右两跨布置活荷载，然后向其左、右隔跨布置。

(4) 求边支座截面处最大剪力时，活荷载的布置与求边跨跨内最大正弯矩的活荷载布置相同。

（三）内力包络图

以恒荷载作用下的内力图为基础，分别将恒荷载作用下的内力与各种活荷载不利布置情况图下的内力进行组合，求得各组合的内力，并将各组合的内力图叠画在同一条基线上，其外包线所形成的图形便称为内力包络图（图 6-8）。它表示连续梁在各种荷载最不利布置时各截面可能产生的最大内力值。

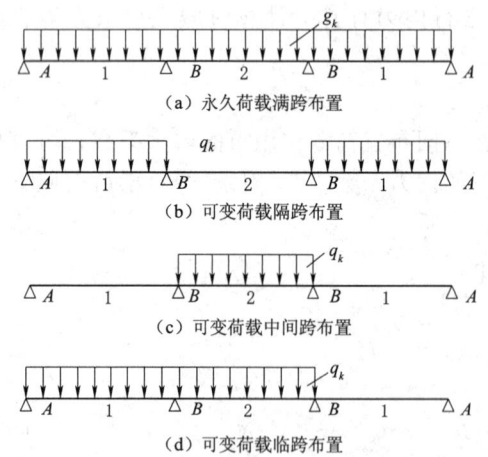

(a) 永久荷载满跨布置

(b) 可变荷载隔跨布置

(c) 可变荷载中间跨布置

(d) 可变荷载临跨布置

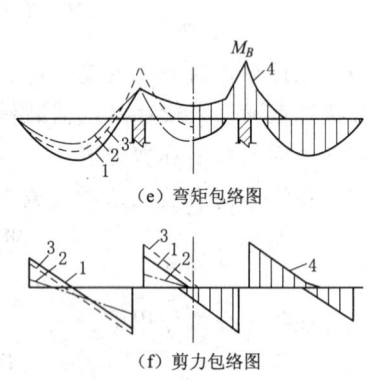

(e) 弯矩包络图

(f) 剪力包络图

图 6-8 内力包络图

如图所示为 3 跨连续梁，在均布恒荷载的作用下可以绘制弯矩图，在均布活荷载的各种不利布置情况下可分别绘出弯矩图，将图 6-8（a）与图 6-8（b）中两种荷载所产生的两个弯矩图叠加，便得到边跨最大弯矩和中间跨最小弯矩图线 1 [图 6-8（e）]；将图 6-8（a）与图 6-8（c）两种荷载所产生的两个弯矩图叠加，便得到边跨最小弯矩和中间跨最大弯矩图线 2 [图 6-8（e）]；将图 6-8（a）与图 6-8（d）两种荷载所产生的两个弯矩图叠加，便得到支座 B 最大负弯矩图线 3 [图 6-8（e）]。

图线1、2、3形成的外包线就是梁的弯矩包络图,如图 6-8(e)所示,用同样的方法可绘出梁的剪力包络图,如图 6-8(f)所示。

(四)荷载调整

计算简图中,将板和梁整体连接的支承简化为铰支座,实际上,当连接梁板与其支座整浇时,它在支座处的转动受到一定的约束,并不像铰支座那样自由转动,由此引起的误差,设计时可以用折算荷载的方法来进行调整。所谓折算荷载,是指将活荷载减小,而将恒荷载加大。连续板和连续次梁的折算荷载可按下列公式计算:

(1)板:
$$g'_k = g_k + \frac{1}{2}q_k \quad (6-9)$$

$$q'_k = \frac{1}{2}q_k \quad (6-10)$$

式中 g、q——实际均布恒荷载和活荷载标准值,kN/m;
g'、q'——折算均布恒荷载和活荷载标准值,kN/m。

(2)次梁:
$$g'_k = g_k + \frac{1}{4}q_k \quad (6-11)$$

$$q'_k = \frac{3}{4}q_k \quad (6-12)$$

当现浇板或次梁的支座为砖砌体、钢梁或预制混凝土梁时,支座对现浇梁板并无转动约束,这时不可采用折算荷载。另外,因主梁较重要,且支座对主梁的约束一般较小,故主梁不考虑折算荷载问题。

(五)支座截面内力的计算

按弹性理论计算时,无论梁或者是板,求得的支座截面内力为支座中心线处的最大内力,由于在支座范围内构件的截面有效高度较大,故破坏不会发生在支座范围内,而是在支座边缘截面处。因此,应取支座边缘截面为控制截面,其弯矩和剪力可近似地按以下公式计算:

$$M_{边} = M - V_0 \frac{b}{2} \quad (6-13)$$

$$V_{边} = V - (g+q)\frac{b}{2} \quad (6-14)$$

式中 M、V——支座中心处的弯矩,kN·m、剪力,kN;
　　　b——支座宽度,m;
　　　V_0——按简支梁考虑的支座边缘剪力,kN。

二、按塑性理论计算内力

按弹性理论计算钢筋混凝土连续梁板时,存在以下问题:弹性理论研究的是匀质弹性材料,而钢筋混凝土是由钢筋和混凝土两种弹塑性材料组成,这样用弹性理论计算必然不能反映结构的实际工作情况。而且与截面计算理论不相协调;按弹性理论计算连续梁时,各截面均按其最不利活荷载布置来进行内力计算并且配筋,由于各种最不利荷载组合并不同时发生,所以各截面钢筋不能同时被充分利用;利用弹性理论计算出的支座弯矩一般大于跨中弯矩,支座处配筋拥挤,给施工造成一定的困难。

塑性理论计算内力

为充分考虑钢筋混凝土构件的塑性性能,解决上述问题,提出了按塑性理论计算内力的方法。

(一) 钢筋混凝土受弯构件的塑性铰

1. 塑性铰的含义

图 6-9 为集中荷载作用下的钢筋混凝土简支梁,当荷载加至跨中受拉钢筋屈服后,混凝土垂直裂缝迅速发展,受拉钢筋明显被拉长,受压混凝土被压缩,在塑性变形集中产生的区域,犹如形成了一个能够转动的"铰",直到受压区混凝土压碎,构件才告破坏。上述梁中,塑性变形集中产生的区域称为塑性铰。

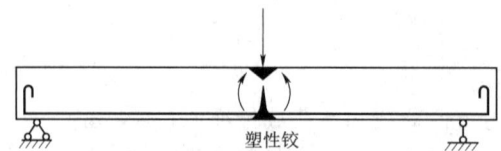

图 6-9 集中荷载作用下钢筋混凝土简支梁的塑性铰

2. 塑性铰的特点

与理想铰相比,塑性铰具有以下特点:

(1) 理想铰不能传递弯矩。

(2) 塑性铰是单向铰,仅能沿弯矩作用方向发生有限的转动。对于静定结构,任一截面出现塑性铰后,即可使其变成几何可变体系而丧失承载力。但对于超静定结构,由于存在多余约束,构件某一截面出现塑性铰,并不能使其立即变成几何可变体系,仍能继续承受增加到的荷载,直到其他截面也出现塑性铰,使其成为几何可变体系,才丧失承载力。

(3) 钢筋混凝土超静定结构中,构件开裂后引起的刚度变化以及塑性铰的出现,在构件各截面间将产生塑性内力重分布,使各截面内力与弹性分析结果不一致。

(二) 按塑性内力重分布设计的基本原则

按塑性内力重分布方法设计多跨连续梁、板时,可考虑连续梁、板具有的塑性内力重分布特性,采用弯矩调幅法将某些截面的弯矩(一般为支座截面弯矩)予以调整降低后配筋。这样既可以节约钢材,又可以保证结构安全可靠,还可以避免支座钢筋过于拥挤而造成施工困难。设计时应遵守以下基本原则:

(1) 满足刚度和裂缝宽度的要求。为使结构满足正常使用条件,不致出现过宽的裂缝,弯矩调低的幅度不能太大,对 HPB300、HRB400 钢筋宜不大于 20%,且应不大于 25%,对冷拉、冷拔和冷轧钢筋应不大于 15%。

(2) 确保结构安全可靠。调幅后的弯矩应满足静力平衡条件,每跨两端支座负弯矩绝对值的平均值与跨中弯矩的绝对值之和应不小于简支梁的跨中弯矩。即:

$$\frac{M_A+M_B}{2}+M_{中} \geqslant M_0$$

(3) 塑性铰应有足够的转动能力。这是为了保证塑性内力重分布的实现,避免受压区混凝土过早被压坏,要求混凝土受压区高度 $0.1h_0 \leqslant x \leqslant 0.35h_0$,并宜采用

HPB300 或 HRB400 钢筋。

（三）等跨连续梁、板按塑性理论计算内力的方法

为方便计算，对工程中常用的承受均布荷载的等跨连续梁、板，采用内力计算公式系数，设计时直接按照下列公式计算内力。

弯矩： $$M=a_m(g+q)l_0^2 \quad (6-15)$$

剪力： $$V=a_v(g+q)l_n \quad (6-16)$$

式中 a_m——弯矩系数，按图 6-10 采用（当边支座为砖墙时）；

a_v——剪力系数，按图 6-10 采用；

g、q——均布恒载、活载设计值，kN/m；

l_0——计算跨度，m；

l_n——梁的净跨度，m。

对于跨度相差不超过 10% 的不等跨连续梁板，也可近似按式（6-15）和式（6-16）计算，在计算支座弯矩时可取支座左右跨度的最大值作为计算跨度。

图 6-10 所示的弯矩系数是根据弯矩调幅将支座弯矩调低约 25% 的结果，适用于 $g/q>0.3$ 的结构。当 $g/q\leqslant 0.3$ 时，调幅应不大于 15%，支座弯矩系数需适当增大。

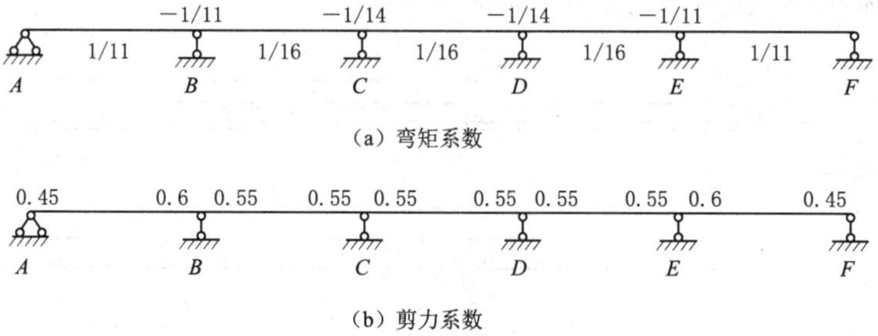

图 6-10 板和次梁按塑性理论计算的内力系数

（四）塑性理论计算法的适用范围

塑性理论计算法较弹性法能改善配筋、节约材料。但它不可避免地导致构件在使用阶段的裂缝过宽及变形较大，因此在下列情况下不能采取塑性理论计算法进行设计：

(1) 直接承受动力荷载和重复荷载的结构。

(2) 裂缝控制等级为一级或二级的结构构件。

(3) 处于重要部位的构件，如主梁。

随堂测

技能点三　单向板肋梁楼盖结构的构造要求

一、板的计算和构造要求

（一）板的计算

(1) 板通常取 1m 宽板带作为计算单元计算荷载及配筋。

(2) 板内剪力较小，一般可以满足抗剪要求，设计时不必进行斜截面受剪承载力计算。

板的构造要求

(3) 对四周与梁整体连接的单向板,因受支座的反推力作用,该推力可减少板中各计算截面的弯矩,设计时其中间跨的跨中截面及中间支座截面的计算弯矩可减少20%。但边跨跨中及第一内支座的弯矩不予降低。

(二) 板的构造要求

(1) 板厚。因板是楼盖中的大面积构件,从经济角度考虑应尽可能将板设计得薄一些,但其厚度必须满足规范对于最小板厚的规定。

(2) 板的支承长度。板在砖墙上的支承长度一般不小于板厚及120mm,且应该满足受力钢筋在支座内的锚固长度。

(3) 受力钢筋。一般采用HPB300、HRB400级钢筋,直径常用8mm、10mm、12mm、14mm、16mm。支座负弯矩钢筋直径不宜过小。

受力钢筋间距一般不小于70mm;当板厚不大于150mm时,其间距不宜大于200mm;当厚板大于150mm时,其间距不宜大于1.5倍的板厚且不宜大于250mm。伸入支座的正弯矩钢筋,其间距不应大于400mm,截面面积不小于跨中受力钢筋截面面积的1/3。

连续板受力钢筋的配筋方式有分离式和弯起式两种(图6-11)。采用弯起式配筋时,板的整体性好,且可节约钢筋,但施工复杂。

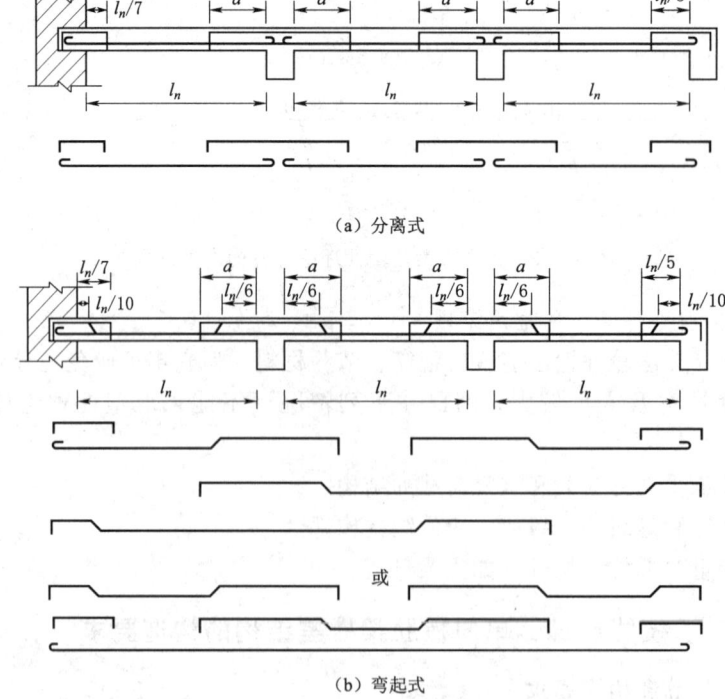

图6-11 连续板受力筋的配筋方式

注:当$q/g \leqslant 3$时,$a=l_n/4$;当$q/g>3$时,$a=l_n/3$,其中q为均布活荷载,g为均布恒荷载。

分离式钢筋、弯起式钢筋

分离式配筋由于其施工简单,一般板厚不大于120mm,且所受动荷载不大时采用分离式配筋。

等跨或跨度相差不超过20%的连续板可直接采用图6-11确定钢筋弯起和切断的位置。当支座两边的跨度不等时，支座负筋伸入某一侧的长度应以另一侧的跨度来计算；为简便起见，也可均取支座左右跨较大的跨度计算。若跨度相差超过20%，或各跨荷载相差悬殊，则必须根据弯矩包络图来确定钢筋的位置。

（4）构造钢筋。

1）分布钢筋。分布钢筋是与受力钢筋垂直的钢筋，并放在受力钢筋上侧；其截面面积不宜小于受力钢筋截面面积的15%，且不宜小于该方向板截面面积的0.15%；间距不宜大于250mm，直径不宜小于6mm。在受力钢筋的弯折处也应布置分布钢筋；当板上集中荷载较大或为露天构件时，其分布钢筋宜适当加密，取间距为150～200mm。

2）板面构造钢筋。板面构造钢筋有嵌入墙内的板面构造钢筋、垂直于主梁的板面构造钢筋等。嵌固在墙内的板，在内力计算时通常按简支计算。但实际上由于墙的约束存在着负弯矩，需在此设置板面构造负筋。在主梁两侧一定范围内的板内也将产生一定的负弯矩，需设置板面构造负筋。

对于嵌入承重砌体墙内的现浇板，需配置间距不宜大于200mm、直径不应小于8mm（包括弯起钢筋在内）的构造钢筋，其伸出墙边长度不应小于$l_1/7$。对两边嵌入墙内的板角部分，应双向配置上述构造钢筋，伸出墙面的长度应不小于$l_1/4$（图6-12），l_1为板的短边长度。沿板的受力方向配置的上部构造钢筋，其截面面积不宜小于该方向跨中受力钢筋截面面积的1/3；沿非受力方向配置的上部构造钢筋，可根据经验适当减少。

应在板面沿主梁方向配置间距不大于200mm、直径不小于8mm的构造钢筋，单位长度内的总截面面积应不小于板跨中单位长度内受力钢筋截面面积的1/3，伸出主梁两边的长度不小于板的计算跨度l_0的1/4（图6-13）。

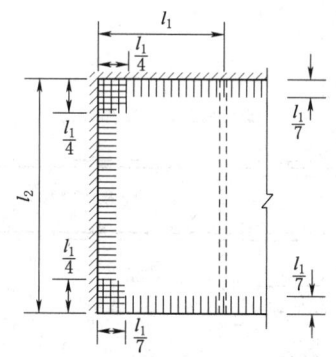

图6-12 板嵌固在承重墙内时板的上部构造钢筋

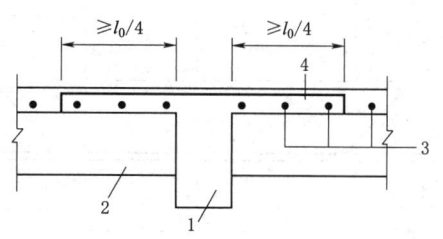

图6-13 板中与梁肋垂直的构造钢筋
1—主梁；2—次梁；3—板的受力钢筋；4—间距不大于200mm、直径不小于8mm板上部构造钢筋

板中与梁肋垂直的构造钢筋

次梁的构造要求

次梁的配筋

二、次梁的计算和构造要求

（一）次梁的计算

（1）正截面承载力计算时，跨中可按T形截面计算，支座只能按矩形截面计算。

（2）一般可仅设置箍筋抗剪，而不设弯筋。

(3) 截面尺寸满足高跨比（1/18～1/12）和宽高比（1/3～1/2）的要求时，一般不必做挠度和裂缝宽度验算。

（二）构造要求

(1) 次梁伸入墙内的长度一般应不小于240mm，次梁的钢筋组成及布置可参考图6-14。

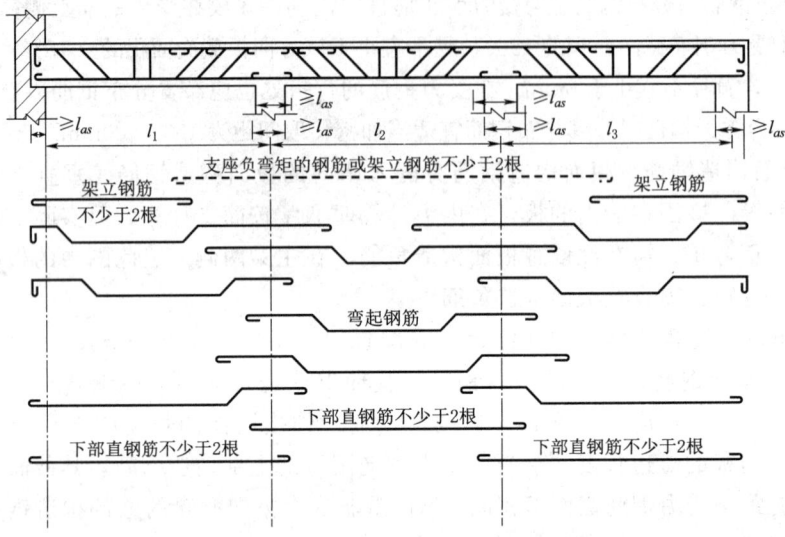

图6-14　次梁的钢筋组成及布置

(2) 当连续次梁相邻跨度差不超过20%，承受均布荷载，且活荷载与恒荷载之比不大于3时，其纵向受力钢筋的弯起和切断可按图6-15进行，当不符合上述条件时，原则上应按弯矩包络图确定纵筋的弯起和截断位置。

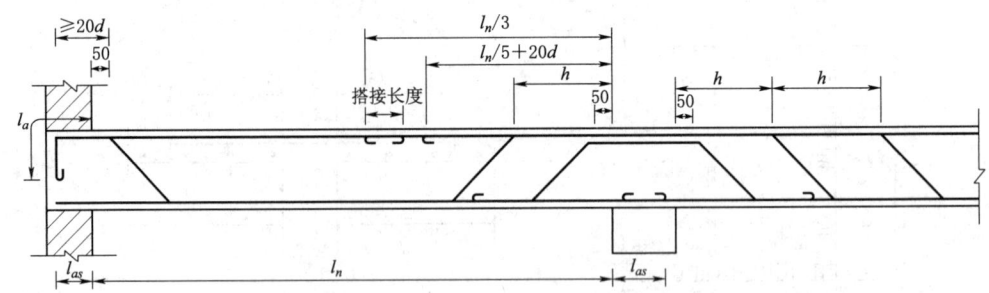

图6-15　次梁的配筋构造要求

主梁的构造要求

三、主梁的计算和构造要求

（一）主梁的计算

(1) 通常跨中可按T形截面计算正截面承载力，支座按矩形截面计算。

(2) 由于支座处板、次梁的钢筋重叠交错，且主梁负筋位于次梁负筋之下，因此主梁支座处的截面有效高度有所减小，当钢筋单排布置时，$h_0 = h - (60 \sim 70)$mm；当钢筋双排布置时，$h_0 = h - (80 \sim 100)$mm。

(3) 主梁截面尺寸满足高跨比（1/14～1/8）和宽高比（1/3～1/2）的要求时，一般不必做挠度和裂缝宽度验算。

（二）构造要求

(1) 主梁伸入墙内的长度一般应不小于370mm。

(2) 主梁纵筋的弯起和截断，原则上应在弯矩包络图上进行，并应满足有关构造要求，主梁下部的纵向受力钢筋伸入支座的锚固长度也应满足有关构造要求。

(3) 梁的受剪钢筋宜优先采用箍筋，但当主梁剪力很大，箍筋间距过小时也可在近支座处设置部分弯起钢筋或鸭筋抗剪。

(4) 在次梁与主梁交接处，由于主梁承受次梁传来的集中荷载，可能使主梁中下部产生约为45°的斜裂缝而发生局部破坏，因此应在主梁上的次梁截面两侧设置附加横向钢筋，以承受次梁作用于主梁截面高度范围内的集中力，如图6-16所示。

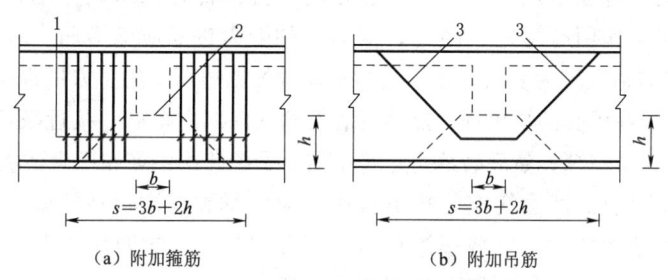

图6-16 附加箍筋或附加吊筋的布置
1—附加箍筋；2—传递集中荷载的位置；3—附加弯起钢筋

附加横向钢筋应布置在长度 $s=3b+2h$ 的范围内，b 为次梁宽度，h 为主次梁的底面高差。附加横向钢筋宜优先采用箍筋，第一道附加箍筋距次梁侧50mm处布置。附加横向钢筋的用量按下式计算：

$$A_{sv}=\frac{KF}{f_{yv}\sin\alpha} \qquad (6-17)$$

当仅配箍筋时，$\qquad A_{sv}=mnA_{sv1} \qquad (6-18)$

当仅配吊筋时，$\qquad A_{sv}=2A_{sb} \qquad (6-19)$

式中　K——承载力安全系数；

F——次梁传给主梁的集中荷载设计值，N；

f_{yv}——附加箍筋的抗拉强度设计值，N/mm²；

α——附加横向钢筋与梁纵轴线的夹角，一般为45°，梁高大于800mm时为60°；

A_{sv}——承受集中荷载所需附加钢筋总面积，mm²，$A_{sv}=nA_{sv1}$；

n——在同一截面内附加箍筋的肢数；

A_{sv1}——单肢箍筋的截面面积，mm²；

m——在宽度 s 范围内的附加箍筋道数；

A_{sb}——附加吊筋的截面面积，mm²。

任务三 双向板肋梁楼盖的设计计算

想一想 18

素质目标	(1) 培养严谨科学的态度与认真务实的作风，提高双向板肋梁楼盖的设计分析能力。 (2) 激发自主学习与创新能力，提高双向板肋梁楼盖的设计技术理解水平
知识目标	(1) 理解双向板肋梁楼盖的受力特点。 (2) 熟悉双向板肋梁楼盖的计算规则及构造要求
技能目标	(1) 能正确完成双向板肋梁楼盖平面布置。 (2) 能正确完成双向板肋梁楼盖内力计算

技能点一 双向板肋梁结构的含义及受力特点

双向板肋梁结构的含义及受力特点

双向板结构图、双向板钢筋图

随堂测

双向板的受力特征不同于单向板，它在两个方向都存在弯矩作用，而单向板被认为只在一个方向上作用有弯矩。因此，双向板的受力钢筋应该沿两个方向配置。

双向板的受力情况较为复杂，在承受均布荷载的四边简支的正方形板中，当荷载逐渐增加时，裂缝首先在板底中央出现，然后沿着对角线向四周扩展，接近破坏时，板的顶面四角附近出现圆弧形裂缝，然后裂缝进一步扩展，最终跨中钢筋屈服导致板的破坏。

在承受均布荷载的四边简支的矩形板中，第一批裂缝出现在板底中央且平行于长边方向，荷载继续增加时，裂缝逐渐延伸，并沿 45°方向向四周扩散，然后板顶四角出现圆弧形裂缝，导致板的破坏，如图 6-17 所示。

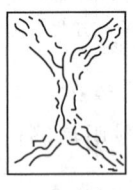

(a) 板底　　(b) 板顶　　(c) 板底　　(d) 板顶

图 6-17 简支双向板破坏时的裂缝分布

技能点二 双向板的内力计算

双向板的内力计算

双向板内力计算方法有两种：弹性计算方法和塑性计算方法。由于塑性理论计算方法存在一定的局限性，因而在工程中较少采用，本书介绍弹性理论计算方法。

一、单跨双向板的计算

为了简化计算，单跨双向板的内力计算一般可直接查用"双向板的计算系数表"。附表 6 给出了常用的集中支承情况下的计算系数，通过表查出计算系数后，每米宽度内的弯矩可套用附录六中提供的公式进行计算。

必须指出，附录六是根据材料泊松比 $\mu=0$ 编制的。跨中的弯矩，尚需考虑横向变形的影响，并按下式计算：

$$\left.\begin{array}{l} m_x^\mu = m_x + \mu m_y \\ m_y^\mu = m_y + \mu m_x \end{array}\right\} \tag{6-20}$$

式中 m_x^μ、m_y^μ——考虑横向变形，跨中沿 l_x、l_y 方向单位板宽的弯矩，对于钢筋混凝土板通常取 $\mu=0.2$。

二、多区格双向板的实用计算方法

多区格双向板内力的精确计算是很复杂的，因此工程中一般采用"实用计算方法"。实用计算法采用如下基本假定：支承梁的抗弯刚度很大，其垂直位移可忽略不计；支承梁的抗扭刚度很小，板在制作处可自由转动。其基本方法是：考虑多区格双向板活荷载的不利位置布置，然后利用单跨板的计算系数表进行计算。

（一）跨中和边支座最大正弯矩

求某跨跨中最大弯矩时，活荷载的不利布置为棋盘形布置，即该区格布置活荷载，其余区格均在前后左右隔一区格布置活荷载，如图 6-18（a）所示。

计算时，可将活荷载 q_k 和恒荷载 g_k 分解为 $P'_k=g_k+\dfrac{q_k}{2}$［图 6-18（b）］与 $P''_k=\pm\dfrac{q_k}{2}$［图 6-18（c）］两部分，分别作用于相应区格，其作用效果是相同的。

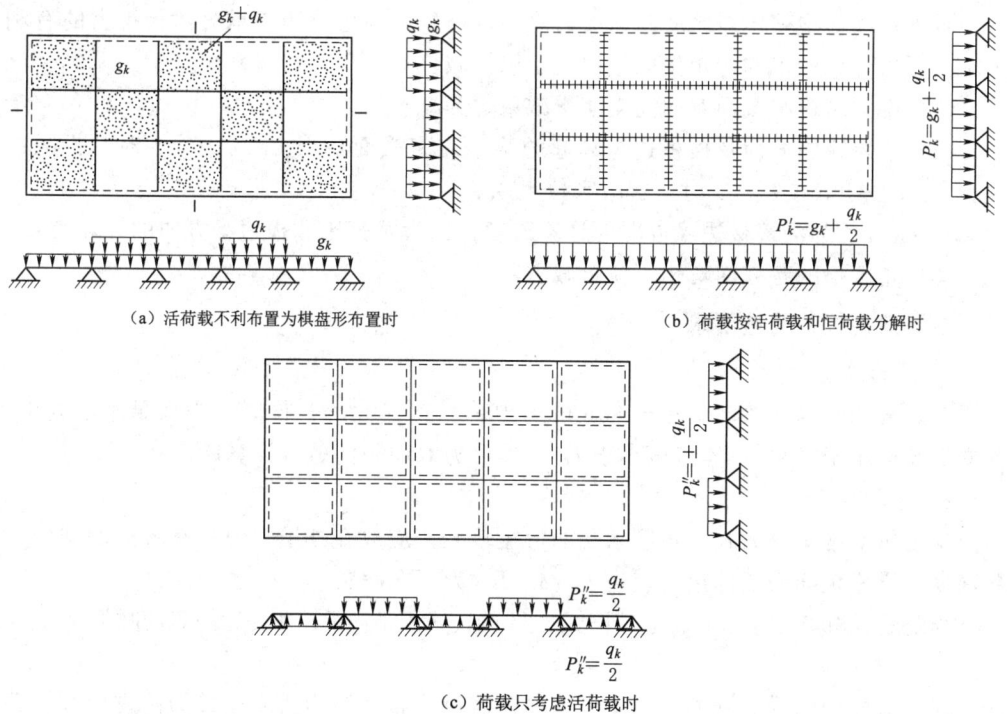

(a) 活荷载不利布置为棋盘形布置时　　(b) 荷载按活荷载和恒荷载分解时

(c) 荷载只考虑活荷载时

图 6-18　双向板跨中弯矩最不利荷载布置及分解图

在满布的荷载 P'_k 作用下，因为荷载对称，可近似地认为板的中间支座都是固定支座；在一上一下的荷载 P''_k 的作用下，近似符合反对称关系，可以认为中间支座的弯矩为 0，即可以把中间支座都看成简支支座。板的边支座根据实际情况确定。这样，就可以将连续双向板分成荷载 P'_k 和荷载 P''_k 的单独单块双向板作用来计算，将各自求得的跨中弯矩相叠加，便可得到活荷载在最不利位置时所产生的跨中最大弯

矩，同时也可得到边支座的相应弯矩值。其跨中最大弯矩值和边支座弯矩值计算公式为

$$M = 1.05\alpha_1 P'_k l_x^2 + 1.20\alpha_2 P''_k l_x^2 \qquad (6-21)$$

式中 α_1、α_2——根据 P'_k 和 P''_k 的支承情况及 l_x/l_y 查附录五得到的弯矩系数。

（二）支座最大负弯矩

求支座最大负弯矩时，取活荷载满布的情况考虑。内区格的四边均可看作固定端，边、角区格的外边界条件则按实际情况考虑。当相邻区格的情况不同时，其共用支座的最大负弯矩近似取为两区格计算值的平均值。

技能点三 双向板的配筋计算及构造

一、截面配筋计算特点

双向板在两个方向均布置受力筋，且长筋在短筋的内层，故在计算长筋时，截面的有效高度 h_0 小于短筋。

对于四周与梁整体连结的双向板，除角区格外，考虑周边支承梁对板推力的有利影响，可将计算所得的弯矩按以下规定予以折减：

（1）中间跨跨中截面及中间支座折减系数为 0.8。

（2）边跨跨中截面及楼板边缘算起的第二支座截面：当 $L_c/L < 1.5$ 时，折减系数为 0.8；当 $1.5 \leq L_c/L$ 时，折减系数为 0.9。

其中，L_c 为沿楼板边缘方向的计算跨度；L 为垂直于楼板边缘方向的计算跨度。

（3）角区格的各截面弯矩不应折减。

二、双向板的构造要求

1. 板的厚度

双向板的厚度一般不宜小于 80mm，且不大于 160mm。同时，为满足刚度要求，简支板还应小于 $L/45$，连续板小于 $L/50$，L 为双向板的较小计算跨度。

2. 受力钢筋

受力钢筋常用分离式。短筋承受的弯矩较大，应放在外层，使其有较大的截面有效高度。支座负筋一般伸出支座边 $L_x/4$，L_x 为短向净跨。

当配筋面积较大时，在靠近支座边 $L_x/4$ 的边缘板带内的跨中正弯矩钢筋减少 50%。

3. 构造钢筋

底筋双向均匀受力钢筋，但支座负筋还需设分布筋。当边支座视为简支计算，但实际上受到边梁或墙约束时，应配置支座构造负筋，其数量应不少于 1/3 受力钢筋和 $\Phi 8@200$，伸出支座边 $L_x/4$，L_x 为双向板的短向净跨度。

三、双向板支撑梁的计算

双向板的荷载就近传递给支承梁。支承梁承受的荷载可从板角作 45°角平分线来分块。因此，长边支承梁承受的是三角形荷载。支承梁的自重为均布荷载，如图 6-19 所示。

梁的荷载确定后，其内力可按照结构力学的方法计算，当梁为单跨时，可按实际荷载直接计算内力。当梁为多跨且跨度差不超过10%时，可将梁上的三角形或梯形荷载根据支座弯矩相等的条件折算成等效均布荷载，确定最不利荷载分布情况，查出支座弯矩系数，从而计算出支座弯矩，最后，根据各跨梁的静力平衡条件求出跨中弯矩和支座剪力。

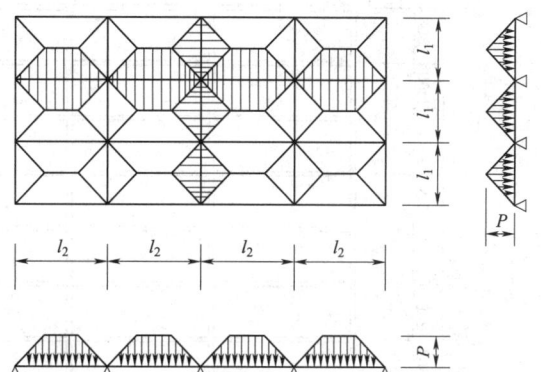

图 6-19 双向板楼盖中梁所承受的荷载

随堂测

任务四 梁板结构设计及结构图识读案例

素质目标	(1) 培养严谨科学的态度与认真务实的作风，提高梁板结构设计精度。 (2) 激发自主学习与创新能力，提高楼盖结构的设计理解水平。 (3) 强化团队合作与沟通协调能力，推进梁板结构设计任务的高效实施
知识目标	(1) 熟悉梁板结构图的识读规则。 (2) 理解梁板结构设计原理
技能目标	(1) 能正确识读梁板结构图。 (2) 能完成梁板结构设计

想一想 19

技能点一 钢筋混凝土梁板结构设计实例

【例 6-1】 某厂房现浇钢筋混凝土肋形楼盖，如图 6-20 所示。楼面做法：20mm 厚水泥砂浆面层；钢筋混凝土现浇楼板；12mm 厚纸筋石灰板底粉刷。墙厚为 370mm。楼板活荷载标准值为 8.0kN/m^2，采用混凝土强度等级为 C30，板中钢筋为 HPB300，梁中受力钢筋为 HRB400，其他钢筋为 HPB300。

解：1. 各构件截面尺寸

板厚：$\dfrac{l_0}{40} = \dfrac{2500}{40} = 62.5$（mm），取 $h = 80 \text{mm}$

次梁：$h = \left(\dfrac{1}{18} \sim \dfrac{1}{12}\right) l_0 = \left(\dfrac{1}{18} \sim \dfrac{1}{12}\right) \times 6600 = 367 \sim 550$（mm），取 $h = 450 \text{mm}$，$b = 200 \text{mm}$

主梁：$h = \left(\dfrac{1}{14} \sim \dfrac{1}{8}\right) l_0 = \left(\dfrac{1}{14} \sim \dfrac{1}{8}\right) \times 7500 = 536 \sim 937$（mm），取 $h = 700 \text{mm}$，$b = 300 \text{mm}$

2. 单向设计（塑性计算法）

(1) 荷载计算。

20mm 水泥砂浆面层重：$1.05 \times 20 \times 0.02 = 0.42 (\text{kN/m}^2)$

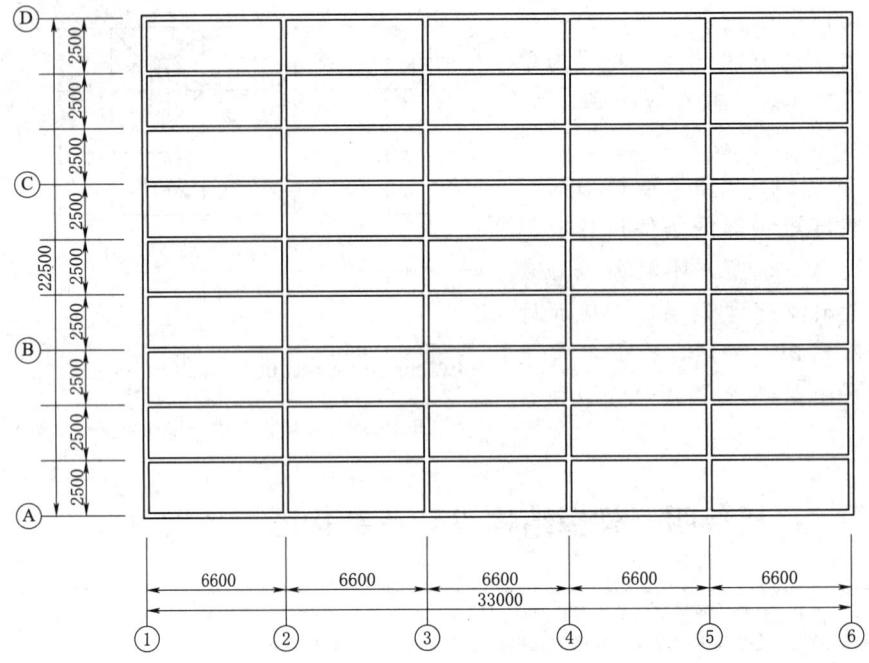

图 6-20 楼盖结构平面布置图

80mm 钢筋混凝土板重：$1.05 \times 25 \times 0.08 = 2.1 (kN/m^2)$

12mm 纸筋石灰粉底重：$1.05 \times 16 \times 0.012 = 0.20 (kN/m^2)$

恒荷载设计值：$g = 2.72 kN/m^2$

活荷载设计值：$q = 1.2 \times 8 = 9.6 (kN/m^2)$

总荷载设计值：$g + q = 12.32 (kN/m^2)$

(2) 计算简图。

边跨：$l_0 = l_n + \dfrac{h}{2} = 2160 + \dfrac{80}{2} = 2200 (mm)$

中间跨：$l_0 = l_n = 2500 - 200 = 2300 (mm)$

跨度差：$\dfrac{2300 - 2200}{2200} = 4.5\% < 10\%$

可按等跨计算。

取 1m 宽板带作为计算单元，则板中弯矩设计值如下。

边跨跨中：$M_1 = -M_B = \dfrac{1}{11}(q+g)l_0^2 = \dfrac{1}{11} \times 12.32 \times 2.2^2 = 5.42 (kN \cdot m)$

第一内支座：$M_c = -\dfrac{1}{14}(q+g)l_0^2 = -\dfrac{1}{14} \times 12.32 \times 2.3^2 = -4.66 (kN \cdot m)$

中间跨中及中间支座：

$$M_2 = M_3 = \dfrac{1}{16}(q+g)l_0^2 = \dfrac{1}{16} \times 12.32 \times 2.3^2 = 4.07 (kN \cdot m)$$

配筋计算。

$b=1000\mathrm{mm}$，$h=80\mathrm{mm}$，$h_0=80-20=60(\mathrm{mm})$，$f_c=14.3\mathrm{N/mm^2}$，$f_{yv}=270\mathrm{N/mm^2}$，$f_y=360\mathrm{N/mm^2}$，$K=1.20$。

计算过程见表 6-1。因板的内区格四周与梁整体连接，故其弯矩值可降低 20%。

3. 次梁设计（塑性计算法）

(1) 荷载计算。

板传来的恒荷载设计值：$2.72\times2.5=6.8(\mathrm{kN/m})$

次梁自重设计值：$1.05\times25\times0.2\times(0.45-0.08)=1.94(\mathrm{kN/m})$

次梁粉刷重设计值：$1.05\times16\times0.012\times(0.45-0.08)\times2=0.15(\mathrm{kN/m})$

恒荷载总设计值：$g=8.89(\mathrm{kN/m})$

活荷载设计值：$q=9.6\times2.5=24(\mathrm{kN/m})$

总荷载设计值：$g+q=8.89+24=32.89(\mathrm{kN/m})$

表 6-1　　　　　　　　　　板 的 配 筋 计 算

截面		第一跨中	支座 B	第二、三跨中	支座 C
弯矩设计值/(N·mm)		5420000	-5420000	4070000 (3260000)	-4660000 (-3728000)
$a_s=\dfrac{KM}{f_cbh_0^2}$		0.126	0.126	0.095 (0.076)	0.109 (0.088)
$\xi=1-\sqrt{1-2a_s}$		0.136	0.136	0.100 (0.079)	0.115 (0.091)
$A_s=\dfrac{f_cbh_0^2\xi}{f_y}$		431	431	317 (251)	366 (289)
选配钢筋	①—②、⑤—⑥轴线	Φ8/10@100 (644mm²)	Φ8@100 (503mm²)	Φ6/8@100 (393mm²)	Φ8@100 (503mm²)
	②—③、③—④、④—⑤轴线	Φ8/10@100 (644mm²)	Φ8@100 (503mm²)	Φ6@100 (283mm²)	Φ6/8@100 (393mm²)

(2) 计算简图。

主梁截面为 300mm×700mm，则次梁计算跨度为如下。

边跨：$l_0=l_n+\dfrac{a}{2}=6210+\dfrac{240}{2}=6330(\mathrm{mm})<1.025l_n=1.025\times6210=6365(\mathrm{mm})$

取 $l_0=6330\mathrm{mm}$。

中间跨：$l_0=l_n=6600-300=6300(\mathrm{mm})$

跨度差：$\dfrac{6330-6300}{6300}=0.48\%<10\%$

可按等跨计算。

次梁计算简图如图 6-21 所示。

(3) 内力计算。

1) 弯矩设计值。

边跨跨中及第一内力支座：

$$M_1=-M_B=\dfrac{1}{11}(q+g)l_0^2=\dfrac{1}{11}\times36.17\times6.33^2=131.75(\mathrm{kN\cdot m})$$

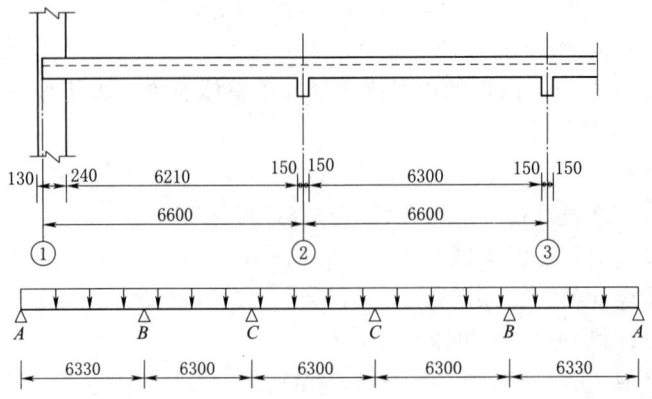

图 6-21 次梁设计计算简图

中间跨中及中间支座：

$$M_2 = M_3 = \frac{1}{16}(q+g)l_0^2 = \frac{1}{16} \times 32.89 \times 6.3^2 = 81.59(\text{kN} \cdot \text{m})$$

$$M_c = -\frac{1}{14}(q+g)l_0^2 = -\frac{1}{14} \times 32.89 \times 6.3^2 = 93.24(\text{kN} \cdot \text{m})$$

2) 剪力设计值。

$$V_A = 0.45(q+g)l_n = 0.45 \times 32.89 \times 6.21 = 91.91(\text{kN})$$

$$V_{Bl} = 0.6(q+g)l_n = 0.6 \times 32.89 \times 6.21 = 122.55(\text{kN})$$

$$V_{Br} = -V_{Cl} = 0.55(q+g)l_n = 0.55 \times 32.89 \times 6.3 = 113.96(\text{kN})$$

(4) 正截面受弯承载力计算。支座截面按矩形截面 $b \times h = 200\text{mm} \times 450\text{mm}$ 计算，跨中截面按 T 形截面计算，其受压翼缘计算宽度取值如下：

边跨：$b'_f = \dfrac{l_0}{3} = \dfrac{6330}{3} = 2110 < (b+s_0) = 200 + 2300 = 2500(\text{mm})$

中间跨：$b'_f = \dfrac{l_0}{3} = \dfrac{6300}{3} = 2100(\text{mm})$

故取 $b'_f = 2100\text{mm}$

梁高 $h = 450\text{mm}$，取 $h_0 = 450 - 35 = 415(\text{mm})$，跨中 $h'_f = 80\text{mm}$。

判别 T 形截面类型：

$$a_1 f_c b'_f h'_f \left(h_0 - \frac{h'_f}{2}\right) = 1.0 \times 14.3 \times 2100 \times 80 \times \left(415 - \frac{80}{2}\right) = 900.9(\text{kN} \cdot \text{m})$$

因为此值大于各跨中弯矩设计值，所以各跨中截面均属于第一类 T 形截面，次梁正截面承载力计算及配筋见表 6-2。

(5) 斜截面承载力计算。验算截面尺寸：$h_w = h_0 - 80 = 415 - 80 = 335(\text{mm})$

$$\frac{h_w}{b} = \frac{335}{200} = 1.675 < 4$$

$0.25\beta_c f_c b h_0 = 0.25 \times 1.0 \times 14.3 \times 200 \times 415 = 296.73 \text{ (kN)} > V_{BL} = 134.77\text{kN}$

故各截面尺寸均满足要求。

表 6-2　　　　　　　　　　　次梁正截面承载力计算

截面	1	B	2	C
弯矩设计值/(N·mm)	119810000	−119810000	81590000	−93240000
$\alpha_s = \dfrac{KM}{f_c b'_f h_0^2}$	0.028 ($b'_f=2100$)	0.321 ($b'_f=b=200$)	0.019 ($b'_f=2100$)	0.250 ($b'_f=b=200$)
ξ	0.029	0.402	0.019	0.293
$A_S = \dfrac{f_c b'_f h_0 \xi}{f_y}/\text{mm}^2$	976	1324	662	965
选配钢筋	3 ⌀ 22 (1140mm²)	4 ⌀ 22 (1520mm²)	2 ⌀ 22 (760mm²)	3 ⌀ 22 (1140mm²)

$0.7 f_t b h_0 = 0.7 \times 1.43 \times 200 \times 415 = 83.08$ (kN) $< V_A = 101.08$ kN

故各截面均需按计算配置箍筋。

第一跨：取 $V = V_{BL} = 122.55$ kN

$$\frac{nA_{sv1}}{S} = \frac{KV_{bl} - 0.7 f_t b h_0}{1.25 f_{yv} h_0} = \frac{1.2 \times 122550 - 83080}{1.25 \times 270 \times 415} = 0.457$$

选用 ϕ6 双肢箍，$nA_{sv1} = 2 \times 28.3 = 56.6 (\text{mm}^2)$

$$S = \frac{56.6}{0.457} = 124 (\text{mm})$$

取　　　　　　　　　　$S = 120 \text{mm} < S_{\max} = 200 \text{mm}$

$$\rho_{sv} = \frac{nA_{sv}}{bs} = \frac{56.6}{200 \times 120} = 0.236\% > \rho_{sv,\min} = 0.24 \frac{f_t}{f_{yv}} = 0.24 \times \frac{1.43}{210} = 0.163\%$$

其余跨：取　　　　　　　$V = V_{Br} = 125.33$ kN

$$\frac{nA_{sv1}}{S} = \frac{KV_{bl} - 0.7 f_t b h_0}{1.25 f_{yv} h_0} = \frac{1.2 \times 113960 - 83080}{1.25 \times 270 \times 415} = 0.383$$

选中 ϕ6 双肢箍，$nA_{sv1} = 2 \times 28.3 = 56.6 (\text{mm}^2)$

$$S = \frac{56.6}{0.383} = 148 (\text{mm})$$

取　　　　　　　　$S = 120 \text{mm}, \rho_{sv} > \rho_{sv,\min}$

4. 主梁设计（弹性计算法）

（1）荷载计算。次梁传来的集中荷载：$8.89 \times 6.6 = 58.67 (\text{kN})$

主梁自重：$1.05 \times 25 \times 0.3 \times (0.7 - 0.08) \times 2.5 = 12.21 (\text{kN})$

主梁粉刷重：$1.05 \times 16 \times 0.012 \times (0.7 - 0.08) \times 2.5 \times 2 = 0.625 (\text{kN})$

恒荷载设计值：$G = 71.51 (\text{kN})$

活荷载设计值：$Q = 24 \times 6.6 = 158.40 (\text{kN})$

总荷载设计值：$G + Q = 229.91 \text{kN}$

（2）计算简图。柱截面为 400mm×400mm，则主梁计算跨度为边跨：$l_0 = l_n + \dfrac{a}{2} + \dfrac{b}{2} = 7060 + \dfrac{370}{2} + \dfrac{400}{2} = 7445$（mm）$> 1.025 l_n + \dfrac{b}{2} =$
$1.025 \times 7060 + 200 = 7437$（mm），取 $l_0 = 7437$ mm。

中间跨：$l_0 = 7500$ mm

各跨度差小于10%，可按等跨计算。计算简图如图6-22所示。

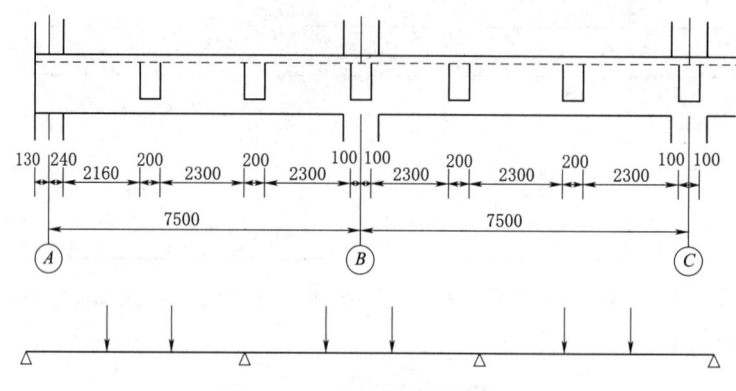

图 6-22　主梁设计计算简图

（3）内力计算。按弹性计算法查阅"等跨连续梁内力系数表"，弯矩和剪力计算公式为

$$M = k_1 G l_0 + k_2 Q l_0 \tag{6-22}$$

$$V = k_1 G + k_2 Q \tag{6-23}$$

主梁的内力计算及最不利内力组合见表6-3。

表 6-3　　　　　　　　　　主梁的内力计算表

序号	荷载简图	弯矩/(kN·m)			剪力/kN		
		k/M_1	k/M_B	k/M_2	k/V_A	k/V_{Bl}	k/V_{Br}
①	G G G G G G	0.244 129.75	−0.267 −143.19	0.067 35.93	0.733 52.41	−1.267 −90.60	1.000 71.51
②	Q Q　Q Q　Q Q	0.244 287.44	−0.267 −317.20	0.067 79.60	0.733 116.11	−1.267 −200.69	1.000 158.40
③	Q Q　　　　Q Q	0.289 340.48	−0.133 −158.00	−0.133 −158.00	0.866 137.17	−1.134 −179.63	—
④	Q Q	−0.044 −51.83	−0.133 −158.00	0.200 237.60	−0.133 −21.07	−0.133 −21.07	1.000 158.40
⑤	Q Q　Q Q	0.229 269.77	−0.311 (0.089) −369.47 (105.73)	0.170 201.96	0.689 109.14	−1.311 −207.66	1.222 193.56

续表

序号	荷 载 简 图	弯矩/(kN·m)			剪力/kN		
		k/M_1	k/M_B	k/M_2	k/V_A	k/V_{Bl}	k/V_{Br}
⑥	Q Q (荷载图)	0.274 322.78	−0.178 −211.46	—	0.822 130.20	−1.178 −186.60	0.222 35.16
⑦	最不利内力组合	①+③ 470.20	①+⑤ −512.66 ①+⑤ −37.46	①+④ 273.53 ①+③ −122.07	①+③ 189.59	①+⑤ −298.26	①+⑤ 265.07

(4) 主梁正截面受弯承载力计算。支座截面按矩形截面 $b \times h = 300\text{mm} \times 700\text{mm}$ 计算，跨中截面 T 形截面计算，其受压翼缘计算宽度取值如下：

$$b'_f = \frac{l_0}{3} = \frac{7500}{3} = 2500 < (b+s_0) = 300 + 6300 = 6900 (\text{mm})$$

取 $$b'_f = 2500 \text{mm}$$

因弯矩较大，两排布筋如下：

支座： $$h_0 = 700 - 80 = 620 (\text{mm})$$

跨中： $$h_0 = 700 - 60 = 640 (\text{mm}), h'_f = 80 \text{mm}$$

判别 T 形截面类别：

$$\alpha_1 f_c b'_f h'_f \left(h_0 - \frac{h'_f}{2}\right) = 1.0 \times 14.3 \times 2500 \times 80 \times \left(640 - \frac{80}{2}\right) = 1716 (\text{kN} \cdot \text{m})$$

因此值大于各跨中弯矩设计值，所以各跨中截面均属于第一类 T 形截面，主梁正截面承载力计算及配筋见表 6-4。

表 6-4　　　　　　　　　主梁正截面承载力计算及配筋

截　　面	边跨跨中	B、C 支座	中 间 跨 中	
弯矩设计值/(N·mm)	470200000	−512660000	273530000	−122070000
$M - \dfrac{V_0 b}{2}$/(N·mm)	—	−467921000	—	—
b_f/h_0 (bh_0)	2500×640	300×620	2500×640	300×620
$\alpha_s = \dfrac{M}{\alpha_1 f_c b_f h_0^2}$	0.039	0.340	0.022	0.089
ξ	0.039	0.435	0.023	0.093
$A_s = \dfrac{\alpha_1 f_c b_f h_0 \xi}{f_y}$	2498	3215	1440	688
选配钢筋	6 Φ 25 (2945mm²)	2 Φ 22+6 Φ 25 (3705mm²)	4 Φ 22 (1520mm²)	2 Φ 22 (760mm²)

(5) 主梁斜截面承载力计算。

验算截面尺寸：$\dfrac{h_w}{b} = \dfrac{620-80}{300} = 1.8 < 4$

$$0.25\beta_c f_c bh_0 = 0.25 \times 1.0 \times 14.3 \times 300 \times 620$$
$$= 664.95(\text{kN}) > V_{bl} = 298.26\text{kN}$$

V_{bl} 为各截面最大剪力，故各跨截面尺寸均满足要求。不设弯筋，只设箍筋。

$$0.7 f_t bh_0 = 0.7 \times 1.43 \times 300 \times 620 = 186.19(\text{kN}) < V_{br} = 265.07\text{kN}$$

故各跨均需按计算配置箍筋。

AB 跨：取 $V = V_{bl} = 298.26\text{kN}$

$$\dfrac{nA_{sv1}}{S} = \dfrac{KV_{bl} - 0.7 f_t bh_0}{1.25 f_{yv} h_0} = \dfrac{1.2 \times 298.26 \times 10^3 - 186190}{1.25 \times 270 \times 620} = 0.821$$

选用 φ8 双肢箍，$nA_{sv1} = 2 \times 50.3 = 100.6(\text{mm}^2)$

$$S = \dfrac{100.6}{0.821} = 123$$

取 $S = 100\text{mm}$，则

$$\rho_{sv} = \dfrac{nA_{sv1}}{bs} = \dfrac{100.6}{300 \times 100} = 0.335\%$$

$$> \rho_{sv,\min} = 0.24 \dfrac{f_t}{f_{yv}} = 0.24 \times \dfrac{1.43}{210} = 0.163\%$$

BC 跨：取 $V = V_{bl} = 265.07\text{kN}$

$$\dfrac{nA_{sv1}}{s} = \dfrac{KV_{bl} - 0.7 f_t bh_0}{1.25 f_{yv} h_0} = \dfrac{1.2 \times 265.07 \times 10^3 - 186190}{1.25 \times 270 \times 620} = 0.630$$

选用 φ8 双肢箍，$nA_{sv1} = 2 \times 50.3 = 100.6(\text{mm}^2)$

$$S = \dfrac{100.6}{0.639} = 160(\text{mm})$$

取 $S = 100\text{mm}$，则

$$\rho_{sv} > \rho_{sv,\min}$$

(6) 主梁附加横向钢筋计算。次梁传来的集中荷载设计值为：

$$F = 71.51 + 158.4 = 229.91(\text{kN})$$

在次梁支撑处可配置附加横向钢筋的范围为：

$$h_1 = 700 - 450 = 250(\text{mm})$$

$$s = 2h_1 + 3b = 2 \times 250 + 3 \times 200 = 1100(\text{mm})$$

由附加箍筋和附加吊筋共同承担，设置 φ8 双肢箍共 6 道，$A_{sv1} = 50.3\text{mm}^2$

由 $KF \leqslant mA_{sv} f_{yv} + 2A_{sb} f_y \sin\alpha$

$$A_{sb} \geqslant \dfrac{F - mA_{sv} f_{yv}}{2 f_y \sin\alpha_s} = \dfrac{1.2 \times 229910 - 6 \times 2 \times 50.3 \times 270}{2 \times 360 \times 0.707} = 222(\text{mm}^2)$$

选用 2 ⌽14（$A_{sb} = 308\text{mm}^2$）

(7) 施工图。如图 6-23 所示，为节省篇幅，板配筋图、次梁和主梁配筋的平面表示法在同一图上表达，其中 A 表示在主梁上于次梁截面两侧各配置加密箍筋 $\phi 8$ 双肢箍 3 道，间距为 50mm，并设置 2 ⌀ 14 附加吊筋。

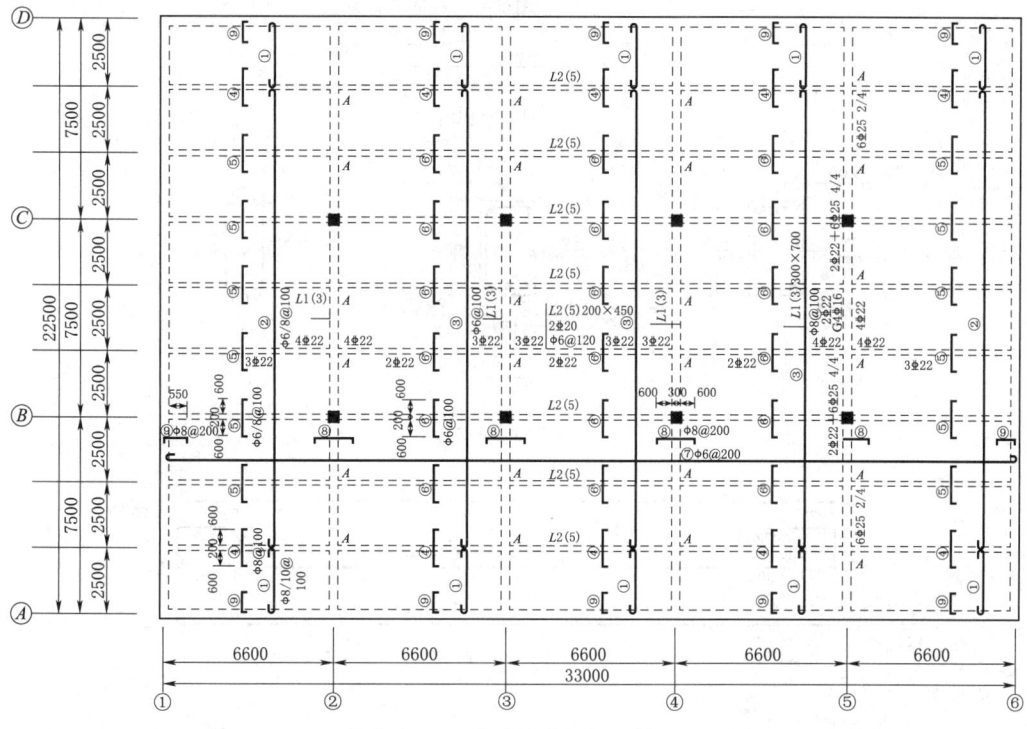

图 6-23 肋形楼盖板的配筋图

注：图中 L 代表梁；G 代表构造钢筋；L2（5）代表编号为 2 的梁，有 5 跨；
6C25 2/4 代表钢筋的布置方式为两排，上排 2 根，下排 4 根。

技能点二　钢筋混凝土梁板结构识图

一、钢筋混凝土结构图

钢筋混凝土结构图一般包括立面图、断面图和钢筋详图等，主要表达构件的形状、大小及钢筋配置情况，如图 6-24 所示。

钢筋混凝土梁板结构识图

通过识图，可以看出该构件的名称、绘图比例以及有关施工、材料等方面的技术要求，构件的外形和尺寸，构件中各号钢筋的位置、形状、尺寸、品种、直径和数量，各钢筋间的相对位置及钢筋骨架在构件中的位置。

识图时应注意：

（1）图线：构件外形轮廓线用细实线绘制；钢筋用粗实线绘制；钢筋的横断面用涂黑的圆点表示。绘制钢筋的粗实线和表示钢筋横断面的涂黑圆点没有线宽和大小的精确要求，即它们不表示钢筋直径的大小。

（2）尺寸标注：钢筋图上尺寸的注写形式与其他工程图相比有明显的特点。对于构件外形尺寸、构件轴线的定位尺寸、钢筋的定位尺寸等，采用普通的尺寸线标注方

201

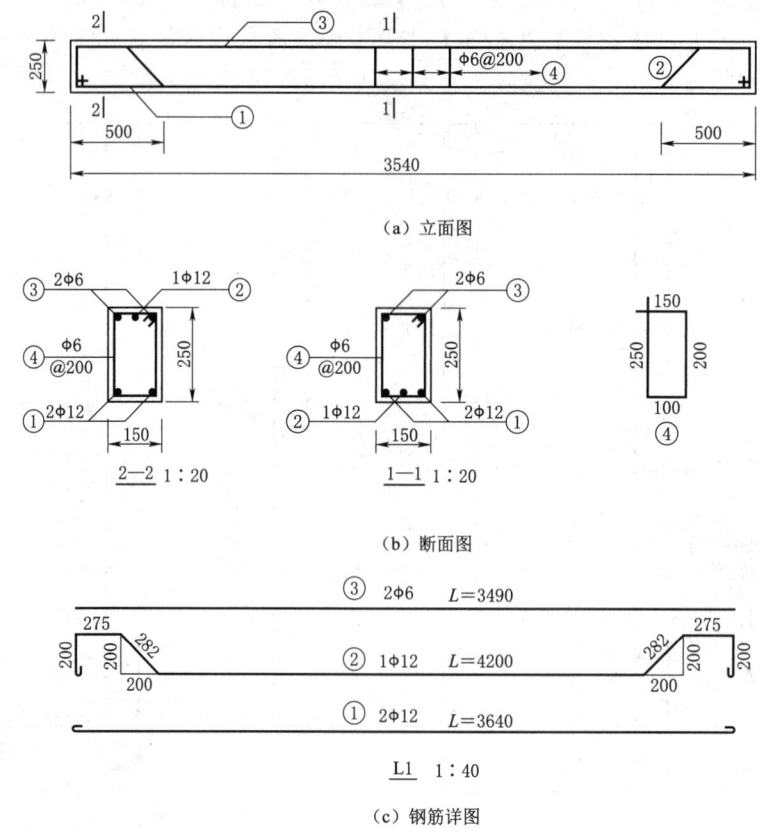

图 6-24 立面图、断面图和钢筋详图

式标注。

钢筋详图的分段长度直接顺着钢筋写在一旁,不画尺寸线;钢筋的弯起角度常按分量形式注写,注出水平及竖直方向的分量长度。

钢筋的数量、品种、直径以及均匀分布的钢筋间距等,通常与钢筋编号集中在一起在横断面图上用引出线标注。

钢筋尺寸以 mm 为单位,图中不需要再说明。

(3) 钢筋编号:构件内的各种钢筋应予以编号,以便于识别。编号采用阿拉伯数字,编号次序可按钢筋的直径大小和钢筋的主次来编写。写在直径为 6~8mm 的细实线圆圈中。

与钢筋代号写在一起的还有该号钢筋的直径以及在该构件中的根数或间距。例如 ④号钢筋是 HPB300,直径是 6mm,每 200mm 放置一根。其中"@"为等间距符号。

(4) 配筋表:为了便于编造施工预算,统计用料,在钢筋图上常画出钢筋表,表内注明构件的名称、钢筋规格、钢筋简图、直径、长度、数量、总数量、总长和总量等,如图 6-25 所示。

部位	编号	直径/mm	型式及尺寸/cm	单根长/cm	数量/根	总长/m	重量/kg	合计/kg
台帽	①	⌀12	565	577	6	34.62	30.74	52.74
台帽	②	φ8	35 ⎡55⎤	192	29	55.68	21.99	52.74
桥台挡块	③	⌀12	65	77	6	4.62	4.10	6.82
桥台挡块	④	φ8	25 ⎡55⎤	172	4	6.88	2.72	6.82

图 6-25 钢筋表

二、钢筋混凝土楼盖结构施工图

钢筋混凝土楼、屋盖施工图一般包括楼层结构平面图、屋盖结构平面图和钢筋混凝土构件详图。

楼层结构平面图是假想用一个紧贴楼面的水平面剖切后的水平投影图，主要用于表示每层楼（屋）面中的梁、板、柱、墙等承重构件的平面布置情况，现浇板还应反映板的配筋情况，预制板则应反映出板的类型、排列、数量等。

图 6-26 所示的单向板肋梁楼盖，主梁宽 25cm、高 55cm、间距 5.7m，次梁宽 15cm、高 40cm、间距 1.9m，柱宽 40cm、间距 5.7m，墙厚 25cm。

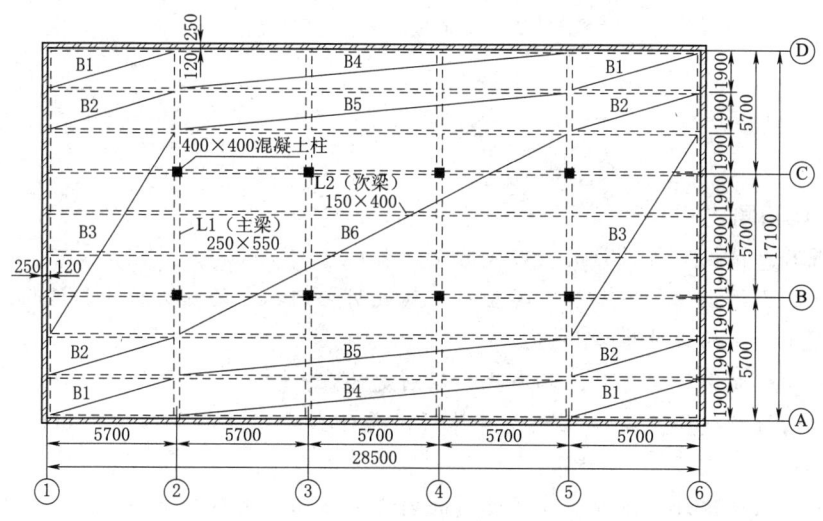

图 6-26 单向板肋梁楼盖平面布置图

结构构件的尺寸和配筋等信息，可直接表达在各类构件的结构平面布置图上，这就改变了传统的那种将构件从结构平面布置图中索引出来，再逐个绘制配筋详图的烦琐方法。

钢筋混凝土板配筋图通常在平面图中表示。图 6-27 所示的现浇钢筋混凝土单向板肋梁楼盖，便仅用了一个配筋平面图来表达。图中①、②、③、④、⑩号钢筋是两

203

端带有向上弯起的半圆弯钩的Ⅰ级钢筋，位于板的下层，①、②、③、④号钢筋直径8mm，间距分别为150mm、170mm、180mm、200mm；⑩号钢筋直径6mm，间距250mm（平面图上弯向上方或左方表示钢筋位于底层）。

⑤～⑨号钢筋是支座处的构造筋，直径8mm，间距为170mm或200mm；布置在板的上层，90°直钩向下弯（平面图上弯向下方或右方表示钢筋位于顶层）。

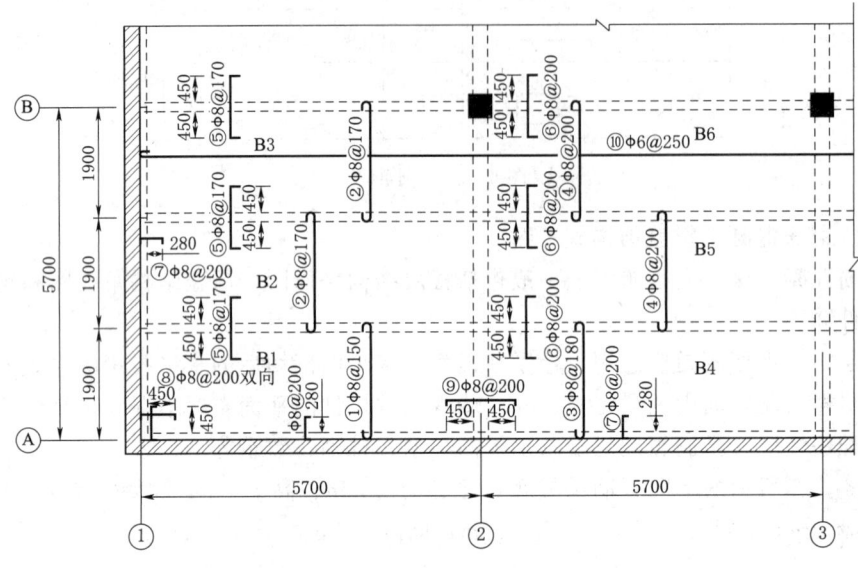

钢筋混凝土梁板结构设计小结

钢筋混凝土梁板结构设计小测

知识拓展

结构倒塌案例

图 6-27 单向板肋梁楼盖配筋图

习　题

一、问答题

1. 混凝土梁板结构设计的一般步骤是什么？
2. 混凝土梁板结构有哪几种类型？分别说明它们各自的受力特点和适用范围。
3. 现浇楼盖的设计步骤如何？
4. 单向板肋梁楼盖进行结构布置的原则是什么？
5. 单向板肋梁楼盖按弹性理论计算时，为什么要考虑折算荷载，如何计算折算荷载？
6. 按弹性理论计算单向板肋梁楼盖的内力时，如何进行荷载的最不利组合？
7. 现浇梁板结构中单向板和双向板是如何划分的？
8. 什么叫塑性铰？混凝土结构中的"塑性铰"与结构力学中的"理想铰"有何异同？
9. 什么叫塑性内力重分布？"塑性铰"与"塑性内力重分布"有何关系？
10. 按弹性理论计算连续梁的内力时需要考虑支座宽度的影响吗？支座边缘处的内力如何计算？

11. 板、次梁、主梁设计的配筋，它们各有哪些受力钢筋？哪些构造钢筋？这些钢筋在构件中各起了什么作用？

12. 在主次梁交接处，主梁中为什么要设置吊筋或附加箍筋？

13. 什么叫内力包络图？为什么要作内力包络图？

项目七 水电站厂房及刚架结构设计

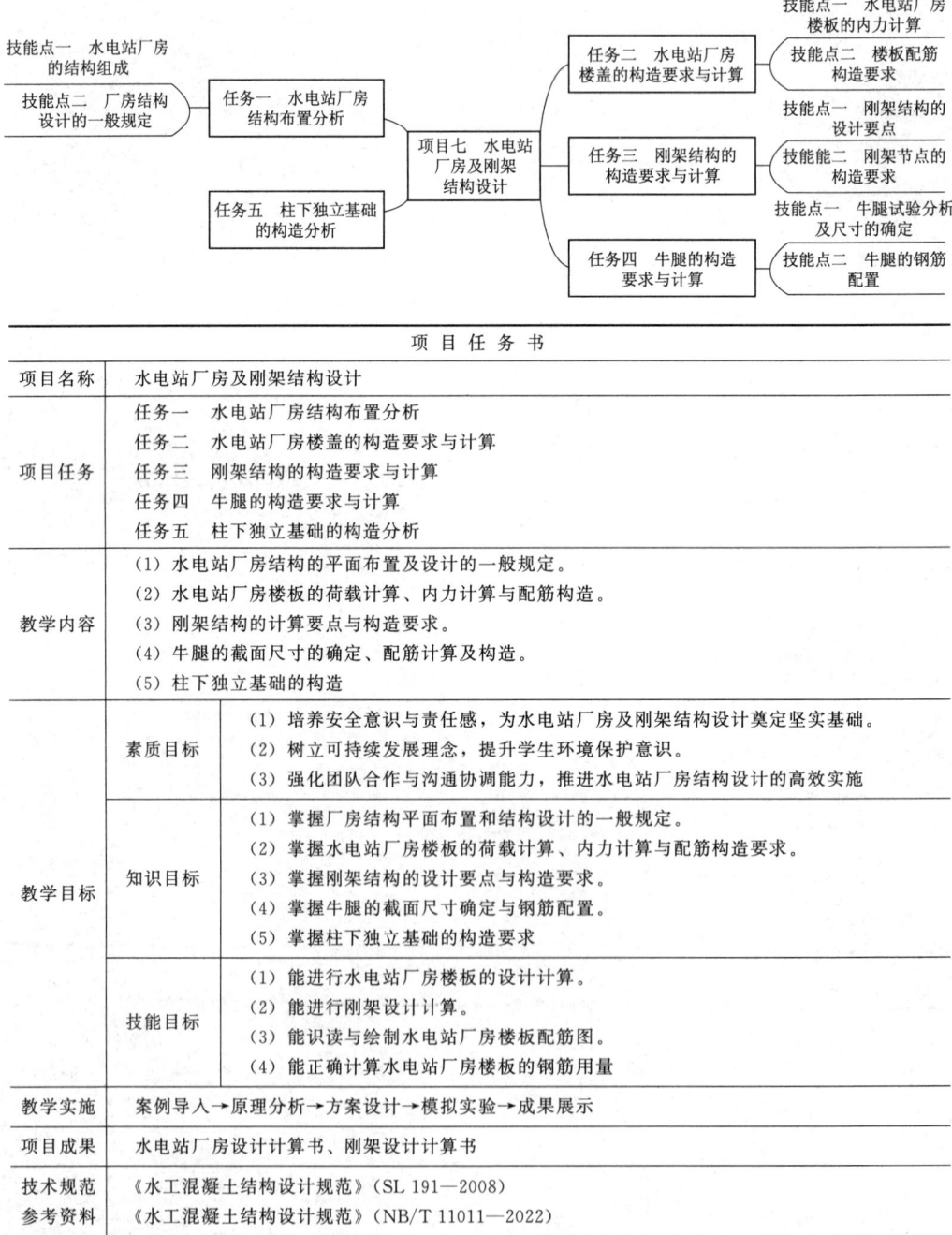

项目任务书		
项目名称	水电站厂房及刚架结构设计	
项目任务	任务一 水电站厂房结构布置分析 任务二 水电站厂房楼盖的构造要求与计算 任务三 刚架结构的构造要求与计算 任务四 牛腿的构造要求与计算 任务五 柱下独立基础的构造分析	
教学内容	(1) 水电站厂房结构的平面布置及设计的一般规定。 (2) 水电站厂房楼板的荷载计算、内力计算与配筋构造。 (3) 刚架结构的计算要点与构造要求。 (4) 牛腿的截面尺寸的确定、配筋计算及构造。 (5) 柱下独立基础的构造	
教学目标	素质目标	(1) 培养安全意识与责任感,为水电站厂房及刚架结构设计奠定坚实基础。 (2) 树立可持续发展理念,提升学生环境保护意识。 (3) 强化团队合作与沟通协调能力,推进水电站厂房结构设计的高效实施
	知识目标	(1) 掌握厂房结构平面布置和结构设计的一般规定。 (2) 掌握水电站厂房楼板的荷载计算、内力计算与配筋构造要求。 (3) 掌握刚架结构的设计要点与构造要求。 (4) 掌握牛腿的截面尺寸确定与钢筋配置。 (5) 掌握柱下独立基础的构造要求
	技能目标	(1) 能进行水电站厂房楼板的设计计算。 (2) 能进行刚架设计计算。 (3) 能识读与绘制水电站厂房楼板配筋图。 (4) 能正确计算水电站厂房楼板的钢筋用量
教学实施	案例导入→原理分析→方案设计→模拟实验→成果展示	
项目成果	水电站厂房设计计算书、刚架设计计算书	
技术规范 参考资料	《水工混凝土结构设计规范》(SL 191—2008) 《水工混凝土结构设计规范》(NB/T 11011—2022)	

任务一　水电站厂房结构布置分析

想一想20

素质目标	(1) 培养严谨科学的态度与认真务实的作风，提高梁板结构设计精度。 (2) 激发自主学习与创新能力，提高楼盖结构的设计理解水平。 (3) 强化团队合作与沟通协调能力，推进梁板结构设计任务的高效实施
知识目标	(1) 了解厂房的组成。 (2) 掌握厂房结构平面布置和结构设计的一般规定
技能目标	(1) 能准确描述厂房结构的构造要求。 (2) 能正确识读厂房结构平面布置图

水电站厂房布置

技能点一　水电站厂房的结构组成

水电站主厂房主要由屋面梁板结构、楼面梁板结构、带牛腿柱、吊车与吊车梁、发电机组、水轮机组等组成。示意简图如图 7-1 所示。

一、厂房结构平面布置

厂房结构平面布置的原则是：满足使用要求，技术经济合理，方便施工。在板、次梁、主梁、柱的梁格布置中，柱距决定了主梁的跨度，主梁的间距决定了次梁的跨度，次梁的间距决定了板的跨度，板跨直接影响板厚，而板厚的增加对材料用量影响较大。根据工程经验，一般建筑中较为合理的板、梁跨度为：板跨 1.5～2.7m，次梁跨度 4～6m，主梁跨度 5～8m。对于有特殊使用要求的梁板结构，必须根据使用的需要布置梁格，图 7-2 为某水电站厂房的平面布置，柱子的间距除满足机组布置外，还要留出孔洞安装机电设备及管道线路，布置不规则。

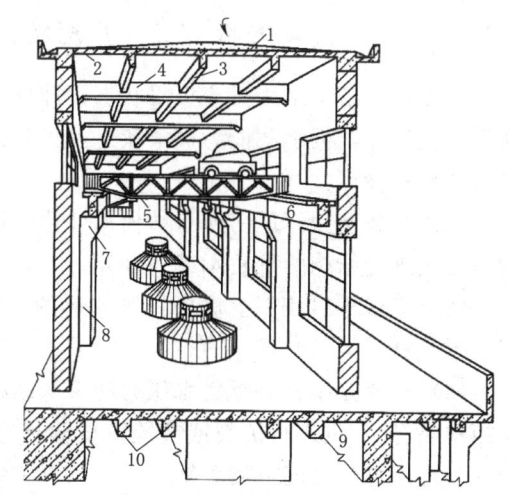

图 7-1　水电站主厂房
1—屋面构造；2—屋面板；3—纵梁；4—横梁；5—吊车；
6—吊车梁；7—牛腿；8—柱；9—楼板；10—纵梁

水电站厂房结构图

二、厂房中板、梁的尺寸构造要求

连续板、梁的截面尺寸可按高跨比关系和刚度要求确定。

（一）连续板

一般要求单向板厚 $h \geqslant l/40$，双向板厚 $h \geqslant l/50$。在水工建筑物中，由于板在工程中所处部位及受力条件不同，板厚 h 可在相当大的范围内变化。一般薄板厚度大于 100mm，特殊情况下适当加厚。

（二）次梁

一般梁高 $h \geqslant l/20$（简支）或 $h \geqslant l/25$（连续），梁宽 $b = (1/3 \sim 1/2)h$。

（三）主梁

一般梁高 $h \geqslant l/12$（简支）或 $h \geqslant l/15$（连续），梁宽 $b = (1/3 \sim 1/2)h$。

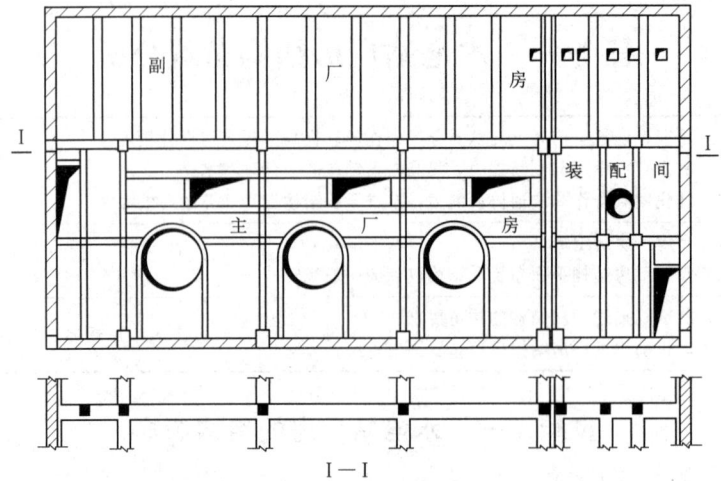

图 7-2 某水电站厂房的平面布置

技能点二　厂房结构设计的一般规定

地面厂房结构采用概率极限状态设计原则，以分项系数设计表达式进行设计。厂房结构设计应根据承载能力极限状态及正常使用极限状态的要求，分别按照下列规定进行计算和验算：

(1) 承载能力：厂房所有结构构件均应进行承载能力计算；对需要抗震设防的结构，尚应进行结构的抗震承载力计算。

(2) 变形：对使用上需要控制变形的结构构件（如吊车梁、厂房构架等），应进行变形验算。

(3) 裂缝控制：对承受水压力的下部结构构件（如钢筋混凝土蜗壳、闸墩、胸墙及挡水墙等），应进行抗裂或裂缝宽度验算；对使用上需要限制裂缝宽度的上部结构构件，也应进行裂缝宽度验算。

(4) 厂房结构设计时，应根据水工建筑物的级别，采用不同的水工建筑物安全级别，结构安全级别及对应的结构重要性系数 γ_0 可按表 7-1 的规定采用。

表 7-1　水工建筑物结构安全级别及结构重要性系数表（NB/T 11011—2022）

水工建筑物级别	结构及结构构件安全级别	结构重要性系数
1	Ⅰ	1.1
2、3	Ⅱ	1.0
4、5	Ⅲ	0.9

注　地震状况下的结构重要性系数 γ_0 不应小于 1.0。

(5) 厂房结构应根据在施工、安装、运行、检修等不同时期可能出现的不同作用、结构体系和环境条件，按照持久状况、短暂状况、偶然状况 3 种设计状况设计。3 种设计状况均应按承载能力极限状态进行设计。对持久状况尚应进行正常使用极限状态设计；对短暂状况可根据需要进行正常使用极限状态设计；对偶然状况可不进行正常使用极限状态设计。对应持久状况、短暂状况和偶然状况的设计状况系数 ψ 分别按 1.0、0.9、0.8 取值。

（6）在进行厂房结构构件的承载能力计算时，应分别考虑荷载效应的基本组合和偶然组合；在进行正常使用极限状态验算时，应按荷载效应的标准组合。

（7）混凝土强度等级：水电站厂房各部位混凝土除应满足强度要求外，还应根据所处环境条件、使用条件、地区气候等具体情况分别提出满足抗渗、抗冻、抗侵蚀、抗冲刷等相应耐久性要求。混凝土强度等级不宜低于相关规定；其他耐久性等级按《水工混凝土结构设计规范》（NB/T 11011—2022）和《水工建筑物抗冰冻设计规范》（SL 211—2006）、《水工建筑物抗冰冻设计规范》（GB/T 50662—2011）、《水工建筑物抗冰冻设计规范》（NB/T 35024—2014）中的相关规定采用。

（8）厂房结构的一般构件可只做静力计算；但对直接承受设备振动荷载的构件（如发电机支承结构等），还应进行动力计算；一般结构可按结构力学法计算，对于复杂结构，除用结构力学法计算外，宜采用有限元法进行计算分析，必要时可采用结构模型试验验证。

任务二　水电站厂房楼盖的构造要求与计算

素质目标	（1）强化工程伦理观念，确保在设计过程中始终遵循道德规范和法律法规。 （2）培养大国工匠精神，培养严谨细致的工作态度。 （3）激发科技报国的家国情怀和使命担当
知识目标	（1）理解水电站厂房的配筋构造要求。 （2）掌握水电站厂房楼板的荷载与内力计算方法
技能目标	（1）能准确描述厂房配筋构造要求。 （2）能正确完成水电站厂房的内力计算和配筋设计

技能点一　水电站厂房楼板的内力计算

一、荷载效应分析

作用在厂房楼面上的荷载有三类：第一类是结构自重（包括面层、装修等的重量），其数值可以按材料容重和结构尺寸计算，这类荷载为永久荷载（恒载）；第二类是机电设备重量，当设备一经安装后，其位置不再改变，但其重量因生产工艺和材料的原因往往有一定的误差，因此，在设计时，这类荷载一般可以按可变荷载（活荷载）考虑；第三类是活荷载，包括检修时放在楼板上的工具，设备附件和人群荷载等，应视具体情况而定。

主厂房安装间、发电机层、水轮机层各层楼面，在机组安装、运行和检修期间，由设备堆放、部件组装、搬运等引起的楼面局部荷载及集中荷载，均应按实际情况考虑。对于大型水电站，可以按设备部件的实际堆放位置分区确定各区间的荷载值。

安装间的楼面活荷载主要是机组安装检修时堆放大件的重量。由于设备底部总有枕木、垫块等支垫，考虑荷载扩散作用后，活荷载一般按均布荷载考虑，设计时可以按经验公式估算：

$$q_k = (0.07 \sim 0.10) G_k \tag{7-1}$$

式中 q_k——安装间楼面均布活荷载标准值；

G_k——安装间需堆放的最大部件重力，一般是发电机转子连轴重力。

式（7-1）中较小的系数适用于大容量、低转速的机组。

发电机层楼面在检修时只堆放一些小件或零部件，楼面活荷载可以取（0.25～0.5）q_k。当缺乏资料时，主厂房各层楼面的均布活荷载可以按表7-2取用。

表7-2　　　　　　　　主厂房各层楼面均布活荷载标准值

序号	楼层名称	标准值/(kN/m²)		
		300>P≥100	100>P≥50	50>P≥5
1	安装间	160～140	140～60	60～30
2	发电机层	50～40	40～20	20～10
3	水轮机层	30～20	20～10	10～6

注　P为单机容量（MW），当$P \geq 300$MW时，均布荷载值可以视实际情况酌情增大。

在设计楼面的主梁、墙、柱和基础时，应将楼面活荷载标准值乘以0.8～0.85的折减系数。

当考虑搬运、装卸重物，车辆行驶和设备运转对楼面板和梁的动力作用时，应将活荷载乘以动力系数，动力系数可以为1.1～1.2。

一般情况下，楼面活荷载的作用分项系数可以采用1.2；对于安装间及发电机层楼面，当堆放设备的位置在安装、检修期间有严格控制并加放垫木时，其作用分项系数可以采用1.05。

二、楼板的内力计算

水电站主厂房楼面具有荷载大、孔洞多、结构布置不规则等特点，内力计算比一般肋形梁板结构复杂得多。实际工程设计中往往采用近似计算方法，下面对其要点予以介绍。

（1）发电机层楼面由于有动荷载作用，又经常处于振动状态，对裂缝宽度有严格的限制，因此，应按弹性方法计算内力。

（2）根据楼面的结构布置情况，将整个楼面划分为若干个区域，每一区域内选择有代表性跨度的板块按单向板或双向板计算其内力，同一区域内相应截面的配筋量取为相同。对于三角形板块，当板的两条直角边长之比小于2时，也是一双向板。计算时可以将三角形双向板简化为矩形双向板，两个方向的计算跨度取为各自边长的2/3，如图7-3所示。

对于楼板只计算弯矩，不计算剪力。

（3）楼面结构在厂房四周和中部，以上、下游底墙、机墩或风罩、柱子等作为支承构件，按以下条件考虑边界条件：

1）当楼面结构搁置在支承构件上（如板、梁搁置在砖墙或牛腿上）时，板或梁按简支端考虑。

2）当楼板或梁与支承构件刚接，且支承构件的线刚度$\left(\dfrac{EI}{l}\right)$大于楼板或梁的线刚

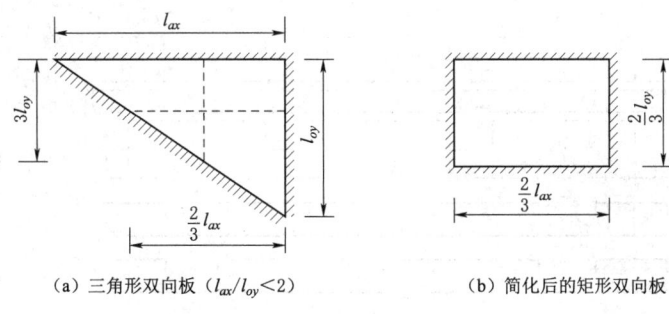

图 7-3 三角形双向板的简化

度的 4 倍时，按固定端考虑。

3) 当为弹性支承（即介于以上两者之间）时，可以先将弹性支承端视为简支端，计算出边跨跨中弯矩 M_0，而边跨跨中和弹性端支座处均按 $0.7M_0$ 配置钢筋，或边跨跨中按 M_0 配筋，弹性支座处钢筋取边跨跨中钢筋的一半。

（4）对于多跨连续板，可以不考虑活荷载的最不利布置，一律按满布荷载计算板块跨中和支座截面的内力。

（5）当板的中间支座两侧为不同的板块时，支座弯矩近似取两侧板块支座弯矩的平均值。

水电站主厂房楼面梁承受板传来的荷载的确定方法和内力计算与项目六中一般梁板结构相同。

随堂测

技能点二　楼板配筋构造要求

水电站厂房梁板结构的配筋计算和构造要求与项目六中一般梁板结构基本相同。这里仅就几个特殊的构造问题加以说明。

一、不等跨单向板的配筋

不等跨连续单向板当跨度相差不大于 20% 时，受力钢筋可以参考图 7-4 确定。配筋形式有弯起式和分离式两种。

当 $\gamma_Q q_K \leqslant \gamma_G g_k$ 时，图 7-4 中 $a = \dfrac{l_n}{4}$；当 $\gamma_Q q_K > \gamma_G g_k$ 时，图 7-4 中 $a = \dfrac{l_n}{3}$。

图 7-4（a）中当板厚 $h < 120\text{mm}$ 时，弯起钢筋的弯起角可以为 $30°$；当 $h \geqslant$

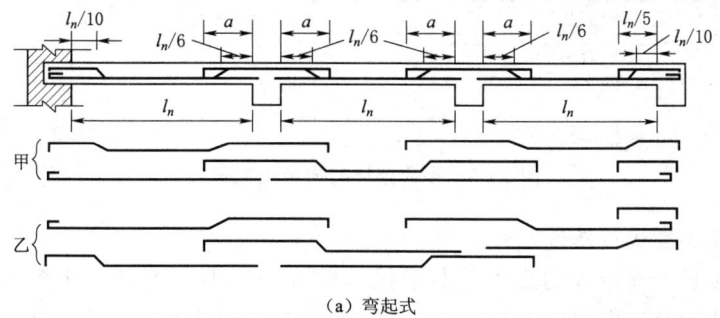

(a) 弯起式

图 7-4（一）　不等跨连续单向板配筋形式

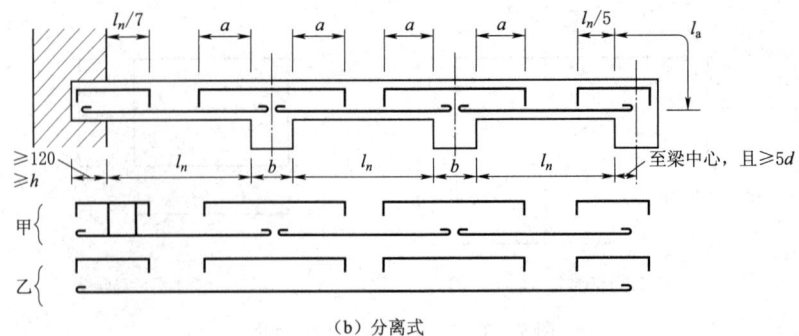

(b) 分离式

图 7-4（二）　不等跨连续单向板配筋形式

120mm 时，可以为 45°。

对于下部受力钢筋，一般情况下可以根据钢筋的实际长度，采用逐跨配筋 [如图 7-4（a）中的乙] 或连通配筋 [如图 7-4（a）中的甲] 所示。当混凝土板和板下支承的钢梁按钢-混凝土组合结构设计时，应采用图 7-4（a）中的甲所示的连通配筋形式。

在板跨较短的区域，常将上、下钢筋连通而不予切断，以简化施工。

当板的跨度相差大于 20% 时，图 7-4 中上部受力钢筋伸过支座边缘的长度 a 仍应按弯矩图形确定。

单向板中的构造钢筋应按项目六中的要求配置。

二、双向板的配筋

多跨连续双向板的配筋形式如图 7-5 所示。对单跨及多跨连续双向板的边支座配筋，可以按单向板的边支座钢筋形式配置。

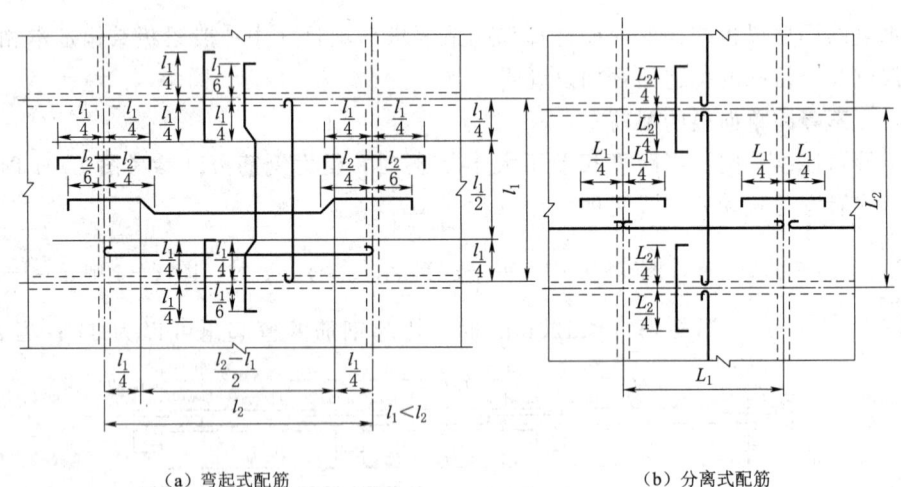

(a) 弯起式配筋　　　　　　　　(b) 分离式配筋

图 7-5　多跨连续双向板配筋形式

三、板上小型设备基础

当厂房楼板上有较大的集中荷载或振动较大的小型设备时，其基础应放置在梁上。设备荷载的分布面积较小时可以设单梁，分布面积较大时应设双梁。

一般情况下，设备基础宜与楼板同时浇筑。当因施工条件限制需要二次浇筑时，应将设备基础范围内的板面做成毛面，洗刷干净后再行浇捣。当设备振动较大时，应按图7-6在楼板与小型设备基础之间配置连接钢筋。

四、板上开洞处理

对开有孔洞的楼板，当荷载垂直于板面时，除应验算板的承载力外，还需对洞口周边按以下方式进行构造处理：

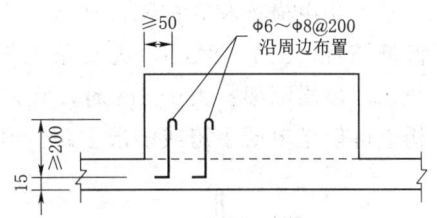

图7-6 楼板与小型设备基础之间的连接

水电站厂房楼板开洞处理

(1) 当 b 或 d（b 为垂直于板的受力钢筋方向的孔洞宽度，d 为圆孔直径）小于300mm并小于板宽的1/3时，可以不设附加钢筋，只将受力钢筋间距作适当调整，或将受力钢筋绕过孔洞周边，不予切断。

(2) 当 b 或 d 大于300mm但小于1000mm时，应在洞边每侧配置附加钢筋，每侧的附加钢筋截面面积不应小于洞口宽度内被切断的钢筋截面面积的1/2，且不少于2根直径为10mm的钢筋；当板厚大于200mm时，宜在板的顶部、底部均配置附加钢筋。

(3) 当 b 或 d 大于1000mm时，除按上述规定配置附加钢筋外，在矩形孔洞四角尚应配置45°方向的构造钢筋，如图7-7（a）所示；在圆孔周边尚应配置不少于2根直径为10mm的环向钢筋，搭接长度为30d（此处 d 为钢筋直径），并设置直径不小于8mm、间距不大于300mm的放射形径向钢筋，如图7-7（b）所示。

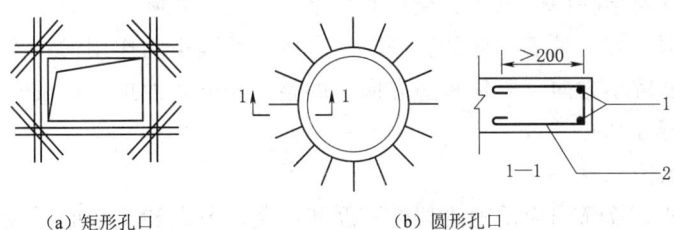

(a) 矩形孔口　　　　(b) 圆形孔口

图7-7 边长大于1000mm的孔口周边的构造钢筋
1—环筋；2—放射形筋

(4) 当 b 或 d 大于1000mm并在孔洞附近有较大的集中荷载作用时，宜在洞边加设肋梁。当 b 或 d 大于1000mm而板厚小于0.3b 或 0.3d 时，也宜在洞边加设肋梁；当板厚大于300mm时，宜在洞边加设暗梁或肋梁。

随堂测

任务三　刚架结构的构造要求与计算

素质目标	(1) 培养社会责任感，强调工程安全的社会价值，强化职业道德。 (2) 弘扬工匠精神，培养严谨细致的工作态度。 (3) 培养学生的环保意识，强调可持续发展观念
知识目标	(1) 了解刚架结构设计要点。 (2) 熟悉刚架结构节点构造
技能目标	(1) 能正确绘制平面刚架的计算简图。 (2) 能准确描述刚架结构节点构造要点

想一想22

刚架结构的设计要点与构造要求

刚架是由横梁和立柱刚性连接（刚结点）所组成的承重结构。图 7-8（a）为支承渡槽槽身，图 7-8（b）为支承工作桥桥面的承重刚架。当刚架高度小于 5m 时，一般采用单层刚架；大于 5m 时，宜采用双层刚架或多层刚架。根据使用要求，刚架结构也可以是单层多跨或多层多跨。刚架结构通常也称为框架结构。

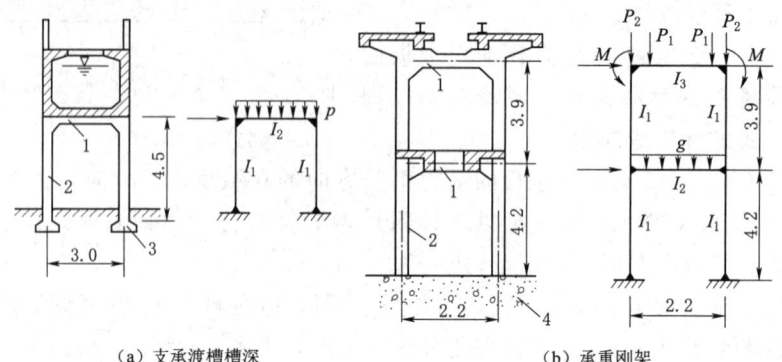

(a) 支承渡槽槽深　　　　　(b) 承重刚架

图 7-8　刚架结构实例
1—横梁；2—柱；3—基础；4—闸墩

刚架结构

技能点一　刚架结构的设计要点

在整体式刚架结构中，纵梁、横梁和柱整体相连，实际上构成了空间结构。因为结构的刚度在两个方向是不一样的，同时，考虑到结构空间作用的计算较复杂，所以一般是忽略刚度较小方向（立柱短边方向）的整体影响，而把结构偏安全地当作一系列平面刚架进行计算。

一、计算简图

平面刚架的计算简图应反映刚架的跨度和高度，节点和支承的形式，各构件的截面惯性矩以及荷载的形式、数值和作用位置。

图 7-8（b）中绘出了工作桥承重刚架的计算简图。刚架的轴线采用构件截面重心的连线，立柱和横梁的连接均为刚性连接，柱子与闸墩整体浇筑，故也可看作固定端支承。荷载的形式、数值和作用位置可根据实际情况确定。刚架中横梁的自重是均布荷载，如果上部结构传下的荷载主要是集中荷载，为了计算方便，也可将横梁自重转化为集中荷载处理。

刚架是超静定结构，在内力计算时要用到截面的惯性矩，确定自重时也需要知道截面尺寸。因此，在进行内力计算之前，必须先假定构件的截面尺寸。内力计算后，若有必要再加以修正，一般只有当各杆件的相对惯性矩的变化（较初设尺寸的惯性矩）超过 3 倍时才需重新计算内力。

如果刚架横梁两端设有支托，但其支座截面和跨中截面的高度之比 $h_c/h<1.6$，或截面惯性矩的比值 $I_c/I<4$ 时，可不考虑支托的影响，而按等截面横梁刚度来计算。

二、内力计算

刚架内力可按结构力学方法计算。对于工程中的一些常用刚架，可以利用现有的计算公式或图表，也可以采用计算机软件计算。

三、截面设计

（1）根据内力计算所得内力（M、V、N），按最不利情况组合后，即可进行承载力计算，以确定截面尺寸和配置钢筋。

（2）刚架中横梁的轴向力一般很小，可以忽略不计，按受弯构件进行配筋计算。当轴向力不能忽略时，应按偏心受拉或偏心受压构件进行计算。

（3）刚架立柱中的内力主要是弯矩 M 和轴向力 N，可按偏心受压构件进行计算。在不同的荷载组合下，同一截面可能出现不同的内力，故应按可能出现的最不利荷载组合进行计算。

随堂测

技能点二　刚架节点的构造要求

一、节点贴角的构造要求

横梁和立柱的连接会产生应力集中，其交接处的应力分布与内折角的形状有很大关系。内折角越平缓，应力集中越小，如图 7-9 所示。设计时，若转角处的弯矩不大，可将转角做成直角或加一个不大的填角；若弯矩较大，则应将内折角做成斜坡状的支托，如图 7-9 所示。

转角处有支托时，横梁底面和立柱内侧的钢筋不能内折，而应沿斜面另加直钢筋，如图 7-10 所示。另加的直钢筋沿支托表面放置，其数量不少于 4 根，直径与横梁沿梁底面伸入节点内的钢筋直径相同。

刚架节点贴角的构造要求

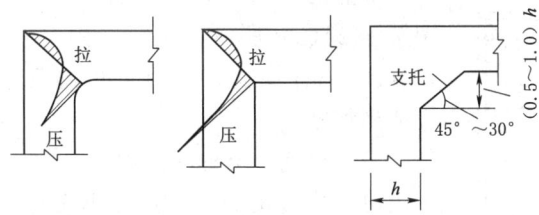

图 7-9　刚节点应力集中与支托

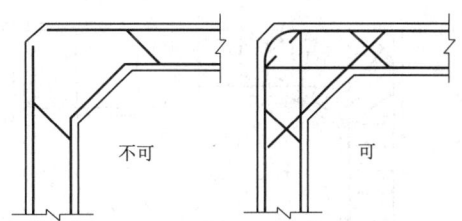

图 7-10　支托的钢筋布置

二、顶层端节点的构造要求

图 7-11 为常用的刚架顶端节点的钢筋布置：刚架顶层端节点处，可将柱外侧纵向钢筋的相应部分弯入梁内作梁的上部纵向钢筋使用，也可将梁上部纵向钢筋与柱外侧纵向钢筋在顶层端节点及其附近部位搭接。搭接可采用下列方式。

刚架顶层端节点的构造要求

（1）搭接接头可沿顶层端节点外侧及梁端顶部布置［图 7-11（a）］，搭接长度不应小于 $1.5l_a$，其中，伸入梁内的外侧柱纵向钢筋截面面积不宜小于外侧柱纵向钢筋全部截面的 65%；梁宽范围以外的外侧柱纵向钢筋宜沿节点顶部伸至柱内边，当柱纵向钢筋位于柱顶第一层时，至柱内边后宜向下弯折不小于 $8d$ 后截断；当柱纵向钢筋位于柱顶第二层时，可不向下弯折。当有现浇板且板厚不小于 80mm、混凝土强度等级不低于 C20 时，梁宽范围以外的外侧柱纵向钢筋可伸入现浇板内，其长度与伸入梁内的柱纵向钢筋相同。当外侧柱纵向钢筋配筋率大于 1.2% 时，伸入梁内的柱纵向钢筋应满足以上规定，且宜分两批截断，其截断点之间的距离不宜小于 $20d$。梁上部纵向钢筋应伸至节点外侧并向下弯至梁下边缘高度后截断。此处，d 为柱外侧纵向钢筋的直径。

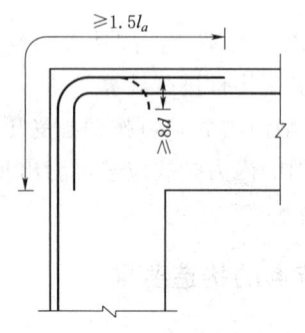 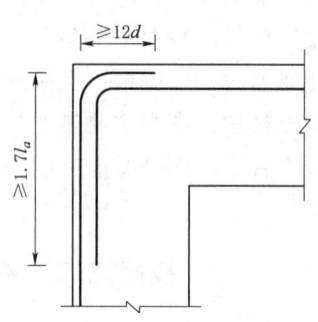

(a) 位于节点外侧和梁端顶部的弯折搭接接头　　(b) 位于柱顶部外侧的直线搭接接头

图 7-11　梁上部纵向顶部与柱外侧纵向钢筋在顶层端节点的搭接

(2) 搭接接头也可沿柱顶外侧布置 [图 7-11 (b)]，此时，搭接长度竖直段不应小于 $1.7l_a$。当梁上部纵向钢筋的配筋率大于 1.2% 时，弯入柱外侧的梁上部纵向钢筋应满足以上规定的搭接长度，且宜分两批截断，其截断点之间的距离不宜小于 $20d$（d 为梁上部纵向钢筋的直径）。柱外侧纵向钢筋伸至柱顶后宜向节点内水平弯折，弯折段的水平投影长度不宜小于 $12d$（d 为柱外侧纵向钢筋的直径）。

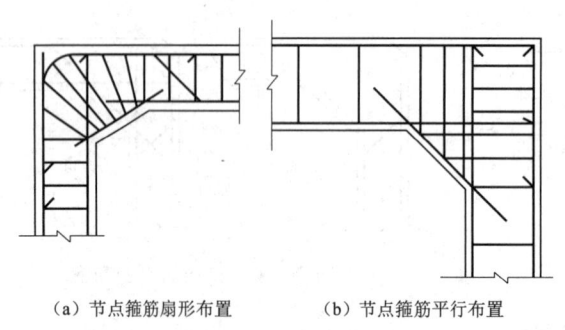

(a) 节点箍筋扇形布置　　(b) 节点箍筋平行布置

图 7-12　节点箍筋的布置

节点的箍筋可布置成扇形，如图 7-12 (a) 所示；也可如图 7-12 (b) 那样布置。节点处的箍筋应适当加密。

三、中间节点的构造要求

(1) 连续梁中间支座或框架梁中间节点处的上部纵向钢筋应贯穿支座或节点，且自节点或支座边缘伸向跨中的截断位置应符合项目六的规定。

(2) 下部纵向钢筋应伸入支座或节点，当计算中不利用该钢筋的强度时，其伸入长度应符合项目二中 $KV>V_c$ 时的规定。

(3) 当计算中充分利用钢筋的抗拉强度时，下部钢筋在支座或节点内可采用直线锚固形式 [图 7-13 (a)]，伸入支座或节点内的长度不应小于受拉钢筋锚固长度 l_a；下部纵向钢筋也可采用带 90°弯折的锚固形式 [图 7-13 (b)]；或伸过支座（节点）范围，并在梁中弯矩较小处设置搭接接头 [图 7-13 (c)]。

(4) 当计算中充分利用钢筋的抗压强度时，下部纵向钢筋应按受压钢筋锚固在中间节点或中间支座内，此时，其直线锚固长度不应小于 0.7。下部纵向钢筋也可伸过节点或支座范围，并在梁中弯矩较小处设置搭接接头。

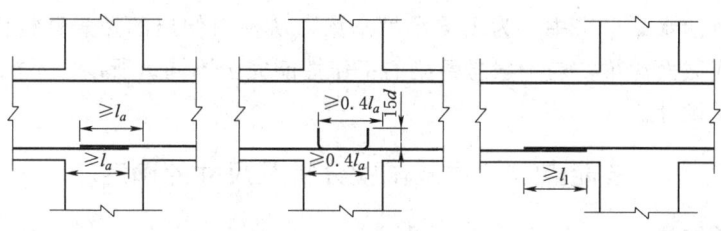

(a) 节点中的直线锚固　　(b) 节点中的弯折锚固　　(c) 节点或支座范围外的搭接

图 7-13　梁下部纵向钢筋在中间节点或中间支座范围的锚固与搭接

四、中间层端节点的构造要求

图 7-14 表示刚架中间层边节点的钢筋布置。

（1）框架中间层端节点处，上部纵向钢筋在节点内的锚固长度不小于 l_a，并应伸过节点中心线。当钢筋在节点内的水平锚固长度不够时，应伸至对面柱边后再向下弯折，经弯折后的水平投影长度不应小于 $0.4l_a$，垂直投影长度不应小于 $15d$（图 7-14）。此处，d 为纵向钢筋直径。

当在纵向钢筋的弯弧内侧中点处设置一根直径不小于该纵向钢筋直径且不小于 25mm 的横向插筋时，纵筋弯折前的水平投影长度可乘以折减系数 0.85，插筋长度应取为梁截面宽度。

图 7-14　刚架中间层边节点钢筋布置

（2）下部纵向钢筋伸入端节点的长度要求与伸入中间节点的相同。

五、刚架柱的构造要求

（1）框架柱的纵向钢筋应贯穿中间层中间节点和中间层端节点，柱纵向钢筋接头应设在节点区以外。

（2）顶层中间节点的柱纵向钢筋及顶层端节点的内侧柱纵向钢筋可用直线方式锚入顶层节点，其自梁底标高算起的锚固长度不应小于规定的锚固长度 l_a，且柱纵向钢筋必须伸至柱顶。当顶层节点处梁截面高度不足时，柱纵向钢筋应伸至柱顶并向节点内水平弯折。当充分利用其抗拉强度时，柱纵向钢筋锚固段弯折前的竖直投影长度不应小于 $0.5l_a$，弯折后的水平投影长度不宜小于 $12d$。当柱顶有现浇板且板厚不小于 80mm、混凝土强度等级不低于 C20 时，柱纵向钢筋也可向外弯折，弯折后的水平投影长度不宜小于 $12d$。此处，d 为纵向钢筋的直径。

随堂测

（3）当钢筋直径 $d\leqslant 25\text{mm}$ 时，梁上部纵向钢筋与柱外侧纵向钢筋在节点角部的弯弧内半径不宜小于 $6d$；当钢筋直径 $d>25\text{mm}$ 时，不宜小于 $8d$。

任务四　牛腿的构造要求与计算

想一想 23

素质目标	（1）培养社会责任感，强调工程安全的社会价值，强化职业道德。 （2）强化团队合作意识，培养集体荣誉感，促进团队合作。 （3）激发创新思维，提升解决问题的能力
知识目标	（1）了解牛腿的设计要点。 （2）熟悉牛腿的构造要求
技能目标	能正确识读牛腿钢筋图

水电站或抽水站厂房中，为了支承吊车梁，从柱内伸出的短悬臂构件俗称牛腿。牛腿是一个变截面深梁，与一般悬臂梁的工作性能完全不同。所以，不能把它当作一个短悬臂梁来设计。

技能点一　牛腿试验分析及尺寸的确定

一、试验结果

牛腿的计算及构造

牛腿的破坏试验及配筋

试验表明，当仅有竖向荷载作用时，裂缝最先出现在牛腿顶面与上柱相交的部位（图 7-15 中的裂缝①）。随着荷载的增大，在加载板内侧出现第二条裂缝（图 7-15 中的裂缝②），当这条裂缝发展到与下柱相交时，就不再向柱内延伸。在裂缝②的外侧，形成明显的压力带。当在压力带上产生许多相互贯通的斜裂缝，或突然出现一条与斜裂缝②大致平行的斜裂缝③时，预示着牛腿将要破坏。当牛腿顶部除有竖向荷载作用 F_v 外，还有水平拉力 F_h 作用时，则裂缝将会提前出现。

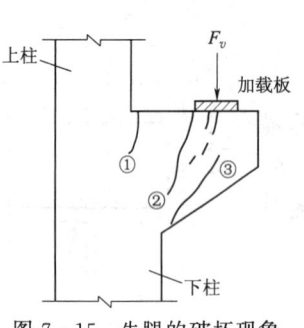

图 7-15　牛腿的破坏现象

二、牛腿截面尺寸的确定

立柱上的独立牛腿（当剪跨比 $a/h_0 \leqslant 1.0$ 时）的宽度 b 与柱的宽度通常相同，牛腿的高度 h 可根据裂缝控制要求来确定，如图 7-16 所示。一般是先假定牛腿高度 h，然后按式（7-2）进行验算：

$$F_{vk} \leqslant \beta\left(1-0.5\frac{F_{hk}}{F_{vk}}\right)\frac{f_{tk}bh_0}{0.5+\dfrac{a}{h_0}} \tag{7-2}$$

式中　F_{vk}——按荷载标准值计算得出的作用于牛腿顶部的竖向力值，N；

F_{hk}——按荷载标准值计算得出的作用于牛腿顶部的水平拉力值，N；

f_{tk}——混凝土轴心抗拉强度标准值，N/mm²；

β——裂缝控制系数，对水电站厂房立柱的牛腿，取 $\beta=0.65$，对承受静荷载作用的牛腿，取 $\beta=0.80$；

a——竖向力作用点至下柱边缘的水平距离，mm，应考虑安装偏差 20mm，当考虑 20mm 的安装偏差后的竖向力作用点位于下柱以内时，应取 $a=0$；

b——牛腿宽度，mm；

h_0——牛腿与下柱交接处的垂直截面的有效高度，mm，取 $h_0=h_1-a_s+ \cot\alpha$，在此 h_1、a_s、c 及 a 的意义如图 7-16 所示，当 $\alpha>45°$时，取 $\alpha=45°$。

牛腿的外形尺寸还应满足以下要求：

(1) 牛腿的外边缘高度 $h_1>h/3$，且不应小于 200mm。

(2) 吊车梁外边缘与牛腿外缘的距离不应小于 100mm。

(3) 牛腿顶部在竖向力 F_{vk} 作用下，其局部压应力不应超过 $0.75f_c$。

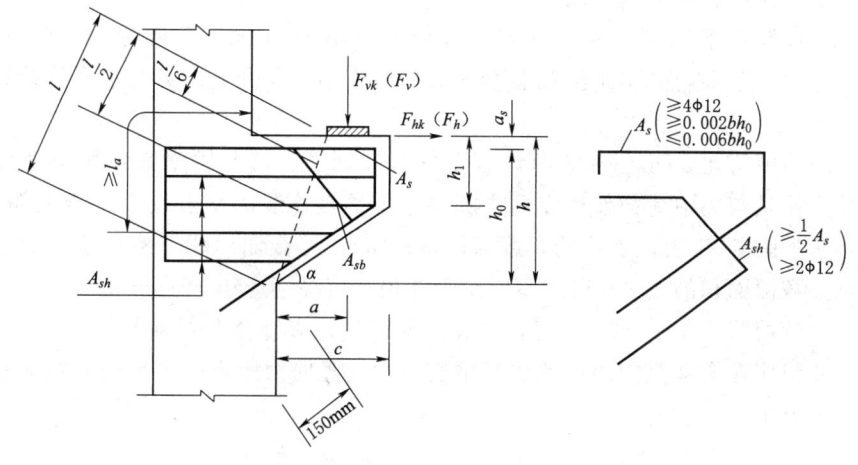

图 7-16 牛腿的外形及钢筋布置

随堂测

技能点二 牛腿的钢筋配置

一、受力钢筋配置

当牛腿的剪跨比 $a/h_0 \geqslant 0.2$ 时，牛腿的配筋设计应符合下列要求。

（1）由承受竖向力所需的受拉钢筋和承受水平拉力所需的锚筋组成的受力钢筋的总截面面积 A_s 按式（7-3）计算：

$$A_s \geqslant K \left(\frac{F_v a}{0.85 f_y h_0} + 1.2 \frac{F_h}{f_y} \right) \tag{7-3}$$

式中 K——承载力安全系数；

F_v——作用在牛腿顶部的竖向力设计值，N；

F_h——作用在牛腿顶部的水平拉力设计值，N。

（2）牛腿的受力钢筋宜采用 HRB400 级钢筋。

1）承受竖向力所需的水平受拉钢筋的配筋率（以截面 bh_0 计）不应小于 0.2%，也不宜大于 0.6%，且根数不宜少于 4 根，直径不应小于 12mm。受拉钢筋不应下弯兼作弯起钢筋。

2）承受水平拉力的锚筋不应少于 2 根，直径不应小于 12mm，锚筋应焊在预埋件上。

3）全部纵向受力钢筋及弯起钢筋宜沿牛腿外边缘向下伸入下柱内 150mm 后截断（图 7-16）。纵向受力钢筋及弯起钢筋伸入上柱的锚固长度，当采用直线锚固时不应小于规定的受拉钢筋锚固长度 l_a；当上柱尺寸不足时，钢筋的锚固应符合梁上部钢筋在框架中间层端节点中带 90°弯折的锚固规定。此时，锚固长度应从上柱内边算起。

4）当牛腿设于上柱柱顶时，宜将牛腿对边的柱外侧纵向受力钢筋沿柱顶水平弯入牛腿，作为牛腿纵向受拉钢筋使用；当牛腿顶面纵向受拉钢筋与牛腿对边的柱外侧纵向钢筋分开配置时，牛腿顶面纵向受拉钢筋应弯入柱外侧，并应符合有关搭接的规定。

二、水平箍筋和弯起钢筋配置

牛腿应设置水平箍筋，水平箍筋的直径不应小于 6mm，间距为 100~150mm，且在上部 $2h_0/3$ 范围内的水平箍筋总截面面积不应小于承受竖向力的水平受拉钢筋截面面积的 1/2。

当牛腿的剪跨比 $a/h_0 \geqslant 0.3$ 时，宜设置弯起钢筋。弯起钢筋宜采用 HRB400 级钢筋，并宜使其与集中荷载作用点到牛腿斜边下端点连线的交点位于牛腿上部 $l/6$~$l/2$ 之间的范围内，l 为该连线的长度（图 7-16），其截面面积不应少于承受竖向力的受拉钢筋截面面积的 2/3，根数不应少于 3 根，直径不应小于 12mm。

当牛腿的剪跨比 $a/h_0 < 0.2$ 时，牛腿的配筋设计应符合下列要求：

（1）牛腿应在全高范围内设置水平钢筋，承受竖向力所需的水平钢筋截面总面积应满足下列要求：

$$KF_v \leqslant f_t bh_0 + (1.65 - 3a/h_0) A_{sh} f_y \quad (7-4)$$

式中 A_{sh}——牛腿全高范围内，承受竖向力所需的水平钢筋截面总面积，mm^2；

f_t——混凝土抗拉强度设计值，N/mm^2；

f_y——水平钢筋抗拉强度设计值，N/mm^2。

（2）配筋时，应将承受竖向力所需的水平钢筋截面总面积的 40%~60%（剪跨比较小时取小值，较大时取大值）作为牛腿顶部受拉钢筋，集中配置在牛腿顶面；其余作为水平箍筋均匀配置在牛腿全高范围内。

（3）当牛腿顶面作用有水平拉力 F_h 时，则顶部受拉钢筋还包括承受水平拉力所需的锚筋在内，锚筋的截面面积按 $1.2KF_h/f_y$ 计算。

（4）承受竖向力所需的受拉钢筋的配筋率（以 bh_0 计）不应小于 0.15%。顶部受拉钢筋的配筋构造要求和锚固要求同上。

（5）水平箍筋应采用 HPB300 级钢筋，直径不小于 8mm，间距不应大于 100mm，其配筋率 $\rho_{sh} = nA_{sh1}/(bs_v)$ 应不小于 0.15%。其中，A_{sh1} 为单肢箍筋的截面面积，n 为肢数，s_v 为水平箍筋的间距。

（6）当牛腿的剪跨比 $a/h_0 < 0$ 时，可不进行牛腿的配筋计算，仅按构造要求配置水平箍筋。但当牛腿顶面作用有水平拉力 F_h 时，承受水平拉力所需的锚筋仍按第（3）条的规定计算配置。

随堂测

任务五　柱下独立基础的构造分析

想一想 24

柱下独立基础的构造

素质目标	(1) 培养工程伦理和职业道德，强调工程安全的社会价值。 (2) 强化团队合作意识，培养集体荣誉感，促进团队合作。 (3) 激发家国使命和责任担当，弘扬工匠精神
知识目标	(1) 了解柱下独立基础的设计要点。 (2) 熟悉柱下独立基础的构造要求
技能目标	能正确识读柱下独立基础的钢筋图

基础是建筑物向基岩或地基传递荷载的下部结构。如水电站主厂房机组段刚架柱上的荷载是通过底墙或下部块体结构传递至尾水管基础底板，再传递给基岩，机组段

之外的其他框架或排架柱上的荷载则必须通过基础传递给下部地基或基岩。柱下基础的类型很多，本书只介绍较常见的柱下钢筋混凝土独立基础。这种基础在水电站厂房中并不多见，但在其他水工建筑物（如水工渡槽的排架）和建筑工程中却经常采用。

常用的柱下独立基础有阶梯形基础和锥形基础两种形式，如图7-17所示。

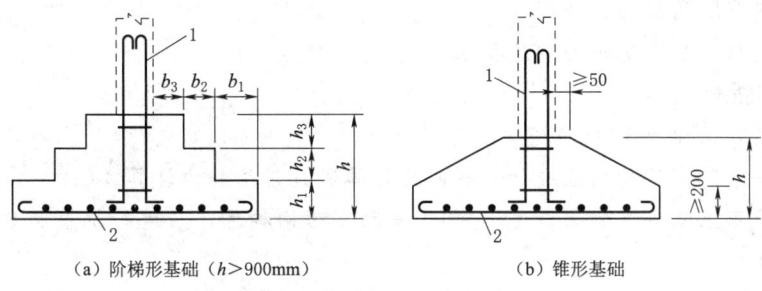

图 7-17 柱下独立基础的构造

柱下独立基础应满足以下构造要求：

(1) 基础垫层。钢筋混凝土基础通常在底板下面浇筑一层素混凝土垫层，该垫层可以作为绑扎钢筋的工作面，以保证底板钢筋混凝土的施工质量。垫层混凝土强度等级不宜低于C20；其厚度不宜小于70mm；垫层四周各伸出基础底板不小于50mm。

(2) 底板厚度。钢筋混凝土基础底板厚度应经计算确定。阶梯形基础每阶高度为300～500mm。第一阶的高度 h_1 一般不小于200mm，也不宜大于500mm；各阶挑出的宽度在第一阶宜采用 $b_1 \leqslant 1.75 h_1$，其余各阶 $b_i \leqslant h_i$，如图7-17所示。锥形基础底板的外边缘厚度不宜小于200mm，基础顶面四边应比柱子宽出50mm以上，以便于安装柱子模板，如图7-17所示。

(3) 底板钢筋。底板受力钢筋用HRB400级或HPB300级钢筋，直径不宜小于10mm，间距不宜大于200mm，也不宜小于100mm。当有垫层时，钢筋保护层厚度不宜小于40mm；无垫层时，不宜小于70mm。当基础底面边长大于2.5m时，有一半的底板钢筋长度可以减少10%，并交错排列。

(4) 混凝土强度等级。基础混凝土强度等级不应低于C20。

(5) 柱与基础的连接。对现浇钢筋混凝土柱的基础，应预留插筋与柱内纵向钢筋搭接，如图7-17所示。基础内预留插筋的根数、直径、位置应与柱内钢筋相同；插筋伸出基础顶面的长度应能保证与柱内钢筋的搭接长度；插筋下端宜弯成70～100mm的直钩，以便与底板钢筋网绑扎固定。基础内固定插筋的箍筋数量一般为2～3根，其直径和尺寸应与柱内箍筋相同。

习　题

一、思考题

1. 简述柱、主梁、次梁、板的间距与跨度之间的关系。
2. 简述厂房结构设计的一般规定。

知识拓展

绿色建筑专题

3. 简述楼面荷载的类型及计算方法。
4. 简述不等跨单向板的配筋方式。
5. 简述板上开洞的处理方法。
6. 简述刚架节点的配筋构造。
7. 简述牛腿的配筋构造。
8. 简述柱下独立基础的构造要求。

二、判断题
1. 梁的宽高比为 $1/3 \sim 1/2$。(   )
2. 厂房中所有结构均应进行承载能力计算和抗震承载力计算。(   )
3. 对使用上需要限制裂缝宽度的厂房上部结构构件，应进行抗裂和裂缝宽度验算。(   )
4. 安装间的楼面活荷载一般按均布荷载考虑。(   )
5. 发电机层楼面按塑性内力重分布法计算内力。(   )
6. 楼板的内力计算包括弯矩和剪力计算。(   )
7. 当板厚 $h<120\mathrm{mm}$ 时楼板弯起钢筋的弯起角为 $60°$。(   )
8. 振动较大的小型设备的基础应放置在梁上。(   )
9. 当刚架横梁两端设有支托时，应按变截面横梁来进行刚度计算。(   )
10. 牛腿在确定其截面尺寸时总是先确定宽度再确定高度。(   )
11. 牛腿的高度 h 可根据裂缝控制要求来确定。(   )
12. 牛腿承受竖向力所需的水平受拉钢筋根数不宜少于 4 根，可下弯兼作弯起钢筋。(   )
13. 当牛腿的剪跨比 $a/h_0<0$ 时，可不进行牛腿的配筋计算，不需要配置水平箍筋。(   )
14. 基础垫层混凝土强度等级不宜低于 C15；其厚度不宜小于 50mm。(   )
15. 基础第一阶的高度 h_1 越高越好。(   )

参 考 文 献

[1] SL 191—2008 水工混凝土结构设计规范 [S]
[2] NB/T 11011—2022 水工混凝土结构设计规范 [S]
[3] SL 744—2016 水工建筑物荷载设计规范 [S]
[4] SL 252—2017 水利水电工程等级划分及洪水标准 [S]
[5] SL 266—2014 水电站厂房设计规范 [S]
[6] NB/T 35011—2016 水电站厂房设计规范 [S]
[7] 卢亦焱. 水工混凝土结构 [M]. 武汉：武汉大学出版社，2023.

附录一 常用材料强度取值及弹性模量取值

附表1-1　　　　　　混凝土轴心抗压、轴心抗拉强度标准值　　　　　　单位：N/mm²

强度等级	符号	混凝土强度等级								
		C20	C25	C30	C35	C40	C45	C50	C55	C60
轴心抗压	f_{ck}	13.4	16.7	20.1	23.4	26.8	29.6	32.4	35.5	38.5
轴心抗拉	f_{tk}	1.54	1.78	2.01	2.20	2.39	2.51	2.64	2.74	2.85

附表1-2　　　　　　混凝土轴心抗压、轴心抗拉强度设计值　　　　　　单位：N/mm²

强度等级	符号	混凝土强度等级								
		C20	C25	C30	C35	C40	C45	C50	C55	C60
轴心抗压	f_c	9.6	11.9	14.3	16.7	19.1	21.1	23.1	25.3	27.5
轴心抗拉	f_t	1.10	1.27	1.43	1.57	1.71	1.80	1.89	1.96	2.04

附表1-3　　　　　　　　混凝土弹性模量 E_c　　　　　　　　单位：10⁴N/mm²

混凝土强度等级	C20	C25	C30	C35	C40	C45	C50	C55	C60
E_c	2.55	2.80	3.00	3.15	3.25	3.35	3.45	3.55	3.60

附表1-4　　　　　　　　普通钢筋强度标准值

牌号	符号	公称直径 d/mm	屈服强度标准值 f_{yk}/(N/mm²)	极限强度标准值 f_{stk}/(N/mm²)
HPB300	Φ	8～22	300	420
HRB400	Φ	6～50	400	540
RPB400	Φ^R	8～50	400	540
HRB500	Φ	6～50	500	630

注　1. 热轧钢筋直径 d 是指公称直径。
　　2. 当采用直径大于40mm的钢筋时，应有可靠的工程经验。

附表1-5　　　　　　　　预应力钢筋强度标准值

种类	符号	公称直径 d /mm	屈服强度标准值 f_{pyk}/(N/mm²)	条件屈服强度标准值 f_{pyk}/(N/mm²)	极限强度标准值 f_{ptk}/(N/mm²)
预应力中强度钢丝	螺旋肋 Φ^HM	5、7、9	—	680	800
			—	825	970
			—	1080	1270

附录一 常用材料强度取值及弹性模量取值

续表

种 类	符号	公称直径 d /mm	屈服强度标准值 f_{pyk}/(N/mm²)	条件屈服强度标准值 f_{pyk}/(N/mm²)	极限强度标准值 f_{ptk}/(N/mm²)
消除应力钢丝	光面 螺旋肋 ϕ^P ϕ^H	5	—	1335	1570
			—	1580	1860
		7	—	1335	1570
			—	1250	1470
		9	—	1335	1570
钢绞线	1×3 (三股) ϕ^S	8.6、10.8、12.9	—	1335	1570
			—	1580	1860
			—	1665	1960
	1×7 (七股)	9.5、12.7、15.2、17.8	—	1460	1720
			—	1580	1860
			—	1665	1960
		21.6	—	1580	1860
预应力 螺纹 钢筋	螺纹 ϕ^T	18、25、32、40、50	785	—	980
			830	—	1030
			930	—	1080
			1080	—	1230
			1200	—	1330

注 1. 钢绞线直径 d 是指钢绞线外接圆直径，即现行国家标准《预应力混凝土用钢绞线》（GB/T 5224—2014）中的公称直径 D_n；钢丝钢棒和螺纹钢的直径 d 均指公称直径。

附表 1-6　　　　　　　　　　普通钢筋强度设计值　　　　　　　　单位：N/mm²

牌 号	符号	抗拉强度设计值 f_y	抗压强度设计值 f'_y
HPB300	Φ	270	270
HRB400	Φ	360	360
RRB400	$Φ^R$	360	360
HRB500	Φ	435	435

附表 1-7　　　　　　　　　　预应力钢筋强度设计值　　　　　　　　单位：N/mm²

种 类	符号	p_{ptk}	p_{py}	p'_{py}
钢绞线	1×2 1×3 1×3I 1×7 (1×7) C　ϕ_S	1470	1040	390
		1570	1110	
		1670	1180	
		1720	1220	
		1770	1250	
		1820	1290	
		1860	1320	
		1960	1380	

225

续表

种类		符号	p_{ptk}	p_{py}	p'_{py}
消除应力钢丝	光圆	ϕ^P	1470	1040	410
			1570	1110	
	螺旋肋	ϕ^H	1670	1180	
	刻痕	ϕ^I	1770	1250	
			1860	1320	
钢棒	螺旋槽	ϕ^{HG}	1080	760	400
			1230	870	
	螺旋肋	ϕ^{HR}	1420	1005	
			1570	1110	
螺纹钢筋	PSB785	ϕ^{PS}	980	650	400
	PSB830		1030	685	
	PSB930		1080	720	
	PSB1080		1230	820	

注 1. 当预应力钢绞线、钢丝、钢棒的强度标准值不符合附表1-5的规定时，其强度设计值应进行换算；
2. 表中消除应力钢丝的抗拉强度设计值 f_{py} 仅适用于低松弛钢丝。

附表1-8　　　　　　　　钢筋弹性模量 E_s　　　　　　　　单位：N/mm²

钢筋种类	E_s
HPB235、HPB300级钢筋	2.1×10^5
HRB335、HRB400、HRB500级钢筋	2.0×10^5
消除应力钢丝（光圆钢丝、螺旋肋钢丝、刻痕钢丝）	2.05×10^5
钢绞线	1.95×10^5
钢棒（螺旋槽钢棒、螺旋肋钢棒、带肋钢棒）、螺纹钢筋	2.0×10^5

附表1-9　　　　　　混凝土结构构件的承载力安全系数 K

水工建筑物级别		1		2、3		4、5	
荷载效应组合		基本组合	偶然组合	基本组合	偶然组合	基本组合	偶然组合
钢筋混凝土、预应力混凝土		1.35	1.15	1.20	1.00	1.15	1.00
素混凝土	按受压承载力计算的受压构件、局部承压	1.45	1.25	1.30	1.10	1.25	1.05
	按受拉承载力计算的受压、受弯构件	2.20	1.90	2.00	1.70	1.90	1.60

注 1. 水工建筑物的级别应根据《水利水电工程等级及洪水标准》（SL 252—2017）确定。
2. 结构在使用、施工、检修期的承载力计算，安全系数 K 应按表中基本组合取值；对地震及校核洪水位的承载力计算，安全系数 K 应按表中偶然组合取值。
3. 当荷载效应组合由永久荷载控制时，表列安全系数 K 应增加0.05。
4. 当结构的受力情况较为复杂、施工特别困难、荷载不能准确计算、缺乏成熟的设计方法或结构有特殊要求时，承载力安全系数 K 宜适当提高。

附录二 钢筋的计算截面面积及理论质量

附表 2-1　　钢筋的公称直径、公称截面面积及理论质量

公称直径 d /mm	不同根数钢筋的公称截面面积/mm²									单根钢筋理论质量 /(kg/m)
	1	2	3	4	5	6	7	8	9	
6	28.3	57	85	113	142	170	198	226	255	0.222
6.5	33.2	66	100	133	166	199	232	265	299	0.260
8	50.3	101	151	201	252	302	352	402	453	0.395
10	78.5	157	236	314	393	471	550	628	707	0.617
12	113.1	226	339	452	565	678	791	904	1017	0.888
14	153.9	308	461	615	769	923	1077	1231	1385	1.210
16	201.1	402	603	804	1005	1206	1407	1608	1809	1.580
18	254.5	509	763	1017	1272	1527	1781	2036	2290	2.000
20	314.2	628	942	1256	1570	1884	2199	2513	2827	2.470
22	380.1	760	1140	1520	1900	2281	2661	2041	3421	2.980
25	490.9	982	1473	1964	2454	2945	3436	3927	4418	3.850
28	615.8	1232	1847	2463	3079	3695	4310	4926	5542	4.830
32	804.2	1609	2413	3217	4021	4826	5630	6434	7238	6.310
36	1017.9	2036	3054	4072	5089	6107	7125	8143	9161	7.990
40	1256.6	2513	3770	5027	6283	7540	8796	10053	11310	9.870
50	1964	3928	5892	7856	9820	11784	13748	15712	17676	15.420

附表 2-2　　各种钢筋间距时每米板宽中的钢筋截面面积

钢筋间距 /mm	钢筋直径为下列数值时的钢筋截面面积/mm²													
	6	6/8	8	8/10	10	10/12	12	12/14	14	14/16	16	16/18	18	20	22	25
70	404	561	718	320	1122	1369	1616	1907	2199	2536	2872	3254	3635	4488	5430	7012
75	377	524	670	859	1047	1278	1508	1780	2053	2367	2681	3037	3393	4189	5068	6545
80	353	491	628	805	982	1198	1414	1669	1924	2219	2513	2847	3181	3927	4752	6136
85	333	462	591	758	924	1127	1331	1571	1811	2088	2365	2680	2994	3696	4472	5775
90	314	436	559	716	873	1065	1257	1484	1710	1972	2234	2531	2827	3491	4224	5454
95	298	413	529	678	827	1009	1190	1405	1620	1868	2116	2398	2679	3307	4001	5167
100	283	393	503	644	785	958	1131	1335	1539	1775	2011	2278	2545	3142	3801	4909
110	257	357	457	585	714	871	1028	1214	1399	1614	1828	2071	2313	2856	3456	4462
120	236	327	419	537	654	798	942	1113	1283	1479	1676	1898	2121	2618	3168	4091
125	226	314	402	515	628	767	905	1068	1232	1420	1608	1822	2036	2513	3041	3297
130	217	302	387	495	604	737	870	1027	1184	1365	1547	1752	1957	2417	2924	3776

续表

钢筋间距/mm	钢筋直径为下列数值时的钢筋截面面积/mm²															
	6	6/8	8	8/10	10	10/12	12	12/14	14	14/16	16	16/18	18	20	22	25
140	202	280	359	460	561	684	808	954	1100	1268	1436	1627	1818	2244	2715	3506
150	188	262	335	429	524	639	754	890	1026	1183	1340	1518	1696	2094	2534	3272
160	177	245	314	403	491	599	707	834	962	1109	1257	1424	1590	1963	2376	3068
170	166	231	296	379	462	564	665	785	906	1044	1183	1340	1497	1848	2236	2887
180	157	218	279	358	436	532	628	742	855	986	1117	1265	1414	1745	2112	2727
190	149	207	265	339	413	504	595	703	810	934	1058	1199	1339	1653	2001	2584
200	141	196	251	322	393	479	565	668	770	887	1005	1139	1272	1571	1901	2454
220	129	178	228	293	357	436	514	607	700	807	914	1035	1157	1428	1728	2231
240	118	164	209	268	327	399	471	556	641	740	838	949	1060	1309	1584	2045
250	113	157	201	258	314	383	452	534	616	710	804	911	1018	1257	1521	1963
260	109	151	193	248	302	369	435	514	592	683	773	876	979	1208	1462	1888
280	101	140	180	230	280	342	404	477	550	634	718	813	909	1122	1358	1753
300	94	131	168	215	262	319	377	445	513	592	670	759	848	1047	1267	1636
320	88	123	157	201	245	299	353	418	481	555	628	712	795	982	1188	1534
330	86	119	152	195	238	290	343	405	466	538	609	690	771	952	1152	1487

附表 2-3 预应力混凝土用螺纹钢筋的公称直径、公称截面面积及理论质量

公称直径/mm	公称截面面积/mm²	理论质量/(kg/m)	公称直径/mm	公称截面面积/mm²	理论质量/(kg/m)
18	254.5	2.11	40	1256.6	10.34
25	490.9	4.10	50	1963.5	16.28
32	804.2	6.65			

附表 2-4 预应力混凝土用钢绞线公称直径、公称截面面积及理论质量

种类	公称直径/mm	公称截面面积/mm²	理论质量/(kg/m)	种类	公称直径/mm	公称截面面积/mm²	理论质量/(kg/m)
1×2	5.0	9.8	0.077	1×3I	8.74	38.6	0.303
	5.8	13.2	0.104		9.5	54.8	0.430
	8.0	25.1	0.197		11.1	74.2	0.582
	10.0	39.5	0.309	1×7	12.7	98.7	0.775
	12	56.5	0.444		15.2	140.0	1.101
1×3	6.2	19.8	0.155		15.7	150.0	1.178
	6.5	21.2	0.166		17.8	191.0	1.500
	8.6	37.7	0.296	(1×7)C	12.7	112.0	0.890
	8.74	38.6	0.303		15.2	165.0	1.295
	10.8	58.9	0.462		18	223.0	1.750
	12.9	84.8	0.666				

附录二 钢筋的计算截面面积及理论质量

附表 2-5 预应力混凝土用钢丝公称直径、公称截面面积及理论质量

公称直径 /mm	公称截面面积 /mm²	理论质量 /(kg/m)	公称直径 /mm	公称截面面积 /mm²	理论质量 /(kg/m)
4.0	12.57	0.099	7.0	38.48	0.302
4.8	18.10	0.142	8.0	50.26	0.394
5.0	19.63	0.154	9.0	63.62	0.499
6.0	28.27	0.222	10.0	78.54	0.616
6.25	30.68	0.241	12.0	113.10	0.888

附表 2-6 预应力混凝土用钢棒公称直径、公称截面面积及理论质量

公称直径 /mm	不通根数钢筋的公称截面面积/mm²									单根钢棒理论质量 /(kg/m)
	1	2	3	4	5	6	7	8	9	
6	28.3	57	85	112	142	170	198	226	255	0.222
7	38.5	77	116	154	193	231	270	308	347	0.302
7.1	40.0	80	120	160	200	240	280	320	360	0.314
8	50.3	101	151	201	252	302	352	402	453	0.394
9	64.0	128	192	256	320	384	448	512	576	0.502
10	78.5	157	236	314	393	471	550	628	707	0.616
10.7	90.0	180	270	360	450	540	630	720	810	0.707
11	95.0	190	285	380	475	570	665	760	855	0.746
12	113.0	226	339	452	565	678	791	904	1017	0.888
12.6	125.0	250	375	500	625	750	875	1000	1125	0.981
13	133.0	266	399	532	665	798	931	1064	1197	1.044
14	153.9	308	461	615	769	923	1077	1231	1385	1.209
16	201.1	402	603	804	1005	1206	1407	1608	1809	1.578

附录三 一般构造规定

附表 3-1　　纵向受力钢筋的混凝土保护层最小厚度　　　单位：mm

项次	构件类别	一	二	三	四	五
1	板、墙	20	25	30	40	50
2	梁、柱、墩	30	35	45	55	60
3	截面厚度不小于2.5m的底板及墩墙	—	40	50	60	65

注　1. 直接与地基土接触的结构底层钢筋或无检修条件的，保护层厚度应适当增大。
　　2. 有抗冲耐磨要求的结构面层钢筋，保护层厚度应适当增大。
　　3. 混凝土强度等级不低于C30且浇筑质量有保证的预制构件或薄板，保护层厚度可按表中数值减小5mm。
　　4. 钢筋表面涂料或结构外表面敷设永久涂料或面层时，保护层厚度可以适当减小。
　　5. 严寒和寒冷地区受冰冻的部位，保护层厚度还应符合现行《水工建筑物抗冻设计规范》（SL 211—2006）的规定。

附表 3-2　　受拉钢筋的最小锚固长度 l_a

项次	钢筋类型	C20	C25	C30、C35	≥C40
1	HPB300	$40d$	$35d$	$30d$	$25d$
2	HRB400、RRB400	$50d$	$40d$	$35d$	$30d$
3	HRB500	—	—	$45d$	$35d$

注　1. 表中 d 为钢筋直径。
　　2. 表中 HPB300 钢筋的最小锚固长度 l_a 值不包括弯钩长度。

附表 3-3　　钢筋混凝土构件纵向受力钢筋的最小配筋率 ρ_{min}

项次	分类		HPB300	HRB400、RRB400、HRB500
1	受弯构件、偏心受拉、轴心受拉构件一侧受拉钢筋	梁	0.25	0.20
		板	0.20	0.15
2	受压构件全部纵向钢筋		0.60	0.55
3	受压构件一侧纵向钢筋	柱、肋拱	0.25	0.20
		墩墙	0.20	0.15

注　1. 项次1、3中的配筋率是指钢筋截面面积与构件肋宽乘以有效高度的混凝土截面面积的比值，即 $\rho=\dfrac{A_s}{bh_0}$ 或 $\rho'=\dfrac{A_s'}{bh_0}$；项次2中的是指全部纵向钢筋截面面积与柱截面面积之比值。
　　2. 偏心受拉构件中的受压钢筋，应按受压构件一侧纵向钢筋考虑。
　　3. 温度、收缩等因素对结构产生的影响较大时，纵向受拉钢筋的最小配筋率宜适当增大。
　　4. 当结构有抗震设防要求时，钢筋混凝土框架结构构件的最小配筋率应按相关规范确定。

附录四 正常使用验算的有关限值

附表 4-1　　　　　　　　　　环 境 条 件 类 别

环境类别	环 境 条 件
一	室内正常条件
二	露天环境；室内潮湿环境；长期处于地下或水下环境
三	淡水水位变动区；有轻度化学侵蚀性地下水的地下环境；海水水下区
四	海上大气区；海水水位变动区；轻度盐雾作用区；中度化学侵蚀性环境
五	海水浪溅区及重度盐雾作用区；使用除冰盐的环境；严重化学侵蚀性环境

注　1. 海上大气区与浪溅区的分界线为设计最高水位加 1.5m；浪溅区与水位变动区的分界线为设计最高水位减 1.0m；水位变动区与水下区的分界线为设计最低水位减 1.0m；重盐雾作用区为离涨潮岸线 50m 内的陆上室外环境；轻度盐雾作用区为离涨潮岸线 50～500m 的陆上室外环境。
　　2. 冻融比较严重的二类、三类环境条件下的建筑物，可将其环境类别提高至三类、四类。
　　3. 化学侵蚀性程度的分类见《水工混凝土结构设计规范》(SL 191—2008) 表 3.3.9。

附表 4-2　　　　钢筋混凝土结构构件的最大裂缝宽度限值　　　　单位：mm

环境类别	钢筋混凝土结构 $\omega_{\lim}$	预应力混凝土结构 裂缝控制等级	预应力混凝土结构 $\omega_{\lim}$
一	0.40	三	0.20
二	0.30	二	—
三	0.25	一	—
四	0.20	一	—
五	0.15	一	—

注　1. 表中的规定适用于采用热轧钢筋的钢筋混凝土结构和采用预应力钢丝、钢绞线、螺纹钢筋及钢棒的预应力混凝土结构；当采用其他类别的钢筋时，其裂缝控制要求可按专门标准确定。
　　2. 结构构件的混凝土保护层厚度大于 50mm 时，表中数值可以增加 0.05。
　　3. 当结构构件不具备检修维护条件时，表中最大裂缝宽度限值宜适当减小。
　　4. 当结构构件承受水压且水力梯度 $i>20$ 时，表中数值宜减小 0.05。
　　5. 若结构构件表面设有专门的防渗面层等防护措施时，最大裂缝宽度限值可以适当加大。
　　6. 对严寒地区，当年冻融循环次数大于 100 时，表中最大裂缝宽度限值宜适当减小。

附表 4-3　　　　受弯构件的挠度限值 (SL 191—2008 规定)

项次	构 建 类 型		挠度限值（以计算跨度 l_0 计算）
1	吊车梁	手动吊车	$l_0/500$
		电动吊车	$l_0/600$
2	渡槽槽身和架空管道	当 $l_0 \leqslant 10\text{m}$ 时	$l_0/400$
		当 $l_0 > 10\text{m}$ 时	$l_0/500$ ($l_0/600$)

附录四 正常使用验算的有关限值

续表

项次	构建类型		挠度限值（以计算跨度 l_0 计算）
3	工作桥及启闭机大梁		$l_0/400$（$l_0/500$）
4	屋盖、楼盖	当 $l_0<6m$ 时	$l_0/200$（$l_0/250$）
		当 $6m\leq l_0\leq 12m$ 时	$l_0/300$（$l_0/350$）
		当 $l_0>12m$ 时	$l_0/400$（$l_0/450$）

注 1. 表中 l_0 为构件的计算跨度。
2. 表中括号内的数值适用于使用上对挠度有较高要求的构件。悬臂喉间的挠度限值可按照表中的相应数值诚意取用。
3. 如果构件制作时预先起拱，则在验算最大挠度时，可以将计算所得的挠度减去起拱值；预应力混凝土构件尚可减去预加应力所产生的反拱值。
4. 悬臂构件的挠度限值按表中相应数值乘 2 取用。

附表 4-4   截面抵抗矩塑性系数 γ_m 值

项次	截面特征		γ_m	示意图
1	矩形截面		1.55	
2	翼缘位于受压区的 T 形截面		1.50	
3	对称 I 形或箱形截面	$b_f/b\leq 2$，h_f/h 为任意值	1.45	
		$b_f/b>2$，$h_f/h\geq 0.2$	1.40	
		$b_f/b>2$，$h_f/h<0.2$	1.35	
4	翼缘位于受拉区的倒 T 形截面	$b_f/b\leq 2$，h_f/h 为任意值	1.50	
		$b_f/b>2$，$h_f/h\geq 0.2$	1.55	
		$h_f/h>2$，$h_f/h<0.2$	1.40	
5	圆形和环形截面		$1.6-\dfrac{0.24d_1}{d}$	
6	U 形截面		1.35	

注 1. 对 $b'_f>b_f$ 的 I 形截面，可以按项次 2 与项次 3 之间的数值采用；对 $b'_f<b_f$ 的 I 形截面，可以按项次 3 与项次 4 之间的数值采用。
2. 根据 h 值的不同，表内数值尚应乘以修正系数（$0.7+300/h$），其值应不大于 1.1。其中 h 以 mm 计，当 $h>3000mm$ 时，取 $h=3000mm$。对圆形和环形截面，h 即外径 d。
3. 对于箱形截面，表中 b 值系指各肋宽度的总和。

附录五 等跨等截面连续梁在常用荷载作用下的内力系数表

梁内力按如下公式计算：

(1) 在均布荷载及三角形荷载作用下：$M=1.05\alpha_1 g_k l_0^2 + 1.20\alpha_2 q_k l_0^2$ （附 5-1）

$V=1.05\beta_1 g_k l_n + 1.20\beta_2 q_k l_n$ （附 5-2）

(2) 在集中荷载作用下：$M=1.05\alpha_1 G_k l_0 + 1.20\alpha_2 Q_k l_0$ （附 5-3）

$V=1.05\beta_1 G_k + 1.20\beta_2 Q_k$ （附 5-4）

内力正负号规定如下：

M：使截面下部受拉，上部受压为正。

V：对邻近所产生的力矩沿顺时针方向者为正。

附表 5-1　　两跨梁内力系数表

荷 载 图	跨内最大弯矩 M_1	跨内最大弯矩 M_2	支座弯矩 M_B	剪力 V_A	剪力 V_B^L / V_B^R	剪力 V_C
均布 g 两跨	0.070	0.070	−0.125	0.375	−0.625 / 0.625	−0.375
q 单跨 A-B	0.096	—	−0.063	0.437	−0.563 / 0.063	0.063
G G 两跨	0.156	0.156	−0.188	0.312	−0.688 / 0.688	−0.312
Q 单跨	0.203	−0.047	−0.094	0.406	−0.594 / 0.094	0.094
G G G G 两跨	0.222	0.222	−0.333	0.667	−1.334 / 1.334	−0.667
Q Q 单跨	0.278	−0.056	−0.167	0.833	−1.167 / 0.167	0.167
G G G G G G 两跨	0.266	0.266	−0.469	1.042	−1.958 / 1.958	−1.042
Q Q Q 单跨	0.383	−0.117	−0.234	1.266	−1.734 / 0.234	0.234

附录五 等跨等截面连续梁在常用荷载作用下的内力系数表

附表 5-2　　　　　三 跨 梁 内 力 系 数 表

荷 载 图	跨内最大弯矩 M_1	M_2	支座弯矩 M_B	M_C	V_A	剪力 V_B^L V_B^R	V_C^L V_C^R	V_D
满跨均布荷载 g	0.080	0.025	−0.100	−0.100	0.400	−0.600 0.500	−0.500 0.600	−0.400
三跨均布荷载 q	0.101	−0.050	−0.050	−0.050	0.450	−0.550 0	0 0.550	−0.450
中跨均布荷载 q	−0.025	0.075	−0.050	−0.050	−0.050	−0.050 0.500	−0.500 0.050	0.050
边跨及中间均布 q	0.073	0.054	−0.117	−0.033	0.383	−0.617 0.583	−0.417 0.033	0.033
边跨均布 q	0.094	—	−0.067	0.017	0.433	−0.567 0.083	0.083 −0.017	−0.017
三集中 G G G	0.175	0.100	−0.150	−0.150	0.350	−0.650 0.500	−0.500 0.650	−0.350
Q Q	0.213	−0.075	−0.075	−0.075	0.425	−0.575 0	0 0.575	−0.425
中跨 Q	−0.038	−0.175	−0.075	−0.075	−0.075	−0.075 0.500	−0.500 0.075	0.075
Q Q	0.162	0.137	−0.175	−0.050	0.325	−0.675 0.625	−0.375 0.050	0.050
边跨 Q	0.200	—	−0.100	0.025	0.400	−0.600 0.125	0.125 −0.025	−0.025

附录五　等跨等截面连续梁在常用荷载作用下的内力系数表

续表

荷　载　图	跨内最大弯矩		支座弯矩		剪　力			
	M_1	M_2	M_B	M_C	V_A	V_B^L V_B^R	V_C^L V_C^R	V_D
GG　GG　GG	0.244	0.067	−0.267	−0.267	0.733	−1.267 1.000	−1.000 1.267	−0.733
QQ	−0.044	0.200	−0.133	−0.133	−0.133	−0.133 1.000	−1.000 10.133	0.133
QQ　QQ	0.229	0.170	−0.311	−0.089	0.689	−1.311 1.222	−0.778 0.089	0.089
QQ	0.274	—	−0.178	0.044	0.822	−1.178 0.222	0.222 −0.044	−0.044
GGG　GGG　GGG	0.313	0.125	−0.375	−0.375	1.125	−1.875 1.500	−1.500 1.875	−1.125
QQQ　　QQQ	0.406	−0.188	−0.188	−0.188	1.313	−1.688 0.000	0.000 1.688	−1.313
QQQ	−0.094	0.313	−0.188	−0.188	−0.188	−0.188 1.500	−1.500 0.188	0.188
QQQ　QQQ	—	—	−0.437	−0.125	1.063	−1.938 1.812	−1.188 0.125	0.125
QQQ	—	—	−0.250	0.062	1.250	−1.750 0.312	0.312 −0.062	−0.062

235

附录五 等跨等截面连续梁在常用荷载作用下的内力系数表

附表 5–3 四跨梁内力系数表

荷 载 图	跨内最大弯矩 M_1	M_2	M_3	M_4	支座弯矩 M_B	M_C	M_D	剪 力 V_A	V_B^L / V_B^R	V_C^L / V_C^R	V_D^L / V_D^R	V_E
满布 g	0.077	0.036	0.036	0.077	−0.107	−0.071	−0.107	0.393	−0.067 / 0.536	−0.464 / 0.464	−0.536 / 0.607	−0.393
b (跨1、3)	0.100	—	0.081	−0.023	−0.054	−0.036	−0.054	0.446	−0.554 / 0.018	0.018 / 0.482	−0.518 / 0.054	0.054
b (跨2、4)	0.072	0.061	—	0.098	−0.121	−0.018	−0.058	0.380	−0.620 / 0.603	−0.397 / −0.040	−0.040 / 0.558	−0.442
b	—	0.056	0.056	—	−0.036	−0.107	−0.036	−0.036	−0.036 / 0.429	−0.571 / 0.571	−0.429 / 0.036	0.036
b	0.094	0.074	—	—	−0.067	0.018	−0.004	0.433	−0.567 / 0.085	0.085 / −0.022	−0.022 / 0.004	0.004
b	—	—	—	—	−0.049	−0.054	0.013	−0.049	−0.049 / 0.496	−0.504 / 0.067	0.067 / −0.013	−0.013
G G G	0.169	0.116	0.116	0.169	−0.161	−0.107	−0.161	0.339	−0.661 / 0.554	−0.446 / 0.446	−0.554 / 0.661	−0.339

236

附录五 等跨等截面连续梁在常用荷载作用下的内力系数表

续表

荷载图	跨内最大弯矩 M_1	M_2	M_3	M_4	支座弯矩 M_B	M_C	M_D	V_A	剪力 V_B^L / V_B^R	V_C^L / V_C^R	V_D^L / V_D^R	V_E
(Q, Q)	0.210	−0.067	0.183	−0.040	−0.080	−0.054	−0.080	0.420	−0.580 / 0.027	0.027 / 0.473	−0.527 / 0.080	0.080
(Q, Q, Q)	0.159	0.146	—	0.206	−0.181	−0.027	−0.087	0.319	−0.681 / 0.654	−0.346 / −0.060	−0.060 / 0.587	−0.413
(Q, Q)	—	0.142	0.142	—	−0.054	−0.161	−0.054	−0.054	−0.054 / 0.393	−0.607 / 0.607	−0.393 / 0.054	0.054
(Q)	0.200	0.173	—	—	−0.100	0.027	−0.007	0.400	−0.600 / 0.127	0.127 / −0.033	−0.033 / 0.007	0.007
(G, G, G, G, G)	—	0.111	0.111	—	−0.074	−0.080	0.020	−0.074	−0.074 / 0.493	−0.507 / 0.100	0.100 / −0.020	−0.020
(Q, Q, G, G)	0.238	0.111	0.111	0.238	−0.286	−0.191	−0.286	0.714	−1.286 / 1.095	−0.905 / 0.905	−1.095 / 1.286	−0.714
(Q, Q, G, G)	0.286	−0.111	−0.222	−0.048	−0.143	−0.095	−0.143	0.857	−1.143 / 0.048	0.048 / 0.952	−1.048 / 0.143	0.143
(Q, Q, Q, Q)	0.226	0.194	—	0.282	−0.321	−0.048	−0.155	0.679	−1.321 / 1.274	−0.726 / −0.107	−0.107 / 1.155	−0.845

237

附录五 等跨等截面连续梁在常用荷载作用下的内力系数表

续表

荷载图	跨内最大弯矩 M_1	M_2	M_3	M_4	支座弯矩 M_B	M_C	M_D	V_A	剪力 V_B^L / V_B^R	V_C^L / V_C^R	V_D^L / V_D^R	V_E
QQ QQ	—	0.175	0.175	—	−0.095	−0.286	−0.095	−0.095	−0.095 / 0.810	−1.190 / 1.190	−0.810 / 0.095	0.095
QQ	0.274	0.198	—	—	−0.178	0.048	−0.012	0.821	−1.178 / 0.226	0.226 / −0.060	−0.060 / 0.012	0.012
GGG G GGG G	—	0.165	0.165	—	−0.131	−0.143	0.036	−0.131	−0.131 / 0.988	−1.012 / 0.178	0.178 / −0.036	−0.036
QQQ	0.299	—	0.333	−0.101	−0.402	−0.268	−0.402	1.098	−1.902 / 1.634	−1.336 / 1.336	−1.634 / 1.902	−1.098
QQQ Q Q	0.400	−0.167	—	0.299	−0.201	−0.134	−0.201	1.299	−1.701 / 0.067	0.067 / 1.433	−1.567 / 0.201	−0.201
QQQ QQQ	—	—	—	—	−0.452	−0.067	−0.218	1.048	−1.952 / 1.885	−1.115 / −0.151	−0.151 / 1.718	1.282
QQQ QQQ	—	—	—	—	−0.134	−0.402	−0.134	−0.134	−0.134 / 1.232	1.232 / −1.768	−1.232 / 0.134	0.134
QQQ	—	—	—	—	−0.251	0.067	−0.017	1.249	−1.751 / 0.318	0.318 / 0.318	−0.084 / 0.017	0.017
QQQ	—	—	—	—	−0.184	−0.201	0.050	−0.184	−0.184 / 1.483	−1.517 / 0.251	0.251 / −0.050	−0.050

附录五 等跨等截面连续梁在常用荷载作用下的内力系数表

附表 5-4　　五跨梁内力系数表

荷载图	跨内最大弯矩 M_1	M_2	M_3	支座弯矩 M_B	M_C	M_D	M_E	剪力 V_A	V_B^L / V_B^R	V_C^L / V_C^R	V_D^L / V_D^R	V_E^L / V_E^R	V_F
满跨 g	0.0781	0.0331	0.0462	−0.105	−0.079	−0.079	−0.105	0.395	−0.606 / 0.526	−0.474 / 0.500	−0.500 / 0.474	−0.526 / 0.606	−0.395
$M_1 M_3 M_5$	0.100	−0.0461	0.0855	−0.053	−0.040	−0.040	0.053	0.447	−0.553 / 0.013	0.013 / 0.500	−0.500 / −0.013	−0.013 / 0.553	−0.447
$M_2 M_4$	−0.0263	0.0787	−0.0395	−0.053	−0.040	−0.040	−0.053	−0.053	−0.053 / 0.513	−0.487 / 0	0 / 0.487	−0.513 / 0.053	0.053
	0.073	0.059	—	−0.119	−0.022	−0.044	−0.051	0.380	−0.620 / 0.598	−0.402 / −0.023	−0.023 / 0.493	−0.507 / 0.052	0.052
	—	0.055	0.064	−0.035	−0.011	−0.020	−0.057	−0.035	−0.035 / 0.424	−0.576 / 0.591	−0.409 / −0.037	−0.037 / 0.557	−0.433
	0.094	—	—	−0.067	−0.018	−0.005	0.001	0.433	−0.567 / 0.085	0.085 / −0.023	−0.023 / 0.006	0.006 / −0.001	−0.001
	—	0.074	—	−0.049	−0.054	−0.014	−0.004	−0.049	−0.049 / 0.495	−0.505 / 0.068	0.068 / −0.018	−0.018 / 0.004	0.004
	—	—	0.072	0.013	−0.053	−0.053	0.013	0.013	0.013 / −0.066	−0.066 / 0.500	−0.500 / 0.066	0.066 / −0.013	−0.013

239

附录五 等跨等截面连续梁在常用荷载作用下的内力系数表

续表

荷载图	跨内最大弯矩 M_1	M_2	M_3	支座弯矩 M_B	M_C	M_D	M_E	剪力 V_A	V_B^L V_B^R	V_C^L V_C^R	V_D^L V_D^R	V_E^L V_E^R	V_F
	0.171	0.112	0.132	−0.158	−0.118	−0.118	−0.158	0.342	−0.658 0.540	−0.460 0.500	−0.500 0.460	−0.540 0.658	−0.342
	0.211	−0.069	0.191	−0.079	−0.059	−0.059	−0.079	0.421	−0.579 0.020	0.020 0.500	−0.500 −0.020	−0.020 0.579	−0.421
	−0.039	0.181	−0.059	−0.079	−0.059	−0.059	−0.079	−0.079	−0.079 0.520	−0.480 0	0 0.480	−0.520 0.079	0.079
	0.160	0.144	0.151	−0.179	−0.032	−0.066	−0.077	0.321	−0.679 0.647	−0.353 −0.034	−0.034 0.489	−0.511 0.077	0.077
	—	0.140	—	−0.052	−0.167	−0.031	−0.086	−0.052	−0.052 0.385	−0.615 0.637	−0.363 −0.056	−0.056 0.586	−0.414
	0.200	—	—	−0.100	0.027	−0.007	0.002	0.400	−0.600 0.127	0.127 −0.034	−0.034 0.009	0.009 −0.002	−0.002
	—	0.173	—	−0.073	−0.081	0.022	−0.005	−0.073	−0.073 0.493	−0.507 0.102	0.102 −0.027	−0.027 0.005	0.005
	—	—	0.171	0.020	−0.079	−0.079	0.020	0.020	0.020 −0.099	−0.099 0.500	−0.500 0.099	0.099 −0.020	−0.020

240

附录五　等跨等截面连续梁在常用荷载作用下的内力系数表

续表

荷载图	跨内最大弯矩 M_1	M_2	M_3	支座弯矩 M_B	M_C	M_D	M_E	剪力 V_A	V_B^L / V_B^R	V_C^L / V_C^R	V_D^L / V_D^R	V_E^L / V_E^R	V_F
GG GG GG GG GG	0.240	0.100	0.122	−0.281	−0.211	−0.211	−0.281	0.719	−1.281 / 1.070	−0.930 / 1.000	−0.100 / 0.930	−1.070 / 1.281	−0.719
QQ QQ QQ	0.287	−0.117	0.228	−0.140	−0.105	−0.105	−0.140	0.860	−1.140 / 0.035	0.035 / 1.000	−1.000 / −0.035	−0.035 / 1.140	−0.860
QQ QQ	−0.047	0.216	−0.105	−0.140	−0.105	−0.105	−0.140	−0.140	−0.140 / 1.035	−0.965 / 0	0.000 / 0.965	−1.035 / 0.140	0.140
QQ QQ QQ	0.227	0.189	—	−0.319	−0.057	−0.118	−0.137	0.681	−1.319 / 1.262	−0.738 / −0.061	−0.061 / 0.981	−1.019 / 0.137	0.137
QQ QQ	—	0.172	0.198	−0.093	−0.297	−0.054	−0.153	−0.093	−0.093 / 0.766	−1.204 / 1.243	−0.757 / −0.099	−0.099 / 1.153	−0.847
QQ	0.274	0.198	—	−0.179	0.048	−0.013	0.003	0.821	−1.179 / 0.227	0.227 / −0.061	−0.061 / 0.016	0.016 / −0.003	−0.003
QQ	—	—	—	−0.131	−0.144	0.038	−0.010	−0.131	−0.131 / 0.987	−1.013 / 0.182	0.182 / −0.048	−0.048 / 0.010	0.010
QQ	—	—	0.193	0.035	−0.140	−0.140	0.035	0.035	0.035 / −0.175	−0.175 / 1.000	−1.000 / 0.175	0.175 / −0.035	−0.035

241

附录五 等跨等截面连续梁在常用荷载作用下的内力系数表

续表

荷载图	跨内最大弯矩 M_1	M_2	M_3	支座弯矩 M_B	M_C	M_D	M_E	V_A	剪力 V_B^L / V_B^R	V_C^L / V_C^R	V_D^L / V_D^R	V_E^L / V_E^R	V_F
	0.302	0.155	0.204	−0.395	−0.296	−0.296	−0.395	1.105	−1.895 / 1.599	1.401 / 1.500	−1.500 / 1.401	−1.599 / 1.895	−1.105
	0.401	−0.173	0.352	−0.198	−0.148	−0.148	−0.198	1.302	−1.697 / 0.050	0.050 / 1.500	−1.500 / −0.050	−0.050 / 1.697	−1.302
	−0.099	0.327	−0.148	−0.198	−0.148	−0.148	−0.198	−0.197	−0.197 / 1.550	−1.450 / 0.000	0.000 / 1.450	−1.550 / 0.197	0.197
	—	—	—	−0.449	−0.081	−0.166	−0.193	1.051	−1.949 / 1.867	−1.133 / −0.085	−0.085 / 1.473	−1.527 / 0.193	0.193
	—	—	—	−0.130	−0.417	−0.076	−0.215	−0.130	−0.130 / 1.213	−1.787 / 1.841	−1.159 / −0.139	−0.139 / 1.715	−1.285
	—	—	—	−0.251	0.067	−0.018	0.004	1.249	−1.751 / 0.318	0.318 / −0.085	−0.085 / 0.022	0.022 / −0.004	−0.004
	—	—	—	−0.184	−0.202	0.054	−0.013	−0.184	−0.184 / 1.482	−1.518 / 0.256	0.256 / 0.067	−0.067 / −0.013	0.013
	—	—	—	−0.049	−0.197	−0.197	0.049	0.049	0.049 / −0.247	1.500 / −1.500	−1.500 / 0.247	0.247 / −0.049	−0.049

242

附录六 双向板的内力和挠度系数表

一、计算公式

1. 内力计算公式

$$M = 表中系数 \times ql^2$$

l 取 l_x 和 l_y 之间的较小值。

表中内力系数为泊松比 $\nu = 0$ 时求得的系数，当 $\nu \neq 0$ 时，表中系数需要按下式换算

$$\left. \begin{array}{l} m_x^\nu = m_x + \nu m_y \\ m_y^\nu = m_y + \nu m_x \end{array} \right\} \quad \text{（附 6-1）}$$

对混凝土来说可以取 $\nu = 0.17$。

表中系数：

m_x、$m_{x\max}$——平行于 l_x 方向板中心点单位板宽内的弯矩、板跨内最大弯矩；

m_y、$m_{y\max}$——平行于 l_y 方向板中心点单位板宽内的弯矩和板跨内最大弯矩；

m_{ox}、m_{oy}——平行于 l_x 和 l_y 方向自由边的中点单位板宽内的弯矩；

m_x'——固定边中点沿 l_x 方向单位板宽内的弯矩；

m_y'——固定边中点沿 l_y 方向单位板宽内的弯矩；

m_{xz}'——平行于 l_x 方向自由边上固定端单位板宽内的支座弯矩。

2. 挠度计算公式

$$f（或 f_{\max}）= 表中系数 \times \frac{ql^4}{B_c} \quad \text{（附 6-2）}$$

其中

$$B_c = \frac{Eh^3}{12(1-\nu^2)} \text{（刚度）} \quad \text{（附 6-3）}$$

式中 l——板长，l 取 l_x 和 l_y 之间的较小值；

E——弹性模量；

h——板厚；

ν——泊松比；

f、$f_{\max}$——板中心点的挠度、最大挠度。

3. 正负号规定

弯矩：使板的受荷面积受压者为正。

挠度：变位方向与荷载方向相同者为正。

4. 边界约束符号规定

——代表自由边；--------代表简支边；⊥⊥⊥⊥⊥⊥代表固定边

二、内力和挠度系数

1. 四边简支板

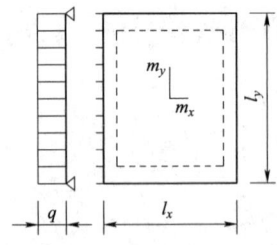

附图 6-1 四边简支板

附表 6-1　　　　　　　　　四 边 简 支 板

l_x/l_y	f	m_x	m_y	l_x/l_y	f	m_x	m_y
0.5	0.01013	0.0965	0.0174	0.80	0.00603	0.0561	0.0334
0.55	0.00940	0.0892	0.0210	0.85	0.00547	0.0506	0.0348
0.60	0.00867	0.0820	0.0242	0.90	0.00496	0.0456	0.0358
0.65	0.00793	0.0750	0.0271	0.95	0.00449	0.0410	0.0364
0.70	0.00727	0.0683	0.0296	1.00	0.00406	0.0368	0.0368
0.75	0.00663	0.0620	0.0317				

2. 三边简支一边固定板

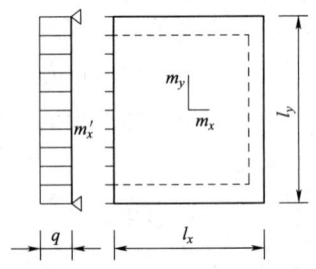

附图 6-2 三边简支一边固定板

附表 6-2　　　　　　　　三边简支一边固定板

l_x/l_y	l_y/l_x	f	f_{max}	m_x	m_{xmax}	m_y	m_{ymax}	m'_x
0.50		0.00488	0.00504	0.0583	0.0646	0.0060	0.0063	−0.1212
0.55		0.00471	0.00492	0.0563	0.0618	0.0081	0.0087	−0.1187
0.60		0.00453	0.00472	0.0539	0.0589	0.0104	0.0111	−0.1153
0.65		0.00432	0.00448	0.0513	0.0559	0.0126	0.0133	−0.1124
0.70		0.00410	0.00422	0.0485	0.0529	0.0148	0.0154	−0.1087
0.75		0.00388	0.00399	0.0457	0.0496	0.0168	0.0174	−0.1048
0.80		0.00365	0.00376	0.0428	0.0463	0.0187	0.0193	−0.1007
0.85		0.00343	0.00352	0.0400	0.0431	0.0204	0.0211	−0.0965
0.90		0.00321	0.00329	0.0372	0.0400	0.0219	0.0226	−0.0922

续表

l_x/l_y	l_y/l_x	f	f_{max}	m_x	m_{xmax}	m_y	m_{ymax}	m'_x
0.95		0.00299	0.00306	0.0345	0.0369	0.0232	0.0239	—0.0880
1.00	1.00	0.00279	0.00285	0.0319	0.0340	0.0243	0.0249	—0.0839
	0.95	0.00316	0.0032	0.0324	0.0345	0.0280	0.0287	—0.0882
	0.90	0.00360	0.00368	0.0329	0.0347	0.0322	0.0330	—0.0926
	0.85	0.00409	0.00417	0.0329	0.0347	0.0370	0.0378	—0.0970
	0.80	0.00464	0.00473	0.0326	0.0343	0.0424	0.0433	—0.1014
	0.75	0.00526	0.00536	0.0319	0.0335	0.0485	0.0494	—0.1056
	0.70	0.00595	0.00605	0.0308	0.0323	0.0553	0.0562	—0.1096
	0.65	0.00670	0.00680	0.0291	0.0306	0.0627	0.0637	—0.1166
	0.60	0.00752	0.00762	0.0268	0.0289	0.0707	0.0717	—0.1166
	0.55	0.00835	0.00848	0.0239	0.0271	0.0792	0.0801	—0.1193
	0.50	0.00927	0.00935	0.0205	0.0249	0.0880	0.0888	—0.1215

3. 两边简支、两对边固定板

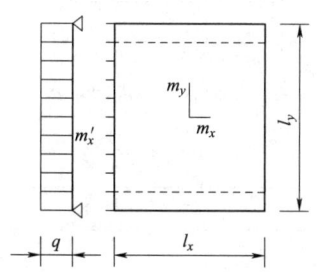

附图 6-3 两边简支、两对边固定板

附表 6-3　　两边简支、两对边固定板

l_x/l_y	l_y/l_x	f	m_x	m_y	m'_x
0.50		0.00261	0.0416	0.0017	—0.0843
0.55		0.00259	0.0410	0.0028	—0.0843
0.60		0.00255	0.0402	0.0042	—0.0834
0.65		0.00250	0.0392	0.0057	—0.0826
0.70		0.00243	0.0379	0.0072	—0.0814
0.75		0.00236	0.0366	0.0088	—0.0799
0.80		0.00228	0.0651	0.0103	—0.0782
0.85		0.00220	0.0335	0.0118	—0.0763
0.90		0.00211	0.0319	0.0133	—0.0743
0.95		0.00201	0.0302	0.0146	—0.0721
1.00	1.00	0.00192	0.0285	0.0158	—0.0698
	0.95	0.00223	0.0296	0.0189	—0.0746
	0.90	0.00260	0.0306	0.224	—0.0797
	0.85	0.00303	0.0314	0.0266	—0.0850
	0.80	0.00354	0.0319	0.0316	—0.0904
	0.75	0.00413	0.0321	0.0374	—0.0959

续表

l_x/l_y	l_y/l_x	f	m_x	m_y	m'_x
	0.70	0.00482	0.0318	0.0441	−0.1013
	0.65	0.00560	0.0308	0.0518	−0.1066
	0.60	0.00647	0.0292	0.0604	−0.1114
	0.55	0.00743	0.0267	0.0698	−0.1156
	0.50	0.00844	0.0234	0.0798	−0.1191

4. 四边固定板

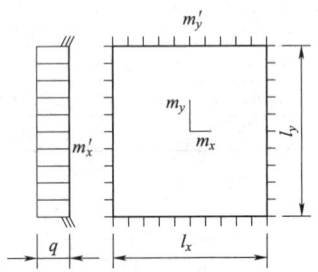

附图 6-4　四边固定板

附表 6-4　　　　　四　边　固　定　板

l_x/l_y	l_y/l_x	f	m_y	m'_x	m'_y
0.50	0.00253	0.0400	0.0038	−0.0829	−0.0570
0.55	0.00246	0.0385	0.0056	−0.0814	−0.0571
0.60	0.00236	0.0367	0.0076	−0.0793	−0.0571
0.65	0.00224	0.0345	0.0095	−0.0766	−0.0571
0.70	0.00244	0.0321	0.0113	−0.0735	−0.0569
0.75	0.00197	0.0296	0.0130	−0.0701	−0.0565
0.80	0.00182	0.0271	0.0144	−0.0664	−0.0559
0.85	0.00168	0.0246	0.0156	−0.0626	−0.0551
0.90	0.00153	0.0221	0.0165	−0.0588	−0.0541
0.95	0.00140	0.0198	0.0172	−0.0550	−0.0528
1.00	0.00127	0.0176	0.0176	−0.0513	−0.0513

5. 两邻边简支、两邻边固定板

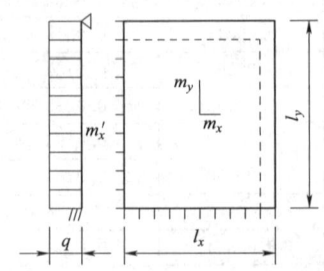

附图 6-5　两邻边简支、两邻边固定板

附表 6-5　　　　　　　　　　两邻边简支、两邻边固定板

l_x/l_y	l_y/l_x	f	m_x	$m_{x\max}$	m_y	$m_{y\max}$	m'_x	m'_y
0.50	0.00468	0.00471	0.0559	0.0562	0.0079	0.0135	−0.1179	−0.0786
0.55	0.00445	0.00454	0.0529	0.0530	0.0104	0.0153	−0.1140	−0.0782
0.60	0.00419	0.00429	0.0496	0.0498	0.0129	0.0169	−0.1095	−0.0782
0.65	0.00391	0.00399	0.0461	0.0465	0.0151	0.0183	−0.1045	−0.0777
0.70	0.00363	0.00368	0.0426	0.0432	0.0172	0.0195	−0.0992	−0.0770
0.75	0.00335	0.00340	0.0391	0.0396	0.0189	0.0206	−0.0938	−0.0760
0.80	0.00308	0.00313	0.0356	0.0361	0.0204	0.0218	−0.0883	−0.0748
0.85	0.00281	0.00286	0.0322	0.0328	0.0215	0.0229	−0.0829	−0.0783
0.90	0.00256	0.00261	0.0291	0.0297	0.0224	0.0238	−0.0776	−0.0716
0.95	0.00232	0.00237	0.0261	0.0267	0.0230	0.0244	−0.0726	−0.0698
1.00	0.00210	0.00215	0.0234	0.0240	0.0234	0.0249	−0.0677	−0.0677

6. 一边简支、三边固定板

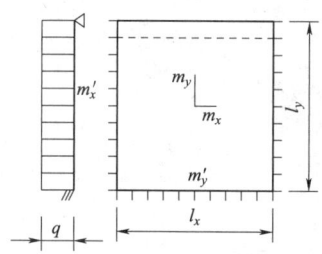

附图 6-6　一边简支、三边固定板

附表 6-6　　　　　　　　　　一边简支、三边固定板

l_x/l_y	l_y/l_x	f	$f_{\max}$	m_x	$m_{x\max}$	m_y	$m_{y\max}$	m'_x	m'_y
0.50		0.00257	0.00258	0.0408	0.0409	0.0028	0.0089	−0.0836	−0.0569
0.55		0.00252	0.00255	0.0398	0.0399	0.0042	0.0093	−0.0827	−0.0570
0.60		0.00245	0.00249	0.0384	0.0386	0.0059	0.0105	−0.0814	−0.0571
0.65		0.00237	0.00240	0.0368	0.0371	0.0076	0.0116	−0.0796	−0.0572
0.70		0.00227	0.00229	0.0350	0.0354	0.0093	0.0127	−0.0774	−0.0572
0.75		0.00216	0.00219	0.0331	0.0335	0.0109	0.0137	−0.0750	−0.0572
0.80		0.00205	0.00208	0.0310	0.0314	0.0124	0.0147	−0.0722	−0.0570
0.85		0.00193	0.00196	0.0289	0.0293	0.0138	0.0155	−0.0693	−0.0567
0.90		0.00181	0.00184	0.0268	0.0273	0.0159	0.0163	−0.0663	−0.0563
0.95		0.00169	0.00172	0.0247	0.0252	0.0160	0.0172	−0.0631	−0.0558
1.00	1.00	0.00157	0.00160	0.0227	0.0231	0.0168	0.0180	−0.0600	−0.0550
	0.95	0.00178	0.00182	0.0229	0.0234	0.0194	0.0207	−0.0629	−0.0599
	0.90	0.00201	0.00206	0.0228	0.0234	0.0223	0.0288	−0.0656	−0.0653
	0.85	0.00227	0.00233	0.0225	0.0231	0.0255	0.0273	−0.0683	−0.0711
	0.80	0.00256	0.00262	0.0219	0.0224	0.0290	0.0311	−0.0707	−0.0772

续表

l_x/l_y	l_y/l_x	f	f_{max}	m_x	m_{xmax}	m_y	m_{ymax}	m'_x	m'_y
	0.75	0.00288	0.00294	0.0208	0.0214	0.0329	0.0354	−0.0729	−0.0837
	0.70	0.00319	0.00327	0.0194	0.0200	0.0370	0.0400	−0.0748	−0.0903
	0.65	0.00352	0.00365	0.0175	0.0182	0.0412	0.0446	−0.0762	−0.0970
	0.60	0.00386	0.00403	0.0153	0.0160	0.0454	0.0493	−0.0778	−0.1033
	0.55	0.00419	0.00437	0.0127	0.0133	0.0496	0.0541	−0.0780	−0.1093
	0.50	0.00449	0.00463	0.0099	0.1103	0.0534	0.0588	−0.0784	−0.1146

附录七 水工结构设计常用规范

1.《水工混凝土结构设计规范》(SL 191—2008)

规范 1

2.《水工混凝土结构设计规范》(NB/T 11011—2022)

规范 2

3.《水工建筑物荷载设计规范》(SL 744—2016)

规范 3

4.《水利水电工程等级划分及洪水标准》(SL 252—2017)

规范 4

5.《新编水工混凝土结构设计手册》(2010 年)

规范 5

附录八 教材配套课件

课件资料

附录九 教材配套教案

教案资料

附录十 教材配套习题

习题资料

附录十一 模 拟 试 卷

一、模拟试卷 A 及答案

模拟试卷 A

模拟试卷 A 答案

二、模拟试卷 B 及答案

模拟试卷 B

模拟试卷 B 答案

附录十二 《注册土木工程师》水工结构专业考试

附录十三 水利工程 BIM 建模与应用技能大赛

附录十四 建筑信息模型（BIM）职业技能等级考试